AF500202

VOYAGE

EN

AUSTRALIE

Coulommiers. — Typog. A. MOUSSIN.

AVENTURES

D'UN VOYAGEUR

EN AUSTRALIE

NEUF MOIS DE SÉJOUR

CHEZ LES NAGARNOOKS

PAR

H. PERRON D'ARC

ILLUSTRÉ DE 24 VIGNETTES

PARIS

LIBRAIRIE DE L. HACHETTE ET Cie

BOULEVARD SAINT-GERMAIN, N° 77.

1869

INTRODUCTION

La grande terre océanique, appelée d'abord *Terre australe* (1605), puis *Nouvelle-Hollande* (1642), et que les voyageurs modernes ont enfin baptisée du nom d'*Australie*, n'est à proprement parler qu'une île. Mais cette île l'emporte tellement en étendue sur toutes les autres, que les géographes l'ont admise parmi les continents.

Séparée de la Papouasie au nord par le détroit de Torrès, de la Tasmanie au sud par le détroit de Bass, de la Nouvelle-Zélande et de la Nouvelle-Calédonie à l'est par un canal de quatre cents lieues de longueur, elle est baignée à l'ouest par l'océan Indien.

Sa surface est de sept millions huit cent mille kilomètres carrés, — le vingtième de la surface habitable de notre globe.

Aussi, pendant qu'une des pointes de son arc — côté du septentrion — se tord et se calcine sous les baisers dévorants d'un soleil torride, l'autre — région du sud — se rit et se délecte sous les fraîches haleines des zones tempérées.

Les premiers navigateurs qui abordèrent les côtes méridionales de la Nouvelle-Hollande, éblouis par la richesse de sa flore, l'énorme dimension de ses arbres, la douceur et l'égalité de son climat, s'imaginèrent que tout devait être merveille sur cette terre bénie, que les fleuves devaient avoir la magnificence du pays lui-même et que les productions botaniques de toutes les latitudes — plantes et fruits — devaient s'y être donné rendez-vous.

Malheureusement il n'en fut pas ainsi, et ces plages heureuses qui avaient semblé à Hartighs, à Tasman, à Dampier, à Cook, un des coins retrouvés du Paradis terrestre, furent bientôt abandonnées par les premiers colons qui s'y établirent, comme ne leur offrant aucun des avantages indispensables à une occupation permanente, et les grandes espérances que les récits dorés de ces voyageurs célèbres avaient fait tout d'abord concevoir, passèrent un moment pour ne devoir jamais se réaliser.

La première déception, et la plus grave, vint de l'insuffisance et de la pauvreté des cours d'eau.

En Europe, dans l'Inde et surtout dans les deux Amériques, les fleuves qui se jettent dans la mer roulent ordinairement leurs ondes dans un torrent impétueux, ou possèdent une telle puissance de volume, qu'ils renversent, par le poids seul de leur masse, tout ce qui tenterait de leur faire obstacle.

Telle n'est pas l'allure dominatrice des fleuves de la Nouvelle-Hollande.

Descendant avec rapidité des montagnes et se creusant un lit profond au milieu des vallées, tous en général manquent d'affluent sérieux; peu de rivières subalternes, peu de ruisseaux tributaires viennent grossir et accélérer leur cours. Aussi, réduits à leur propre force, parcourant des pentes médiocres, et appauvris, s'épuisent-ils de plus en plus à mesure qu'ils avancent et ne peuvent-ils qu'à grand'peine toucher barres à l'Océan.

Les dunes, marges de sable lentement ourlées par la mer au bord de la plage australe et qui dépassent quelquefois de cinquante mètres le niveau du sol, leur offrent presque partout des barrières infranchissables, les refoulent, comblent leurs embouchures, les dispersent en marais d'eau douce et rendent impossible toute communication directe de la mer à l'intérieur.

Et comme si ces atterrissements qui s'élèvent le long des côtes — semblables à un long cordon de murailles compactes — n'avaient pas paru à la Fée jalouse qui garde l'Australie des remparts suffisants pour empêcher toute approche, toute violation de domicile, elle a encore encombré de récifs, comblé de bancs de corail le très-petit nombre de havres, qui ont vaincu ces masses sableuses et se sont donné vue sur l'Océan.

Les coraux sont chargés d'une mission trop importante dans les mers du Sud et le rôle muet et gigantesque qu'ils jouent au fond des eaux a trop contribué à la composition géologique du grand pays qui nous occupe, pour ne pas en dire quelques mots en passant.

Parmi les phénomènes les plus étranges des mers chaudes, nous apparaissent tout d'abord ces coraux, animaux sans viscères, arbrisseaux sans feuilles, pierres et plantes à la fois, qui se reproduisent par boutures, se propagent par la ponte, s'agglomèrent en républiques et, de leurs bras soudés les uns aux autres, forment la base de nouveaux mondes.

Autour de la Nouvelle-Calédonie, un récif de 900 kilomètres est l'œuvre de ces infatigables travailleurs. A l'est de la Nouvelle-Hollande, ils ont formé un banc de 1,600 kilomètres d'étendue, et l'archipel Dangereux ou mer Mauvaise, qui a la même origine, mesure 2,000 kilomètres de longueur sur une largeur à peu près égale.

Ne sont-ce pas là les premières assises de futurs continents?

Ce dendroïde aux branches pétrifiées, aux ramifications envahissantes, que Dieu emploie pour combler le lit des mers, sert à la femme; — les choses les plus sublimes ne touchent-elles toujours aux choses les plus futiles? — à se faire des boucles d'oreilles, des anneaux, des colliers, des montures de parasols.

Après les fleuves, qui ouvrirent la première porte au désenchantement, car on avait compté sur leurs chemins liquides pour pénétrer dans l'intérieur, vinrent les *arbres*, qui, étudiés à leur tour et leur robe de beauté mise à part, se montrèrent inférieurs à ce que l'on s'était plu d'imaginer.

Ces végétaux si grands, si majestueux, si superbes d'apparence vus de loin, perdirent beaucoup de leur prestige quand on vint à les examiner de près. D'une utilité douteuse pour la plupart, quelques-uns, comme le *wi-waga* (l'arbre de l'oiseau), possédaient des qualités terribles; leur contact paralysait.

D'autres, par la bizarre disposition de leurs feuilles, collées pour ainsi dire les unes aux autres et affectant le plan vertical, ne donnaient pas d'ombre à leur pied.

Ces *berri-wagas* ou « arbres sans ombre, » une des meilleures plaisanteries de la nature australienne, faisaient pâmer d'étonnement les botanistes européens, mais n'étaient goûtés que d'une façon médiocre par les voyageurs ordinaires, accablés sous un soleil de feu.

Puis, peu de fruits dans la forêt. On marchait des journées entières sous le couvert des bois, sans apercevoir une baie savoureuse pendue aux branches, sans découvrir une plante comestible émergeant des mousses ou du sol. Dans leur ignorance complète des productions du pays, les premiers explorateurs ne trouvaient rien à manger sur cette terre splendide. Cette flore nouvelle et inconnue les déroutait; leurs yeux inexpérimentés ne voyaient rien. Aussi, déçus et affamés, proclamèrent-ils que la Pomone australe était un mensonge et que l'Australie entière était une maison de disette où régnaient en permanence la soif et la faim.

Ce qui est vrai pour la Nouvelle-Hollande et ce qu'on peut lui reprocher avec justice, c'est l'absence presque complète d'arbres nourriciers. Rien de ce qui croît naturellement dans les autres archipels océaniens à latitude égale ne se rencontre au penchant de ses collines, sur ses terrasses et dans ses vallées.

Les arbres qui produisent les épices, malgré le voisinage des Moluques, des Mariannes, des Philippines, semblent ne pas avoir traversé la mer, et le bananier, aux grappes délicieuses; le cocotier, qui croît sur toutes les grèves; le jacquier, qui pendant huit mois de l'année donne des fruits dont trois suffisent à l'homme pour sa nourriture du jour, ne se montrent nulle part à la Nouvelle-Hollande.

Mais l'Isis des forêts australiennes n'a pas soulevé tous ses voiles; la porte qui conduit au jardin de ses surprises ne fait que s'entr'ouvrir, et cinq cents millions d'hectares de grands bois contiennent, à n'en pas douter, des mystères de végétation que quinze années d'études ne suffisent pas à classer et à reconnaître.

De ce vaste continent, les caps, les golfes, les promontoires ont été visités; tout ce que le flot baigne est connu; partout où peut porter la voile et battre la rame, de hardis explorateurs ont pénétré : mais jusqu'à ces dernières années personne n'avait pu donner à l'Europe attentive des nouvelles précises de l'intérieur.

Ce n'est que d'hier et au prix des plus rudes épreuves, souvent même au prix de vies précieuses, que plusieurs itinéraires complets ont été tracés à travers le diamètre entier de l'Australie.

Si la faiblesse des cours d'eau, si la difficulté de trouver des fruits savoureux et des plantes nutritives indisposèrent tout d'abord les émigrants et leur firent regarder comme une spéculation douteuse un établissement permanent sur la plage australe;

Si devant le mauvais vouloir des natifs, qui se défendaient avec énergie et mettaient tout en œuvre pour faire sombrer, dès le début, le vaisseau mal ancré des envahisseurs, les Anglais à plusieurs reprises furent sur le point d'abandonner leur conquête; ils y furent cependant et heureusement retenus par la beauté du ciel, l'incomparable égalité de la température et la fertilité des pâturages.

Ces interminables vallées, partout couvertes d'un épais tapis de gazon fin, offraient à l'esprit, toujours un peu pasteur des premiers colons, un attrait trop irrésistible pour qu'ils n'essayassent pas d'en tirer parti.

Quelques bêtes ovines (33 brebis et 5 béliers importés des Indes) furent lâchées dans ces prairies sans limites où gambadait la folle tribu des kangurous, et l'élevage du mouton commença.

Sur ces entrefaites, Melbourne sort du sol comme par enchantement. Melbourne se proclame et se couronne capitale.

La colonie dont elle devient la tête se fonde et prend le nom de *Victoria.*

Aussitôt les *squatters* [1] arrivent, se partagent le pays en zones immenses et se disséminent dans le *Buisson.*

Les troupeaux qu'ils y amènent et qui y vivent dans une fête éternelle d'herbes vertes et de soleil, s'y multiplient avec une rapidité telle, que dès 1840 la colonie expédiait en Angleterre 195,000 livres de laine. En 1845, l'envoi se montait à 800,000 livres.

[1] Sorte de fermier se livrant, au milieu des bois, à l'élevage du gros et du menu bétail.

Port de William-Town. — Entrée de Melbourne.

Et aujourd'hui Melbourne, la reine des provinces de l'ouest, en exporte annuellement à elle seule plus de *vingt-cinq millions* de kilogrammes.

Les laines australiennes, les plus belles qui existent, furent et sont encore le principal élément de la prospérité coloniale.

Enfin, le 3 avril 1851, sonne à l'horloge des grands événements financiers de ce monde.

Hargraves trouve de l'or dans la crique de Sommer Hill (Sydney).

Au mois d'août de la même année, un charretier inconnu trouve de l'or dans la crique d'Anderson (Melbourne) [1].

Les destinées de l'Australie se révélaient. La découverte des métaux précieux, qui bouleversa toutes les banques et une partie des têtes de l'Europe, consolidait son édifice et faisait de cette région lointaine — tant critiquée, tant dédaignée aux premiers jours — une terre aux mamelles d'or, appelée, dans un court avenir, à prendre place parmi les points les plus importants, les plus prospères et les plus libres du monde entier.

[1] Le 14 août 1851, un *drayman* (conducteur de chariot), traversant la crique d'Anderson, s'embourbe dans les vases. En dégageant ses roues, son pic fait jaillir un lingot d'or de 32 onces.

L'AUSTRALIE

PROLOGUE

CHAPITRE PREMIER

Terrains aurifères de *Mongagap*. — Forêts en feu. — Voyage à travers le *Buisson*. — Arbres tatoués en guerre. — Le natif KOK-O-BUNG et la carabine de notre ami. — Appels de détresse. — Mexicains perdus dans la forêt.

A la fin du mois de juin de l'an de grâce 1852, il se manifesta sur les terrains aurifères de *Mongagap*, où nous nous trouvions alors, un fait étrange.

Un soir, au loin, quelques heures après le coucher du soleil, les sommets de toutes les montagnes qui fermaient l'horizon s'illuminèrent comme des phares. De hautes flammes rouges jaillirent également de la profondeur des vallées et, pendant trois nuits consécutives, ces signaux lumineux ne cessèrent de se répondre.

Que signifiaient ces lueurs sinistres? Que voulaient dire ces incendies?

Pourquoi ces feux immenses qui brûlaient dans leur course folle des pans entiers de forêts?

Etaient-ce de nouveaux chercheurs d'or qui se frayaient un passage à travers les difficultés épineuses du *Buisson?* étaient-ce les *Nagarnooks* et les *N'gotaks*, deux puissantes tribus voisines, qui se réunissaient pour nous attaquer?

La réponse à ces questions, je vous jure, valait la peine d'être résolue.

Placés sur l'extrême limite de terrains en litige, faisant la chasse à l'or dans des parages où quelques mois auparavant les indigènes seuls étaient maîtres et chassaient en paix les *wombats* et les *casoars*, nous nous trouvions au nombre de dix seulement sur ce terrain-frontière, que l'Etat de Melbourne déclarait lui appartenir, mais que les *Nagarnooks* — possesseurs du pays depuis des siècles — refusaient d'abandonner.

Devant nous, à droite, à gauche, jamais visibles, mais cachés dans le pli des collines, dans la cime touffue des gommiers, dans la gorge profonde des ravins, nous savions que quarante à soixante sauvages surveillaient nos allures, épiaient nos démarches et n'attendaient qu'un signe peut-être pour se ruer sur nous.

A cinquante kilomètres en arrière, il est vrai, se trouvait une *station* anglaise, la plus hardie, la plus avancée, la seule debout à quinze lieues à la ronde.

Cette *station*, qui, par malheur, datait à peine d'une année, ne se composait guère, tant en maîtres, garçons de service, chasseurs, charpentiers, gardeurs de troupeaux et autres, que d'une vingtaine de personnes, toutes jeunes, solides, valides et vaillantes sans aucun doute, mais toutes aussi, comme nous l'étions nous-même, profondément ignorantes des projets, des moyens d'attaque et des ressources des aborigènes.

Voilà pourquoi ces feux nocturnes, nous rappelant notre nombre et notre isolement au milieu des bois, avaient apporté dans nos tentes l'inquiétude et mis sous nos chevets l'épine aiguë des insomnies.

Certains signes agressifs cependant, dont nous connaissions la valeur et qui ne s'étaient point encore manifestés, nous rassuraient un peu. La forêt demeurait calme, ses échos sonores restaient silencieux. Les vents du soir et du matin ne nous apportaient aucun de ces hurlements sinistres : *Yells* (cri des chiens sauvages, la nuit), que les indigènes, comme première annonce des hostilités, ne manquent jamais de faire entendre. De plus, aucun de ceux que le hasard nous avait fait apercevoir au loin, se coulant courbés dans les hautes herbes, n'avait à notre aspect brandi sa lance avec menace : et preuve encore plus concluante que l'oiseau de la paix sommeillait toujours sur sa branche, c'est que nul de nous, malgré la surveillance la plus active, n'avait vu un seul insulaire avec la figure et les cheveux teints en blanc (couleur de guerre).

Une attaque prochaine n'avait donc pas été résolue contre nous dans le conseil des chefs et l'extermination de notre petite troupe n'avait pas été jurée par les jeunes sur la cuisse des vieillards [1].

Que signifiaient alors ces grandes flammes livides, qui, tous les soirs, se promenaient échevelées sur la crête des montagnes?

Avant d'aller plus loin, chers lecteurs, un mot sur nous, je vous prie.

Poussés par l'amour des aventures, chassés en avant par cette puissance irrésistible qui emporte en triangle à travers les espaces les grands oiseaux voyageurs, plusieurs de mes amis et moi nous nous étions un jour décidés à quitter les *Golds-Fields* de Melbourne — champs d'or épuisés pour la plupart — pour nous en

[1] Lorsque deux natifs australiens se lient par serment, ils s'asseoient sur la terre nue, se faisant face, les jambes croisées, les talons sous le corps; puis, se posant mutuellement à plat les mains sur les cuisses, ils jurent de faire comme il leur est demandé.

Ce serment est inviolable et n'est jamais trahi.

aller au loin tenter la fortune et explorer les chaînes occidentales et inconnues des *Darlings*.

Nous étions donc partis bien armés, bien portants, pleins de joie, — cinq en nombre, — trois à cheval, les deux autres conduisant un énorme *dray*, forteresse et maison roulante contenant nos provisions.

Une belle chienne irlandaise de la race des *greyhounds* et deux grands chiens fauves à tête noire — moitié limiers, moitié bouledogues — complétaient la caravane.

Nous avions ainsi marché, boussole en main, pendant plusieurs semaines, passant à gué les rivières, tournant les montagnes, suivant de l'est à l'ouest cette interminable chaîne de roches siliceuses qui semble être l'épine dorsale de l'Australie, nous arrêtant parfois tout un jour pour reposer les attelages, chasser dans les plaines et tâter les terrains.

Le bonheur cependant semblait ne pas vouloir nous sourire. Nos coups de pioche dans les terres n'étaient pas lucratifs et nos marteaux d'acier, qui s'ébréchaient sur tous les quartz de rencontre, n'avaient pas encore mis au jour un seul grain de métal précieux.

Cette chasse vaine, ce sol ingrat, ces fonds (bottoms) dépourvus de richesses, cette absence prolongée de l'or nous étaient, il est vrai, désagréables ; mais nous en prenions vaillamment notre parti et, le grand cordon de l'espérance en sautoir, nous poussions toujours en avant.

N'étions-nous pas, du reste, récompensés par mille autres jouissances ?

Qu'était-ce, en effet, que quelques livres de poudre jaune en plus ou en moins dans nos ceintures, comparées aux magnificences que la nature australienne nous offrait gratis à chaque pas ?

Quel jardin, quel parc, quelle forêt d'empereur avaient jamais possédé de semblables merveilles ?

Deux indigènes qui prêtent serment.

Ces fleurs exquises, ces tapis sans fin de gazons verts, ces figuiers gigantesques, ces boababs trapus qui ressemblaient à des tours, ces pins immenses qui s'en allaient en pointe comme la flèche aiguë des vieilles cathédrales, ces bois de myrtes et de myalls dont les doux parfums nous suivaient des lieues entières, ne défiaient-ils pas toute comparaison?

Quelle volière de sultane avait jamais tenu prisonnier, sous ses treillis d'or, un seul échantillon de ces oiseaux superbes, qui, sous nos yeux, à chaque pas, traversaient les clairières comme des nuages roses, comme de mouvants arcs-en-ciel?

N'avions-nous pas aussi dans ces solitudes majestueuses, troublées seulement de temps à autre par l'aigre cri des aigles, la liberté? Cette liberté sainte, enivrante, souveraine, qui ne respire bien que sous les dômes de verdure, qui ne marche à l'aise que dans les sentiers perdus des forêts séculaires, et qui, là, laisse l'homme agir dans sa force et dans sa fantaisie, tranchant d'un choc de ses ciseaux magiques ces mille chaînes, ces mille besoins factices qui le rendent esclave dans les villes, lui courbent le front, lui changent le cœur, l'attachent aux boues de la terre et le rendent le plus souvent — en dépit quelquefois de qualités précieuses — hypocrite et méchant?

Aussi ne nous plaignions-nous que médiocrement de ce que bien d'autres à notre place eussent appelé « malchance. »

Notre chariot contenait encore pour plusieurs mois de provisions; notre esprit avait en caisse un inépuisable fonds de gaieté; la forêt abondait en kangurous et en eaux courantes; que fallait-il de plus?

Déjà cependant nous avions parcouru de grandes distances et franchi des régions ignorées à cette époque: *Bundiar*, *Greenough*, *Gorbora*, *Boon-Garup*. Nous devions approcher de *Mongagap*, terre heureuse vers laquelle nous nous dirigions. Car nous n'avancions pas tout à fait à l'aventure et il est temps de dire ici, je présume, qu'un de nos bons amis, premier secrétaire de l'ingénieur en chef Otley, chargé de la levée des plans et de la subdivision territoriale de *Mongagap*, nous avait donné sur un gisement de quartz de la plus riche apparence — découvert dans cette même province par des ouvriers arpenteurs sous ses ordres — les renseignements les plus précieux.

Ses instructions écrites et verbales, du reste, étaient d'une clarté parfaite, et le soin, la vérité qui avaient présidé à leur rédaction se manifestaient de plus en plus. Chaque jour, nous comptions et reconnaissions la forme des montagnes qui nous avaient été annoncées, la teinte d'ocre rouge de leurs sommets, les échancrures sombres de leurs bases, les bandes noires et jaunes des banksies et des ébéniers qui zébraient leurs flancs.

Encore sept soleils, pensions-nous, et, si nos calculs se trouvaient exacts, nous devions frapper et demander la bienvenue aux portes de la *station* dont j'ai parlé plus haut, laquelle précédait de trois jours de marche seulement le mouillage aurifère, où nous comptions jeter l'ancre et remplir nos paniers.

Mais si ces gorges brunes, ces cimes pourpre, se trouvaient d'un côté d'excellent augure, si elles nous révélaient le voisinage d'une « Terre promise, » elles nous annonçaient d'autre part un pays semé de dangers.

Car la décision du gouvernement de Melbourne, qui avait déclaré cet immense trapèze de *Mongagap* de bonne prise et qui d'un trait de plume se l'était approprié, n'en avait pas pour cela chassé les indigènes.

Ceux-ci n'acceptaient pas l'arrêt dictatorial qui les dépossédait d'un pays dont ils étaient les maîtres; ils protestaient à leur manière, organisaient la résistance

Une station dans la forêt.

et traitaient en ennemis tous les Européens qui se présentaient pour le traverser.

La veille déjà, en longeant une excavation profonde creusée par les eaux pluviales et se prolongeant en ligne droite l'espace de plusieurs kilomètres, nous avions reconnu à des écorces tatouées, à des entailles singulières faites aux troncs des arbres, à des pierres amoncelées en pyramides et sur le sommet desquelles de longues lances à banderoles d'écorce étaient plantées, que, ce ravin franchi, nous toucherions au territoire en litige, territoire dont ces lances et ces dessins mystérieux interdisaient l'entrée.

Malgré ces signes de menace et au mépris des zagaies natives, nous n'en avions pas moins franchi la ligne, et depuis la veille nous nous trouvions sur un sol ennemi.

Aussi n'avancions-nous que lentement et ne marchions-nous qu'avec des précautions extrêmes, car nous savions de bonne source que si les noirs, reconnaissant leur infériorité, n'attaquaient jamais ouvertement les hommes de notre race, ils étaient, en revanche, capables de toutes les perfidies et se faisaient une joie, pour les détruire, de mettre en œuvre toutes les embûches, toutes les lâches trahisons.

Depuis trois jours, nous traversions ainsi des plaines et des forêts battues en tous sens d'ordinaire par leurs rôdeurs ; mais, par une chance heureuse, — dont nous sûmes plus tard le secret, — nulle mauvaise rencontre n'était venue nous heurter sur la route, nul cri suspect d'aigle ou de faucon[1] ne s'était fait entendre et ne nous avait avertis que nous étions suivis et découverts.

Quand le quatrième jour au matin, comme les chevaux attelés attendaient immobiles le signal du départ et que nous-mêmes, après avoir soigneusement éteint

[1] Les natifs s'appellent et se répondent dans les bois en imitant le cri des grands rapaces.

nos feux, nous nous préparions à nous mettre en selle, deux coups de carabine, partis à cinq secondes d'intervalle et provenant d'une assez grande distance à l'avant, retentirent tout à coup.

Nos chiens bondirent; mais sur un signe ils se turent. Pug seul, l'insubordonné, fit entendre de sourds grondements.

Nous nous consultions du regard, et O'Brian, qui ce jour-là se trouvait être le capitaine, ouvrait la bouche pour donner son avis, quand deux autres détonations semblables vinrent une seconde fois nous faire tressaillir.

Un coup de feu tiré dans les taillis d'Europe sur un merle qui chante ou sur un ramier qui passe est de peu d'importance; personne à bon droit s'en préoccupe.

Il n'en est pas de même dans les forêts vierges de la Nouvelle-Hollande, où chaque éclat de ce tonnerre de l'homme — bien plus à craindre là que celui du ciel — a sa signification.

Ces détonations régulières étaient évidemment un appel, une demande de secours, — peut-être aussi un piége?

Sentiment bizarre, chose remarquable et triste! dans ces vastes solitudes où toutes les communautés blanches devraient être amies et solidaires, devraient se rechercher, s'aimer et se défendre, c'est le contraire qui arrive.

Perdu soi-même dans une immensité sans routes, dans des forêts aux limites inconnues, éloigné de tout secours, privé de tout appui, errant seul, on n'entend pas plutôt la voix de son semblable, on ne le voit pas plutôt paraître au loin, sortant de derrière un rideau de lianes, qu'au lieu de courir à lui bras ouverts et se réjouir de sa rencontre, on cherche aussitôt à le fuir, à lui donner le change, à se dérober à sa vue.

Pourquoi cette répulsion instinctive, pourquoi ce

premier sentiment de haine? C'est que malheureusement bien des fois — les bons — sur ces plages lointaines ont été victimes de leur franchise, ont payé cher leur bienveillance.

L'individu approche, et comme bien certainement s'il souffre, votre intention, à vous, cœur loyal! est de lui venir en aide, cet inconnu que vous acceptez pour compagnon, que vous traitez souvent comme un frère, tient dès lors — s'il est méchant — votre vie dans sa main.

Et au premier moment favorable, la première fois que vous tournez la tête ou que vous marchez devant lui, — pour vos armes, votre cheval, pour l'or qu'il vous suppose, — il vous frappe d'une balle dans l'oreille, vous abat, vous dépouille et, sans remords, laisse votre cadavre en pâture aux animaux immondes de la forêt.

Qu'a-t-il à craindre, qui l'a vu? Où sont les témoins de son crime, où sont les lèvres qui peuvent l'accuser de meurtre et témoigner contre lui?

Des coups de feu, venant toujours du même point de la forêt, — ce qui constituait à n'en plus douter des signaux de détresse, — continuant à frapper l'air, et ces appels, par leur persévérance, devenant de plus en plus pénibles à entendre, nous résolûmes, d'un commun accord, d'aller voir par nous-mêmes quelle pouvait être la cause de ces bruits inaccoutumés.

Cette décision prise, trois d'entre nous, — O'Brian, Smith et moi, — prenant aussitôt l'avance, partirent à fond de train dans la direction du lieu, où, selon toute apparence, se jouait à cette heure la dernière scène d'une tragédie.

En moins de trente minutes, nous arrivions dans une longue vallée encaissée entre deux montagnes et si étroite en certains endroits qu'à peine pouvions-nous y marcher de front. Ce val, avec ses deux versants tapissés de palmiers nains à feuilles ternes et de *krouas*, sorte de genévriers à baies rouges, qu'adorent les perruches, nous parut avoir un aspect sinistre. Çà et là sur les cimes et dans les sillons des hautes pentes, des cyprès balançaient dans le bleu leurs silhouettes grêles et, devant nous, dans les parties basses, de nombreux *sophoras* balayaient le sol de leurs longues branches désolées.

Bientôt heureusement la scène changea; le sol s'aplanit; le défilé devint plus large. Nous pûmes enfin marcher à l'aise; un vent plus vif nous fouetta le visage, et au loin, devant nous, sur les bois clairs de l'horizon, le beau soleil — joie des yeux — se mit de nouveau à resplendir de tous ses rayons.

Mais si la lumière du soleil brillait au loin sur les feuillages, elle n'éclairait pas notre recherche d'une lueur bien vive; notre incertitude devenait grande. Depuis notre départ, tout appel, tout signal avait cessé: un silence de catacombe nous enveloppait.

Et néanmoins, si nos oreilles, habituées de longue date à juger du point précis d'où venaient les sons qui faisaient bruire la forêt, ne s'étaient pas trompées, si des échos menteurs ne nous avaient pas fourvoyés, le souvenir des bruits perçus nous disait que nous touchions au lieu même d'où les coups de feu étaient partis.

La terre plane sur laquelle nous marchions alors, et qui recevait toutes les filtrations s'échappant des hauteurs voisines, était spongieuse, et les pieds de nos chevaux, en mains endroits, y entraient jusqu'aux fanons.

— Éloignons-nous un peu les uns des autres, dit O'Brian, et cherchons des traces.

Nous mîmes pied à terre et, nous avions à peine marché ainsi quelques centaines de mètres, quand Smith, qui tenait la droite, siffla légèrement, nous faisant signe de venir à lui.

Penché sur le sol, il examinait une empreinte.

Bien que notre surprise n'égalât pas celle de Robinson Crusoé quand il découvrit des vestiges de pas humains sur les sables de son île, je ne pourrais affirmer que la marque du pied que nous vîmes alors nous laissa complétement indifférents.

C'était bien évidemment la trace d'un pied nu, pied petit, étroit, au talon large, au gros orteil formidable; un vrai pied de sauvage, s'il en fut jamais.

Le natif qui avait passé là devait être de haute taille, car c'est à peine si Smith, avec le compas exagéré de ses longues jambes (Smith avait six pieds de haut et des jambes de héron), pouvait atteindre la distance d'un pas à l'autre; de plus, l'empreinte paraissait dater de quelques heures, car l'eau qui filtrait lentement à travers les herbes n'en avait pas encore rempli toute la cavité.

Ces traces, que nous nous mîmes à suivre comme des chiens découplés, étaient uniques et par conséquent n'annonçaient le passage que d'un seul homme.

Mais les projets de cet homme n'étaient pas écrits sur le sol humide comme y étaient restés gravés ses vestiges. Etait-ce un espion, la sentinelle avancée d'un corps nombreux de ses pareils? Etait-il allé prévenir son monde, ou n'était-ce en réalité qu'un coupeur de route solitaire que notre approche avait fait fuir?

Ce que nous ne pouvions surtout expliquer d'une manière satisfaisante, c'étaient les coups de feu du matin. Ils ne pouvaient à coup sûr provenir de ce natif. Nous connaissions trop bien le profond effroi qu'à cette époque encore les indigènes professaient pour nos armes et nous avions été trop souvent témoins nous-mêmes de la panique épouvantable qui les saisissait, dès qu'un de nous faisait en leur présence parler la poudre, pour accepter cette hypothèse. Tous alors, hommes, femmes, enfants, vieillards, prenaient la fuite, et les plus téméraires, qui n'auraient jamais eu la hardiesse de toucher du doigt ces *roseaux creux* [1], auraient encore bien moins osé s'en servir.

Notre ami le secrétaire, qui, avec son escorte et son personnel du cadastre, avait vécu près de six mois dans ces mêmes parages et qui, pour soulager ses aides européens des travaux les plus pénibles, — porter les chaînes et tenir droits les poteaux, — avait enrôlé une douzaine d'aborigènes errants, chassés des villages pour avoir enlevé des femmes ou assassiné des hommes, nous avait donné au sujet de cette peur universelle de curieux détails.

Voulant dès le premier jour inspirer à ces inconnus dangereux une terreur salutaire, il les avait un matin réunis tous sur une ligne, comme une rangée de soldats; puis, par derrière, au-dessus de leurs têtes, à quelques pouces de distance seulement, il avait ordonné à cinq fusils du plus fort tonnage de faire feu.

Tous les guerriers n'gotaks et nagarnootks étaient aussitôt tombés dans les herbes. La plupart, se croyant tués, s'agitaient dans des convulsions violentes, et les autres, les plus braves, muets de frayeur, se tiraient la barbe et les cheveux pour s'assurer si ces chers objets étaient toujours au même endroit.

Il nous avait également appris que *Kog-o-Bung* (celui des noirs qui était le plus effronté, le plus vicieux, mais aussi le plus intelligent de la bande) professait pour sa carabine une bien plus grande vénération que pour lui-même. Souvent il avait surpris *Kog-o-Bung* parlant à cette arme, la saluant, lui faisant de longs discours, la suppliant d'exterminer ses ennemis. *Kog-o-Bung*, qui était condamné à mort par les siens, si jamais

[1] Avant l'arrivée des Anglais à la Nouvelle-Hollande, l'usage du fer étant inconnu des peuplades natives, celles-ci crurent longtemps que les canons de fusils étaient des roseaux véritables, doués de pouvoirs surnaturels.

Kok-o-Bung adorant la carabine de notre ami.

il était repris par eux, pour avoir enlevé de force et gardé quinze jours au fond des bois la femme favorite de son propre chef, la belle *Ulla-Dulla*, — jeune native de quatorze ans, — apportait chaque matin des fleurs fraîches à la carabine, des insectes comestibles, des œufs d'oiseaux, des cailloux brillants qu'il déposait à sa crosse, avec toute sorte d'évolutions respectueuses, comme il eût pu le faire pour le *harakul* (magicien) le plus redouté de sa nation.

C'était bien évidemment à la crainte que les naturels avaient ressentie pour les fusils rayés d'Europe — dont ils voyaient les effets terribles sans en comprendre la cause — que l'ingénieur en chef, son secrétaire et le parti blanc qui les accompagnait, avaient dû de ne pas être massacré, pendant leur exploration du pays. Six mois à peine nous séparaient de cette époque ; la même terreur de nos armes devait encore, selon nous, régner parmi les noirs.

Ne pouvant admettre que ce fût un indigène qui eût fait feu le matin, où étaient les mains blanches alors qui nous avaient appelés ?

Ayant suivi les traces de ce pied pendant près de vingt minutes, nous fûmes conduits sur un large plateau dépourvu d'arbres et dont le terrain, se dérobant pour ainsi dire tout à coup sous les pieds, se mettait à descendre en rampes presque à pic jusqu'au fond d'un ravin. Des lèvres de cet abîme, d'où s'échappaient, comme d'un immense encensoir, des vapeurs chaudes et embaumées, le regard plongeait à des distances infinies.

A notre droite, d'énormes masses de roches jetées pêle-mêle les unes sur les autres et soudées entre elles par tout un monde fleuri de salseparcilles, semblaient être les débris gigantesques d'une Babylone renversée.

Du milieu de cet amoncellement de décombres, montagne de granit mise en miettes par un bouleversement éruptif, se dressaient çà et là, comme des obélisques restés debout, de grandes aiguilles de pierre, et sur le sommet d'une de ces arêtes — immobile sur ses pieds robustes — nous aperçûmes un bel aigle rouge australien (*crimson-eagle*), qui, roi de ce désert, surveillait son domaine et nous regardait gravement de son œil jaune, comme s'il se fût demandé qui nous étions.

A notre gauche, un assemblage épais d'arbrisseaux et de fougères se prolongeait en bas fourré jusqu'aux premiers grands arbres de la forêt ; derrière nous, le val sombre que nous venions de traverser.

Pouvant de cette terrasse commander le paysage, nous résolûmes de nous y arrêter et d'y attendre avec patience la venue de nos amis. Nous dirigeant alors vers ce désordre de roches dont j'ai parlé plus haut et nous y frayant un passage, nous nous y enfermâmes comme en une citadelle et y attachâmes nos chevaux.

L'aigle rouge cependant avait quitté son piédestal ; il se balançait dans le vide d'une aile majestueuse, et nous admirions avec quelle grâce parfaite il naviguait dans l'azur. Montant, montant toujours et commençant à décrire des cercles concentriques, il inspectait évidemment la plaine et se cherchait une proie.

— Voilà un aéronaute qui doit jouir d'une vue immense, remarqua O'Brian ; il serait bien aimable de nous dire s'il n'aperçoit pas quelques peaux noires cachées dans les buissons.

Et nous suivions du regard le grand rapace, cherchant effectivement si un brusque arrêt du corps, si un mouvement de surprise dans son vol, ne nous enverrait pas un indice.

Tout à coup, cessant ses courbes, l'oiseau royal se mit à planer au-dessus de nos têtes. Ses prunelles fauves, que nous distinguions parfaitement, plongeaient avec une fixité ardente dans le massif de hautes herbes que nous avions devant nous. Par un mouvement machinal, nos yeux s'abaissèrent.

Au même instant, du milieu de ce fouillis de ronces tropicales, vous vîmes surgir — apparition fantastique — une forme humaine.

Un jeune homme pâle, tête nue, les yeux hagards, se dressa de toute sa hauteur, ouvrit la bouche, voulut parler; — mais ses lèvres qui remuèrent ne firent entendre aucun son. — Puis il chancela, tournoya sur lui-même, battit l'air de ses mains et tomba tout d'une pièce, comme un cadavre, derrière l'épais rideau de broussailles qui l'entourait.

Nous nous précipitâmes et de longtemps je n'oublierai le spectacle qui frappa nos regards.

Trois hommes couchés sur des manteaux gisaient en cet endroit. L'un d'eux était mort; ses membres, tordus dans les convulsions de la dernière agonie, étaient rigides, et ses mains, que nous prîmes, étaient glacées. Les deux autres n'étaient qu'évanouis.

Un fusil double, des selles, des harnais, des couvertures, des *penny-cans* (vases de ferblanc dont les chercheurs d'or se servent pour chauffer l'eau et faire le thé dans la forêt) se voyaient jetés çà et là, près des corps.

Grâce à nos bonnes gourdes et à l'esprit de feu qu'elles contenaient, les yeux atones de ceux dont le pouls battait encore se réveillèrent à la vie et, après plusieurs défaillances, ces deux êtres, au secours desquels la Providence nous avait envoyés d'une façon si miraculeuse, purent enfin, adossés contre l'appui que nous leur improvisâmes, se maintenir sur leur séant.

Ces hommes auxquels il ne restait que le souffle, ces harnais, cet abandon absolu, ce sauvage dont nous avions le matin même découvert les traces et que nous soupçonnions à bon droit mêlé à ce drame, étaient pour nous autant de mystères.

Les survivants seuls pouvaient nous donner le mot de l'énigme; mais à cette heure, leur épuisement, leur prostration étaient tels, qu'ils ne pouvaient ni parler ni nous répondre.

La cause de cette faiblesse, du reste, n'était malheureusement que trop visible, et le corps qui était là, immobile, disait assez, par son effroyable maigreur, par les os de sa face qui semblaient vouloir sortir de leur enveloppe, qu'il était mort de faim. Ces rencontres sont nombreuses dans le *Buisson*, et deux mois auparavant, allant avec Smith des « puits Franklin » au « mont Alexandre, » nous avions rencontré sur notre route un groupe de trois squelettes, morts de soif probablement, et dont les corps fouillés, rongés par les fourmis-bouledogues, offraient des pièces d'anatomie splendides.

Quelques minutes avant le coucher du soleil, nous rendîmes les derniers devoirs au mort, qui, exposé depuis le matin à l'ardente morsure des rayons, se décomposait à vue d'œil.

O'Brian, Irlandais et fervent catholique, choisit deux jeunes branches de gommier, blanches et lisses comme de l'ivoire, les attacha en croix et les fixa solidement sur la tombe, après avoir inscrit sur l'écorce, avec la pointe de son poignard, la date du jour funèbre.

Nous ne reprîmes jamais les mêmes routes; nous ne revîmes jamais le même plateau couvert de ruines, et nul de nous ne peut dire ce que devint l'humble mausolée.

La nuit que nous passâmes en cet endroit fut des plus calmes, et, sauf le chant lugubre du *kakopo* [1], le

[1] Perroquet nocturne et de grande taille, qui se plaît d'ordinaire dans les parties les plus sombres et les plus isolées des forêts australiennes. Le *kakopo*, que l'on ne voit jamais le jour, se retire comme nos chats-huants dans le creux des arbres, sous les racines, dans la fente des rochers. Contrai-

Restes d'un voyageur mort de soif dans le *Buisson.*

sifflement des chauves-souris vampires et les hurlements lointains de quelques chiens sauvages, chassant en meute un kangarou, aucune démonstration hostile ne vint justifier la garde vigilante que nous nous étions imposée.

Le lendemain, dans l'après-midi, nos deux invalides, qui éprouvaient déjà un mieux sensible, recouvrèrent la parole et purent nous donner quelques explications. Leur récit confirmé par les recherches faites le matin même par Smith et O'Brian, qui, dès le point du jour s'étaient remis sur la piste de l'indigène, nous donnèrent la certitude que ces trois hommes avaient été les victimes d'un odieux guet-apens.

Leur histoire, dont nous ne sûmes tous les détails que longtemps après, fera comprendre au lecteur quels sombres épisodes ignorés de tous — jusqu'au moment où le hasard ouvre sur eux sa lanterne — se trament et se déroulent parfois dans la forêt.

rement à ses congénères, qui vivent par bandes joyeuses et n'aiment que le soleil, lui, se promène toujours seul et cherche sa nourriture à la pâle clarté des étoiles. Sa chair est blanche et d'un goût exquis. Les natifs affirment que c'est un oiseau doué d'une grande prévoyance et que plusieurs mois avant l'arrivée de la saison mauvaise, il emmagasine avec soin, dans des retraites sûres, des graines, des racines, des baies sèches. Généralement taciturne, le kakopo fait entendre, quand il vole, des notes sourdes et prolongées, qui ressemblent à des plaintes.

Sa couleur est d'un beau vert, semé de points d'un jaune brillant.

CHAPITRE II

Comment les Indigènes se débarrassent des hommes d'Europe dans le *Buisson*.

Nés à Tampico et âgés de ving-cinq à vingt-huit ans, ces malheureux avaient fait partie de cette armée envahissante, qui, des quatre points du ciel, était venue en 1849 s'abattre — affamée d'or — sur les placers américains.

Dès leur début dans la carrière, la « chance heureuse » leur avait été favorable.

La bonne déesse n'avait eu pour eux que des sourires et semblait elle-même les guider dans leurs recherches, tant ils avaient de bonheur à découvrir les gîtes les plus opulents.

Dans de telles circonstances et avec une semblable marraine, quelques mois leur avaient suffi pour accumuler une somme ronde, — vingt mille dollars, accusaient-ils, — cent mille francs.

Une visite qu'ils jugèrent alors indispensable de faire à San-Francisco leur avait en peu de semaines, il est vrai, enlevé ce que la fouille et le lavage des sables leur avaient mis en ceinture.

Mais qu'importait ce détail ?

Cette fonte rapide de leur fortune n'était-elle pas la

conséquence naturelle de sa conquête ? Ce que l'on ramassait avec une facilité si charmante pouvait bien se dépenser de même.

Puis, ne connaissaient-ils pas maintenant une banque inépuisable? Le *Rio-de-la-Merced* ne roulait-il pas, mêlés à ses graviers, pour des millions de parcelles précieuses, et les épaisses bruyères de *Maripossa* ne cachaient-elles pas sous leurs racines des cavernes pleines d'or, dont ils avaient le secret ?

Ruinés, passés à l'état d'étoiles nébuleuses, nos trois amis, la poche vide, mais la confiance derrière l'oreille, avaient repris en toute hâte le chemin des « placers » et s'étaient remis au travail avec ardeur.

Cette fois cependant la fortune, qui est femme, — c'est-à-dire, plus capricieuse qu'un mois d'avril, — eut le mauvais goût de ne pas les reconnaître et, malgré toutes leurs coquetteries à son égard, poussa l'oubli des convenances jusqu'à leur tourner les épaules. Elle aimait ailleurs, l'heure de ses largesses était passé pour eux.

Durant près de deux années, deux siècles, nos trois Mexicains ne firent que subsister d'une façon médiocre.

Luttant, malgré tout, contre le mauvais sort, et opiniâtres dans leur volonté, ils retombèrent un matin sur la veine des anciens jours. Leur persévérance reçut sa couronne ; une seconde moisson brillante vint récompenser leur énergie.

Un projet qu'ils avaient longtemps caressé et qu'ils s'empressèrent alors de mettre à exécution, était de quitter la haute Californie — les sables de la *Merced* ne leur inspirant plus désormais qu'une confiance médiocre — et de s'en aller tenter la fortune à la Nouvelle-Hollande.

S'étant donc rendus sans retard sur le port, ils jetèrent un coup d'œil sur les bâtiments en partance, choisirent *le Batavia*, charmant brick écossais qui s'apprêtait à ouvrir ses ailes blanches au vent du large;

et, s'étant confortablement installés dans ses cabines, ils s'envolèrent avec lui pour les plages australes, traversèrent sans tempête une partie des mers chaudes, et entrèrent enfin, satisfaits et pavoisés, dans les eaux bleues du port Phillip.

Arrivés à Melbourne après une navigation des plus heureuses, nos citoyens de Tampico, que les brises marines avaient rajeunis, se mirent à étudier cette capitale et à courir les aventures.

Descendus au *Royal-Elisabeth*, les *loungers* (flâneurs) de la ville purent les voir pendant plusieurs semaines, buvant du *xerez-secco* et fumant des cabanas, assis comme des pachas sous un baldaquin de plumes d'autruche, placé au centre de la terrasse en bambou de l'hôtel.

Mais si San-Francisco, la reine du Pacifique, est un puits pour les dépenses, Melbourne, la perle des mers du Sud, est un cratère qui n'a pas de fond. Aussi, avant la fin du deuxième mois, les nids d'hirondelles à la mandarine, les langues de perroquets aux mangoustes et les foies de cormorans à l'étuvée, dont nos Mexicains se nourrissaient de préférence pour s'habituer aux vivres du pays, les premières loges au théâtre de Saint-Stephen, et la danse aux écharpes des Javanaises de Yarra-Street, frappèrent-ils leur soute aux dollars d'une toux creuse tellement inquiétante, qu'ils sentirent l'extrême urgence de la ravitailler au plus tôt.

Ils en cherchaient les moyens et allaient sans aucun doute partir pour les terrains aurifères de *Castlemaine* ou de *Ballarat*, quand, à ce moment peu fleuri de leur histoire, vint descendre au *Royal-Elisabeth*, pour vendre ses laines, un riche fermier des provinces de l'Ouest.

Ce *squatter*, qui possédait de vastes propriétés, de nombreux troupeaux et une *station* principale dans les immenses forêts du comté de Perth (forêts dans un coin desquelles nous nous trouvions à cette heure), se lia tout d'abord avec les Mexicains. Puis, logeant au même lieu, se voyant souvent, se promenant ensemble, dînant à la même table et fumant aux mêmes heures, ils devinrent bientôt inséparables et bons amis.

Un jour, au lever de l'aube, en revenant d'un bal, dans un moment d'épanchement intime et aux clartés bleuâtres des bols de punch, chacun raconta son histoire, ses espérances, ses projets ; les confidences suivirent : les hommes du Sud avouèrent franchement leur embarras.

Si bien que le squatter, qui avait alors fini la vente de ses toisons et qui se disposait à retourner dans son désert surveiller ses mérinos, fit à nos trois Mexicains la proposition galante de les emmener avec lui, leur promettant même de les faire conduire dans une contrée voisine de sa résidence, où des veines de métal précieux se voyaient en abondance, disait-on, à fleur de roc.

Cette offre, à l'allure généreuse, n'était cependant pas aussi désintéressée qu'on pourrait le croire, le but constant d'un squatter australien étant d'attirer sur ses terres le plus grand nombre possible de chercheurs d'or.

La raison en est simple et facile à saisir.

Qu'une mine, qu'un filon, qu'une couche aurifère se découvre sur son domaine, aussitôt la forêt, silencieuse jusqu'alors, résonne; les solitudes se peuplent; tous les besoins qui suivent les foules se mettent à gronder autour de sa maison. Il vivait seul, privé de tout contact avec ses semblables, obligé d'envoyer au loin, par des routes périlleuses, ses troupeaux sur les marchés : une pincée d'or qui se trouve dans une fente de sa montagne, sous la racine des herbes de sa vallée, change tout en un clin d'œil.

A cette nouvelle, qui se propage comme une flamme

dans les épines, des milliers d'hommes accourent, une ville de tentes se dresse; les arbres s'abattent, les feux s'allument, les travaux commencent. Cent industries surgissent, la soif et la faim frappent à sa porte. Ses moutons, qui valaient à peine cinq francs la veille, s'arrachent à trente francs le lendemain; la chair de ses taureaux se dispute, et le lait de ses génisses, qui se perdait ou se donnait aux porcs, devient hors de prix [1].

Tout ce qu'il peut mettre en vente en un mot suit, à dater de cette heure de fête, la même échelle ascendante de bénéfice.

On conçoit dès lors avec quelle ardeur messieurs les propriétaires coloniaux désirent voir faire le sérieux essai de leur sous-sol.

C'est pourquoi l'arrivée d'une troupe de *diggers*, qui bouleversent les plaines, fendent les collines, trouent les montagnes, détournent les ruisseaux, les enivre d'une joie profonde. Plusieurs font des avances considérables pour obtenir ce résultat; on en cite même qui, ayant acheté pour dix et vingt mille francs d'or vierge, d'or primitif, tel qu'il se récolte dans les glaises et les graviers noirs, l'ont jeté de leurs propres mains dans les mousses, au pied des arbres, dans la poussière des chemins, pour le faire ensuite découvrir, et attirer ainsi dans leur voisinage un abondant flot de chercheurs.

Notre fermier de l'Ouest ressemblait donc sur ce point à tous ses confrères, et les Mexicains, qui, comme

[1] Avant la découverte de l'or en Australie, c'est-à-dire avant l'émigration et la réunion d'un grand nombre de mineurs sur divers points de la forêt, les *squatters*, perdus dans les bois et ne pouvant, faute de débouchés, se défaire de leur gros et menu bétail, tuaient bœufs et béliers par hécatombes, pour le seul profit des cuirs et des suifs.

En 1849, des moutons pesant 100 livres ne valaient dans la colonie de Victoria que 4 shillings par tête (5 fr.).

mineurs, possédaient une expérience de plusieurs années, qui avaient vu *the ups and downs*, « les hauts et les bas » du négoce, et qui, la bourse vide, mais le cœur plein de passions belliqueuses, étaient prêts à de nouvelles luttes, devenaient pour lui des instruments précieux.

Sa proposition faite et acceptée, il compléta la somme dont ils avaient besoin pour quitter le *Rogal* avec honneur, leur fit même quelques avances pour mieux se les attacher; puis, par une matinée délicieuse, rose et fraîche, les trois amis, le squatter et ses deux domestiques, s'embarquèrent à bord d'un petit schooner qui se rendait à Perth, atteignirent Guildford, s'engagèrent sur la rivière des Cygnes, et, remontant le profond sillon que ce cours d'eau creuse au milieu des forêts et des sites les plus sauvages de la Nouvelle-Hollande, arrivèrent enfin au but de leur voyage, à *Wardarok-Station*, principale résidence du *squatter*.

Après s'y être reposé le temps convenable, les Mexicains, pressés de se mettre à l'œuvre et pris de ce besoin de remuer et de laver la terre qui tourmente les mineurs avides ou passionnés pour leur art, avaient prié M. Sandridge (c'était le nom du squatter) de tenir sa parole et de les faire conduire au pays promis.

Comme tous les colons sédentaires éloignés des grands centres et vivant seuls à l'avant-garde dans la forêt, M. Sandridge avait chez lui, dans ses enclos, plusieurs indigènes, qui, chassés des huttes de leurs villages en raison des motifs déjà nommés, s'étaient mis à son service pour abattre les arbres, empierrer les routes, bâtir des *logs-houses* [1] et aider à la surveillance des troupeaux.

Un d'eux, un *Mongalung*, qui, quelques mois auparavant, avait en qualité de guide conduit dans la forêt

[1] Maisons bâties de troncs d'arbres.

un parti d'Européens, chargé par le gouvernement colonial d'explorer un territoire nommé « pays des Sept-Montagnes, » prétendait avoir été le témoin oculaire de la découverte faite par ces messieurs de plusieurs *collines* à base de quartz, dont les sommets d'une blancheur de marbre étaient, sur presque toute leur surface, piqués, marbrés, zébrés de paillettes d'or.

Ces signes opulents, semblables à ceux trouvés plus tard sur les crêtes de *Dunolly*, d'*Ararat*, de *King-Gower*, annonçaient à n'en pas douter non-seulement d'immenses richesses métalliques cachées au cœur du roc même [1], mais encore de larges dépôts aurifères enfouis dans les couches alluviales des environs.

Ce natif, qui, par une longue fréquentation des Anglais, avait acquis assez de leur langue pour se faire couramment comprendre, racontait souvent à M. Sandridge la folle joie des visages pâles à la vue de ces veines de métal jaune, qui, sous les feux du soleil, illuminaient les quartz et les sillonnaient d'éclairs.

Il lui disait également comment, au lieu de se coucher et de dormir à l'ombre des grands arbres, quand sonnait l'heure bénie des repos, ces blancs insensés s'en allaient passer toutes ces bonnes heures à taper sur les rocs, qu'ils brisaient, pilaient, réduisaient en miettes et dont ils finissaient toujours par extraire quelques grains brillants. — « Grains durs, butin négatif, ajoutait le sauvage, qu'ils ne buvaient ni ne mangeaient, mais qu'avec toutes sortes de caresses et de sourires ils enfermaient dans de petites boîtes et cachaient à tous les yeux. »

Le squatter avait eu maintes fois l'envie d'aller lui-même visiter les *collines*; mais, comme elles se trou-

[1] La mine de *King-Gower*, découverte par deux Allemands dans le district du *Loddon* et creusée dans la roche dure, a donné, pendant plus de six mois, *mille livres sterling* de bénéfice par semaine (25,000 fr.).

vaient à plusieurs jours de marche de sa demeure et sur le territoire de tribus insoumises, le temps lui avait toujours fait défaut. Sa rencontre avec les Mexicains l'avait déterminé cette fois à tout tenter pour connaître la vérité.

Dès que ceux-ci eurent entendu ces détails, leur imagination, prenant aussitôt son vol, les conduisit d'un trait sur la cime diamantée des plus belles espérances. Se voyant déjà récoltant l'or par kilogrammes et plus riches que jamais, apercevant de nouveau Melbourne luire à l'horizon, ils voulaient partir le jour même, priant M. Sandridge de leur donner pour guide le précieux indigène qui paraissait si bien connaître un des points les plus charmants de la forêt.

Le squatter crut alors devoir les avertir que des cinq natifs qui s'étaient réfugiés sur son domaine, Monorup, c'est ainsi que s'appelait le Mongalung, était bien certainement le plus alerte et le plus subtil; mais que, comme revers de la médaille, il possédait également et avec bonne mesure tous les vices, toutes les imperfections de sa race; qu'il était voleur, menteur, luxurieux, perfide, et que chez lui, sous une riante apparence de bonhomie, l'esprit du mal, toujours en éveil, ne sommeillait jamais.

Les Mexicains promirent de se tenir sur leurs gardes, de surveiller de près les faits et gestes de cet aimable enfant du Buisson, et, sur leur demande expresse, il fut convenu qu'ils partiraient le lendemain.

Le Mongalung, grand gaillard vigoureusement charpenté et paraissant avoir de ving-deux à vingt-cinq ans, fut alors introduit.

Sa belle prestance, son grand œil noir, dans un coin duquel cependant logeait une pensée difficile à saisir; ses membres souples, ses cheveux épais, bouclés, relevés sur les tempes par un bandeau de joncs agrémenté de baies rouges; ses grosses lèvres sensuelles, ses dents étincelantes qu'il possédait toutes, contrairement à l'usage de son peuple [1]; sa peau d'un brun-grisâtre, luisante, tendue, pleine de séve et de santé; tout son ensemble enfin, qu'éclairait alors un bon sourire, disposa favorablement les Mexicains en sa faveur.

Aux demandes qui lui furent faites sur la distance et la difficulté de retrouver les collines, il répondit qu'il en connaissait le chemin comme il connaissait le chemin de son village, que les yeux de sa mémoire les voyaient aussi distinctement devant lui que les yeux de son corps voyaient en ce moment les nobles étrangers, et que *sept jours* suffiraient pour les atteindre.

Interrogé sur les ressources et les dangers de la route, il déclara que la forêt dans toute la ligne à parcourir était une contrée d'ombre et de bonne chère, sillonnée d'eaux vives, peuplée de kakatoès, d'iguanes, de mollusques, de couleuvres, tous animaux de choix et fournissant une alimentation supérieure.

Quant à la sûreté du voyage, il l'affirma parfaite, les tribus voisines et hostiles devant être toutes parties à cette heure pour le pays des *Koonnats*, pays éloigné, proche de la mer, où elles allaient chaque année, un peu avant la venue de la saison pluvieuse, recueillir la succulente provision des gommes.

De plus en plus émerveillés par ces réponses et ces coïncidences heureuses (qui nous expliquaient à nous-mêmes pourquoi notre traversée dans les bois avait été si paisible), les Mexicains ne voulurent plus entendre parler d'aucun retard. Ils proclamèrent Monorup le meilleur des guides, louèrent son intelligence et promirent,

[1] Il est d'habitude parmi la majorité des tribus de la Nouvelle-Hollande d'arracher aux jeunes gens devenus nubiles les deux incisives supérieures. Cette mutilation hideuse est faite par le père ou le chef pour dire au fils ou au sujet, que, devenu guerrier, il doit savoir supporter la douleur.

une fois leur fortune faite, de l'emmener avec eux à Tampico.

Et, le lendemain, tous les trois à cheval, fournis d'armes, de boussoles et de bons conseils, ils quittaient *Wardarok-Station* pour les *collines*, refusant la compagnie de deux Anglais que M. Sandridge, toujours prudent, voulait leur adjoindre, et ne prêtant qu'une oreille distraite aux dernières et sages recommandations du squatter.

Le Mongalung, qui, pendant la nuit, s'était tatoué la figure en jaune (couleur des expéditions pacifiques), poussait devant lui un quatrième cheval, lequel portait, dans une demi-douzaine de sacs et de paniers, toutes les provisions de bouche qu'il avait été possible de lui faire tenir en équilibre de la croupe au garot.

Tout alla bien pendant les trois premières journées. Monorup, plein d'égards et connaissant effectivement par cœur tous les sentiers de la forêt, prenait par les vallées ombreuses, contournait les montagnes, évitait les fourrés épineux et s'arrêtait chaque soir — sous le vert pavillon des grands arbres — aux sources les plus limpides.

Sa gaité, son bon vouloir semblaient inépuisables. Toujours le rire aux lèvres, le voyage, sous sa direction, semblait ne devoir être qu'une suite de jours heureux.

Malgré ces apparences néanmoins, et suivant pas à pas dans le récit qui nous en était fait la marche des événements, nous commençâmes bientôt à voir poindre toute une chaîne d'actes perfides, qui, malgré sa ruse, trahissaient la pensée secrète du Mongalung.

Il devint évident pour nous que l'intention de cet homme, dès la première heure, avait été d'égarer les Mexicains dans la forêt et de les y laisser mourir.

Le quatrième jour au soir, en effet, à la suite d'une orgie inutile, une grande jarre de rhum — tonique précieux dans le Buisson — s'était trouvée brisée; ce qui restait de vivres avait été gaspillé sans motif, et le sac de cuir qui contenait les farines, tombé dans les herbes pendant la marche, affirmait le Mongalung, avait été perdu.

Le sauvage ne faisait que plaisanter de ces désastres, affirmant que ces pertes étaient insignifiantes, que la forêt suffirait à tout.

Le lendemain, à la première halte, se disant fourvoyé et feignant de ne pouvoir trouver le ruisseau sur lequel il comptait, il était parti en toute hâte à sa recherche, laissant cette fois les Mexicains seuls — en compagnie des paniers vides — pendant près de huit heures, au milieu des bois.

Cette journée, pendant laquelle ils ne vécurent que de baies, de racines crues et d'un peu d'eau bourbeuse ramassée à grand'peine dans les sentiers couverts, les avait beaucoup affaiblis.

Vers le soir du sixième jour et par des chemins différents de ceux que nous avions suivis nous-mêmes, Monorup les avaient enfin conduits sur le point culminant où nous les avions trouvés, plateau sauvage qui, d'après ses calculs, devait être leur dernière étape.

Là, au pied d'une grosse roche de granit noir et à demi cachée sous un épais rideau de joncs et de graminées aquatiques, se trouvait une source, qui, creusant patiemment le sol, s'était façonnée comme un bassin naturel, — baignoire fleurie, pleine d'une eau bleue, claire et profonde.

Tourmentés depuis la veille par une soif ardente, les Mexicains, à cette vue, avaient poussé des cris joyeux et s'étaient rués sur le frais liquide.

Le Mongalung, lui, s'était abstenu; il avait désellé les chevaux, leur avait lavé les jambes et la tête, puis, après leur avoir à peine permis de se mouiller les lèvres, il les avait chassés devant lui comme d'habitude et mené paître dans les bas-fonds.

Après avoir allumé les feux, s'être fait des lits de mousse et avoir vaqué aux premiers soins du campement, les Mexicains s'étaient remis à boire de cette eau limpide. Pris bientôt de nausées violentes, mais ne considérant ce malaise subit que comme une indisposition passagère, résultat naturel de la fatigue et de la chaleur, ils ne s'en étaient point autrement inquiétés : couchés à l'ombre des grands nopals, ils attendaient avec patience le retour de Monorup et les provisions de bouche qu'il leur avait promises.

Mais Monorup ne revint pas.

La nuit fut terrible pour les trois amis, et le matin les vit se tordre dans des convulsions affreuses. Une dyssenterie funeste s'était déclarée.

La gorge en feu et tous les charbons de la fièvre dans les entrailles, dévorés d'inquiétude, et la faim battant son douloureux rappel dans leur poitrine, leur seule consolation, à cette heure, était de se traîner à la source, d'y plonger leur face entière, d'y boire encore, d'y tremper leurs lèvres constamment avides.

Cette belle eau froide qui les attirait comme un aimant calmait leurs souffrances, il est vrai, pour quelques minutes, mais les rejetait bientôt plus pâles et plus épuisés que jamais sur les gazons.

Toute cette septième journée — *sept jours devaient suffire au voyage*, avait dit le Mongalung — se passa sans nourriture.

Incapables maintenant de se mouvoir et mâchant la feuille grasse des cactus que leurs mains pouvaient atteindre, perdus, abandonnés, la position des hommes du Sud devint terrible. L'un d'eux, le plus jeune, s'éteignit pendant la nuit.

Les autres, au matin, sentant l'Ange noir les toucher de son aile, firent appel à toute leur énergie. Ignorants des mœurs et des perfidies de la forêt, ne soupçonnant Monorup d'aucune trame coupable et le croyant égaré lui-même, ils avaient dépensé leur dernier souffle à crier son nom dans les vents et, pour mieux le remettre sur leur tracé, avaient tiré les coups de feu que nous avions entendus au point du jour.

Monorup s'était bien gardé de paraître.

Caché sous les feuilles dans quelque creux obscur, couché au frais, au plus profond d'un ravin, il y attendait paisiblement, sans aucun doute, que la grande *Faucheuse* eût accompli son œuvre et que sa trahison eût donné son fruit.

Pour nous, la fourbe du Mongalung était palpable. Cette source à l'eau si pure était une source empoisonnée, — empoisonnée par lui, la veille même, pendant sa longue absence.

Ce mode d'empoisonnement, du reste, est l'arme favorite des aborigènes pour se débarrasser sans bruit des Européens, et souvent il arrive que des natifs, pris pour guides dans les forêts, conduisent ceux-là mêmes qui sont sous leur garde et qu'ils ont mission de protéger, à des sources pareilles, remplies de plantes de la plus dangereuse espèce.

Plantes vénéneuses et solanées, qui, engendrées par une terre vierge et mûries par un soleil tropical, ont des effets bien autrement rapides et puissants que n'ont chez nous les plantes de la même famille.

Pour dégager ces trous d'eau de ces longues herbes parasites, qui d'ordinaire les cachent et les obstruent, les noirs — le sourire aux lèvres et des reflets d'innocence dans les yeux — s'empressent de couper, de briser, d'abattre à coups de baguette, tiges, fleurs et folioles.

Ces végétaux meurtriers, par les sèves malfaisantes qu'ils contiennent et qui coulent en abondance de leurs blessures, empoisonnent en peu de temps le liquide dans lequel ils sont tombés.

Ceux qui ont le malheur de boire de ces eaux généralement glaciales et qui altèrent outre mesure, sont aussitôt attaqués de dyssenteries aiguës, qui font rarement grâce aux tempéraments européens.

D'autres fois, pour se défaire d'un parti de visages blancs qu'ils conduisent à travers les bois, les guides indigènes, afin d'éloigner d'eux tout soupçon, se font aider dans ces machinations odieuses par des hommes de leur propre tribu, qui, cachés et rampant dans les broussailles, suivent de loin la troupe émigrante et empoisonnent eux-mêmes, et d'avance, la pièce d'eau vers laquelle ils savent que leur complice — le guide — conduit les étrangers.

Pour arriver à leurs fins, ils jettent et fixent sur le lit des sources, au moyen de lourdes pierres, deux à trois brassées de ces plantes malsaines, dont ils ont broyé les feuilles et lacéré les écorces.

Cette masse verte, qui dort au fond des eaux, qui se confond avec les autres herbages et qui paraît inoffensive à tout œil non prévenu, rend mortel en moins de deux heures tout le liquide dans lequel elle est plongée. Et lorsque les malheureux voyageurs, mourant de soif et sans défiance, ont bu de ces eaux perfides; quand, peu de temps après, vaincus par la douleur, inertes, épuisés, incapables d'aucune défense, ils ne sont plus à craindre, alors, à un signal, à un cri d'oiseau de proie poussé par le chef, les sauvages apparaissent, tombent des branches, sortent du tronc des arbres, s'élancent du milieu des cactus et, la hache au poing, le corps tatoué de lignes blanches, la gorge pleine de cris féroces, dansent la « ronde des squelettes » autour des victimes, que bientôt ils égorgent, si elles tardent trop à mourir.

Des milliers d'Européens, au premier jour de la découverte des métaux précieux, périrent de la sorte dans le Buisson.

Aussi, peu de pièces d'or australiennes, roulant aujourd'hui joyeuses à travers le monde, qui ne soient tachées d'une goutte de sang.

L'exploration des lieux et les preuves laissées derrière lui par le Mongalung, nous donnèrent la conviction qu'il s'était rendu coupable d'un crime de cette espèce.

Le punir, ce crime, nous était impossible.

Le bandit nous avait éventés. Il fuyait à cette heure par des sentiers connus de lui seul; il galopait par les routes sombres, tournait le dos à nos chemins et courait, selon toute apparence, offrir aux chefs de sa tribu — pour le rachat de ses anciennes fautes — le récit de son acte infâme et les chevaux volés aux Mexicains.

Telle était l'histoire lugubre des trois amis, dont l'un, parti quelques jours auparavant plein de jeunesse et rayonnant d'espérance, gisait maintenant inanimé, payant de sa vie sa soif de l'or et la carte de ses imprudences.

N'en est-il pas toujours ainsi ?

Les projets des hommes ne sont-ils pas comme ces blocs de sable qu'amassent les fourmis autour des brins d'herbes et que le moindre souffle renverse et détruit ?

Le « Corroboree » ou Danse des squelettes.

CHAPITRE III

Fermes anglaises au milieu des bois. — Leur importance. — La station des *Cinq-Sources*. — Drame d'amour dans la forêt. — Prédictions sinistres des *Coradjis*. — Effroi des tribus. — Ce qui en résulte. — Je me rends chez les Nagarnooks.

A la suite de ces événements, nous reprîmes sans nous en détourner davantage notre direction première, et, le troisième jour au soir, un peu avant la tombée du crépuscule, nous débouchions dans une vaste plaine, où toute une armée de blancs moutons, divisés par groupes et ressemblant à des tas de neige sur la verdure sombre, broutaient paisiblement.

La vue de ces troupeaux nous réjouit le cœur et nous fit oublier toutes nos fatigues, car ils annonçaient la fin de notre course à travers les bois et nous disaient que la *station* que nous cherchions était proche. A cette époque, en effet, la province de Mongagap, entourée de tribus hostiles, ne permettait pas d'envoyer le bétail paître trop au loin.

Ces *stations*, ou grandes fermes, jouent dans les forêts australiennes un rôle d'une telle importance, que quelques détails sur ce qui les concerne ne seront pas, je l'espère, indifférents au lecteur.

Lorsqu'un Européen quelconque, mais surtout un Anglais, — car aux Anglais est donné en toutes occasions le fruit savoureux des préférences, — désire acquérir ce qui s'appelle un *Run* sur les terrains vierges du Buisson, il s'adresse aux agents spéciaux du gouvernement colonial, qui, après s'être enquis des ressources pécuniaires et de la moralité du postulant, lui désignent et concèdent, moyennant une redevance annuelle des plus minimes et quelques charges obligatoires dont nous parlerons plus loin, un espace immense, — quelquefois l'étendue en terre d'un de nos départements, — sur lequel il a seul le privilége de faire paître ou plutôt *courir* (Run) des milliers d'animaux : yacks, zébus, chevaux, bêtes à cornes et à laine.

Ces stations, s'ajoutant ainsi chaque jour les unes aux autres, avancent constamment dans la fôret. Plus envahissantes qu'une eau qui rompt ses digues, elles poussent devant elles les tribus, les obligent à fuir et de cette façon conquièrent chaque année de nouveaux et d'immenses territoires à l'Etat.

Mais les indigènes que l'on dépossède de la sorte des pays où vivaient leurs pères, que l'on expulse des vallées où leur race reste ensevelie, que l'on affame, puisqu'ils ne peuvent désormais ni chasser, ni pêcher, ni récolter les fruits et les légumes qui constituaient leur nourriture ; qui ne peuvent même, sans s'exposer à une mort certaine, venir revoir ces lieux charmants qui furent les jardins de leur jeunesse, ne s'éloignent pas sans résistance de ces contrées aimées et n'abandonnent pas les ruisseaux et les montagnes témoins de leurs premiers jeux sans chercher à se venger.

Cédant à la force, mais, comme tout bon sauvage, appelant à eux la ruse, ils incendient la nuit les bâtiments qui s'élèvent, volent ou empoisonnent les troupeaux, tendent des piéges aux bergers solitaires et attaquent en plein jour les maîtres eux-mêmes, chaque fois qu'ils se trouvent en nombre suffisant pour le tenter avec succès.

Nulle station dans la forêt n'a conquis le droit de vivre et de prospérer sans combats. Aucune qui n'ait vu ses premiers murs de planches noircis par les flammes, ses tours de troncs d'arbres rougis par le sang.

Plusieurs de ces établissements, cernés à l'avance de toutes parts, ont été ainsi, de 1848 à 1851, pris, incendiés et détruits en quelques heures, par les Nagarnooks et N'gotaks rassemblés.

Disons maintenant un mot des obligations consenties par les squatters qui s'établissent dans le Buisson.

Parmi les charges qui leur sont imposées par le gouvernement de Melbourne dans l'intérêt des émigrants voyageurs, minéralogistes, chasseurs d'or et d'oiseaux rares, qui, du premier janvier à la Saint-Sylvestre, battent et sillonnent la forêt dans tous les sens, il en est une — la plus importante — qui les oblige à avoir dans le bâtiment principal de leur demeure un *magasin public*, contenant toujours une quantité spécifiée de provisions sèches, comme farine, sucre, riz, thé, café, sel, poudre et plomb, boussoles et outils de mineurs, ainsi que quelques caisses des médicaments les plus usuels et les plus en rapport avec les besoins du climat.

Tout homme d'Europe qui traverse la forêt déserte et qui, soit par fatigue, blessure ou maladie, demande l'hospitalité au squatter, doit *être reçu, nourri* et *logé* par lui *pendant* au *moins trois jours*. Il est également obligé de fournir à toute personne qui l'en requiert, et *aux prix de Melbourne*, une certaine portion des denrées alimentaires qui constituent sa réserve, avec telle quantité raisonnable de viande fraîche, bœuf ou mouton, porc ou volaille, qui peut lui être demandée.

Sous peine de fortes amendes et de forfaire à la loi,

le squatter ne peut se refuser à ces exigences (articles 4, 5 et 6 du cahier des charges).

Seulement, comme sa sûreté personnelle est souvent mise en jeu et que tous ceux qui viennent ainsi frapper à sa porte ne sont pas précisément des prix de vertu, il lui est naturellement permis de prendre toutes les mesures qu'il juge convenable pour se garantir des violences, des vols et des coups de pistolet, que méditent la plupart du temps — il faut bien l'avouer — ceux qui viennent ainsi lui demander asile.

Dans ce cas, après leur avoir fourni, en dehors des clôtures, ce dont ils peuvent avoir besoin, les *settlers*, qui sont en général d'excellents physionomistes et qui mieux que personne savent reconnaître les loups sous la peau des brebis, sont libres d'envoyer ces malandrins déguisés, boitant, geignant, le bras en écharpe, fermant les yeux et se disant aveugles, dormir à la belle étoile, sous les grands arbres de la forêt.

Cette prévoyance du gouvernement colonial, ces obligations imposées par lui aux chefs des stations avancées, ont sauvé la vie à des milliers d'êtres humains, qui, sans ressources, fiévreux, mourant de faim, poursuivis par les indigènes, ou perdus dans cet implacable écheveau de sentiers fleuris, mais embrouillés, qui s'appelle le Buisson, n'en fussent jamais sortis vivants.

Heureux de nous voir au terme de notre voyage sans plus fâcheuses aventures, nous campâmes cette nuit-là — comme jadis Abraham et Jacob — au milieu des brebis.

Et le lendemain, suivant l'itinéraire indiqué par les pastours, nous arrivions en vue de la station des Cinq-Sources, *Five Springs Station*, vers la onzième heure.

L'emplacement de cette habitation avait été admirablement choisi. Placée sur le versant d'une colline à large base, entourée sur trois faces par une futaie séculaire d'eucalyptes et de gommiers bleus, ses portes de façade s'ouvraient à l'est sur une vaste savane, qui déroulait à perte de vue ses flots de gazons et ses bouquets de myrtes verts. Cinq sources jaillissantes, qui sortaient du pied de la colline et qui s'étaient creusé des lits profonds et tortueux, arrosaient la vallée dans tous les sens et lui communiquaient une fraîcheur incomparable.

Impossible par des paroles de rendre le charme, la beauté, la grandeur sévère de ce merveilleux paysage, qu'à l'heure de midi l'éclat de toutes ces eaux remplissait d'éblouissements. Ce site enchanteur qui, par son calme, son silence, ses grandes ombres paisibles, aurait dû éloigner du cœur de l'homme toute pensée mauvaise, toute flamme de haine et ne lui inspirer que des sentiments de bienveillance, venait cependant d'être le théâtre d'un drame odieux et cruel.

Voici ce que les bergers appartenant à la sation des Cinq-Sources nous avaient raconté la veille.

Le chef de cet établissement de premier ordre, tant par l'importance des bâtiments construits que par le nombre des troupeaux, se nommait Mac Kloven.

Natif du Nord, venu de ce rude pays des frontières où le Cumberland touche à l'Ecosse, il était, comme tous les hommes des *Highands* (hautes terres), d'une taille athlétique, d'une force de corps peu commune.

Sa barbe et ses cheveux d'un noir de jais l'avaient fait surnommer par son entourage *Black Mac* (Mac le Noir). La violence de son caractère était sans égale, ses passions une fois allumées commandaient en maîtresses et remplissaient de tumulte sa maison. Impitoyable dans ses rancunes, toute volonté devait se courber devant la sienne. Faisant bon marché de sa propre vie, la vie des autres à ses yeux valait zéro, et il eût à toute heure du jour donné sans hésiter l'existence de dix de ses semblables, pour mener à bien une vengeance ou assouvir un désir.

Cette nature dominatrice était la terreur de tous ceux qui l'entouraient.

Et cependant cet homme hautain, taciturne, d'un aspect glacial, — montagne de neige prête à devenir un volcan,— cet homme à l'abord difficile, au sourcil froncé pour tout le monde, au caractère étrange — plein de nœuds et d'épines comme un bâton de houx — devenait humble et souriant lorsqu'il franchissait certain seuil béni de son intérieur. C'est que là, au milieu de tout le confort et l'élégance que l'or avait pu procurer, vivait comme dans une châsse capitonnée d'amour et de petits soins une toute jeune femme — dix-sept ans — belle et blonde, Suédoise née aux Antilles, nommée Amyèthe.

Mac le Noir avait un jour ramené ce joyau de Melbourne après l'avoir épousé. Connaître l'homme, c'est dire avec quelle ardeur — quelle fureur — il aimait.

Depuis six mois qu'il s'était mis au doigt cette perle blanche, sa passion n'avait fait que grandir. Il n'aimait plus, il adorait. La créole paraissait le payer de retour, et c'était vraiment plaisir à voir que ces deux êtres — l'un type adorable de la grâce, l'autre puissant spécimen de la force — lorsqu'emportés par le vol de leurs chevaux, ils passaient sous les grands arbres, se souriant l'un à l'autre, dans leur promenade du matin.

Mac Kloven était trop heureux et le bonheur parfait, durable n'est pas de ce monde.

Jeune, riche, aimé d'une femme ravissante, voyant tous ses projets fleurir et la réussite lui faire cortége, Mac, l'œil perdu dans son azur, ne voyait pas qu'à ce moment même un gros nuage roux — chargé de tempêtes — montait pour lui à l'horizon.

Comme il visitait un soir — ayant Amyèthe au bras

— quelques constructions nouvelles qu'il faisait élever dans ses cours,

Il surprit entre sa femme et un jeune Canadien, directeur des travaux, un regard qui lui fit au cœur l'effet d'une morsure de serpent.

Il eut néanmoins assez de force pour se contraindre, dissimula ses soupçons, et, sans mettre personne dans sa confidence, se constitua lui-même l'espion de celle qu'à dater de cette heure il regardait comme infidèle.

D'une nature sanguine, exubérante, à laquelle les exercices violents étaient indispensables, ne se plaisant que dans les longues courses, les chasses lointaines, l'exploration des pays voisins, Mac Kloven était souvent absent de chez lui des journées entières. Il ne changea rien à ses habitudes, — en apparence du moins, — s'éloigna comme toujours le sourire aux lèvres et s'y prit si bien — si mal, diront les dames — qu'avant que huit jours ne se fussent écoulés, il était sûr de son infortune.

Amyèthe le trahissait.

Au fond du parc que Mac le Noir s'était taillé dans la forêt géante et à une distance de près d'un kilomètre des habitations principales, se trouvait une grotte naturelle, tapissée de lianes et presque à moitié cachée sous les longues branches flexibles des sophoras pleureurs.

Cette grotte, d'où la vue jouissait d'un panorama élyséen, était devenue depuis quelque temps la promenade favorite d'Amyèthe, qui aimait y aller lire, broder, rêver, effeuiller des roses pendant les absences de son époux.

Mac Kloven, quelques mois avant l'époque où nous sommes, avait approuvé le choix de cette retraite et s'était empressé de faire jeter à pleines mains toutes les fleurs de la Flore australe sur le sentier de gazon qui y conduisait. Quel chemin pouvait être assez doux, assez parfumé pour les petits pieds d'Amyèthe?

Cette grotte solitaire et de laquelle aucun des serviteurs n'aurait osé approcher — Marc le Noir l'ayant formellement interdit — était le lieu choisi par la blonde Suédoise pour ses rendez-vous avec le Canadien.

Rendez-vous qui d'ordinaire se donnaient aux heures des siestes australiennes, heures silencieuses, pendant lesquelles nul œil n'est ouvert.

Alors eut lieu la scène dernière, la scène rouge, sauvage, éternelle et tragique des amours défendues.

Le mari surprit les deux coupables.

Comme un ange exterminateur, Mac le Noir, que l'on croyait errant sur le piton des montagnes, parut au seuil de la grotte, le revolver au poing.

Darbloze (c'était le nom du Canadien, Français d'origine) fit fièrement face à l'homme du Nord.

Sans prononcer une parole, Mac le Noir l'abattit d'un coup de pistolet. Dans sa chute, il lui envoya une seconde balle qui lui fracassa l'épaule et, toujours impassible, il allait presser une troisième fois la détente, lorsqu'Amyèthe, revenant à elle, s'était précipitée sur le corps de son amant et avait jeté à Mac Kloven cette phrase-poignard, qui devait être son supplice en ce monde :

— Je vous hais, soyez maudit!

Mac le Noir, ivre de fureur, avait à ces mots frappé Amyèthe elle-même à la tête du fer de son arme et l'avait couchée comme morte à côté du Canadien.

Puis il s'était mis à fouler aux pieds ces deux corps, qui, immobiles et sans souffle, ne donnaient plus signe de vie.

Amyèthe et Darbloze cependant revinrent à eux, leurs yeux se rouvrirent; leur premier mouvement fut de se rapprocher et de se tendre les bras. La rage de Mac ne connut plus de bornes, il devint plus féroce qu'un tigre et une idée véritablement infernale lui traversa l'esprit.

« Vous ne sortirez plus de cette grotte, cria-t-il. Unis dans la trahison, soyez unis dans la mort. »

Les saisissant alors l'un après l'autre de ses mains robustes, il les avait percé de son couteau.

Et, sans écouter les cris aigus de la malheureuse Amyèthe, Mac le Noir avait de ses propres mains muré de pierres l'ouverture de la caverne et, pendant un jour et une nuit, — sans qu'un seul instant la pensée du pardon lui vînt à l'âme, — il était resté là, assis sur un tertre, regardant constamment la grotte et écoutant avec un rire idiot les plaintes de plus en plus faibles qui s'en échappaient.

A l'aube du deuxième jour, toute prière, tout bruit ayant cessé, Mac Kloven abattit d'un coup d'épaule la muraille provisoire, jeta un nœud coulant au pied du Canadien et, le traînant comme un chien mort l'espace de plus d'une lieue, alla le précipiter dans un puits profond — abîme de nuit et de silence — qu'il connaissait dans la forêt.

Quant à Amyèthe, il l'enterra lui-même, telle qu'elle était à l'heure de la catastrophe, — tête nue, fleur au corsage, ses beaux cheveux blonds relevés en diadème, — parmi les racines d'un gommier gigantesque, sous la sombre ramure duquel à chaque tombée du crépuscule la jeune femme aimait à diriger ses pas pour assister à toutes les splendeurs du soleil couchant.

Ce dernier acte funèbre accompli et la dernière pelletée de terre tombée sur le cadavre, le masque de haine qui depuis trois jours contractait d'une façon hideuse la face de Mac le Noir, sembla se détacher. Ses yeux se mouillèrent, sa respiration devint pénible, ses jambes fléchirent, il fit quelques pas en chancelant et tomba comme une masse inerte sur le sol, où il resta évanoui.

Ses serviteurs, qui depuis la veille suivaient tous

ses mouvements, — sans oser en approcher, — accoururent alors et le portèrent en sa demeure, où, pris d'un délire furieux qui dura près d'une semaine, il ne fit qu'appeler Amyèthe et lui donner les plus doux noms.

Cet épisode lugubre s'était passé quinze jours seulement avant notre arrivée; aussi le sang qui avait été répandu planait-il encore, si je puis ainsi dire, comme un brouillard de tristesse sur tout l'établissement.

Nous ne restâmes que quarante-huit heures chez le fermier Mac Kloven, le temps de renouveler nos provisions et de prendre langue; puis nous nous remîmes en forêt, heureux d'échapper aux récits quotidiens de ces faits lamentables, — connus de tous, — racontés en détail par le squatter lui-même, pendant les nuits de son délire.

Durant ces deux jours, nous n'aperçûmes qu'une seule fois Mac le Noir, qui, nous dit-on, battait comme un fou les bois du voisinage et parcourait les halliers, criant : « Je vous hais, soyez maudit! »

Trois Irlandais, trois colosses, employés comme *abatteurs d'arbres* à la *station des Cinq-Sources*, ayant obtenu leur congé, se joignirent à nous pour l'exploitation des terrains aurifères de Mongagap.

Cette adjonction portait à dix le nombre de notre petite troupe, chiffre suffisant, pensions-nous, pour répondre à toutes les éventualités et repousser même les indigènes, s'il leur prenait fantaisie de nous attaquer.

Suivant de nouveau de point en point les directions indiquées par notre ami le secrétaire — guide sûr — nous arrivâmes enfin, après trois jours de marche, au terme de notre voyage. Impossible de s'y méprendre, nous touchions de l'œil l'endroit désigné.

Au centre d'un long rameau de collines, dont les crêtes, légèrement onduleuses, ressemblaient aux vagues pétrifiées d'un ancien océan, se détachait une montagne de cinq cents mètres de hauteur, nue, presque ronde et dont le sommet plat faisait terrasse.

Par un singulier caprice de la nature, sur un des bords de cette terrasse coupée à vive arête, se voyait, penché sur l'abîme, un arbre, un seul, un grand *she Oak* (arbre à foin des indigènes), dont les longues branches pendantes, fines et légères, ondoyaient, fouettées par tous les vents.

Cette montagne, avec son arbre sur le côté, ressemblait à un colback gigantesque orné de son panache, et, ainsi découpée sur le pur azur, offrait la silhouette la plus bouffonne.

Ce *Funny-Mount*, comme nous l'appelâmes aussitôt (nom qui lui est resté), n'était pas au-dessous de sa réputation d'opulence. Car sa tunique de bruyères enlevée, sa couche de terre végétale balayée et le roc vif mis à nu, le quartz blanc qui le composait se montra sur de larges espaces et par zones inégales, comme imprégné, comme nuagé d'une poussière de points d'or, plus nombreux, plus épais et plus incalculables que ne sont les soleils dans la Voie lactée.

Cette vue nous mit aux bras une force de géants. Les plus robustes attaquèrent aussitôt le *Funny-Mount*, tandis que les autres, s'unissant par couple, allèrent tâter les collines inférieures et interroger les basses terres.

Toutes choses allaient au mieux depuis sept semaines, la tranquillité la plus parfaite régnait aux alentours.

Nos *cradles* [1] seuls faisaient du bruit dans la vallée, et, à leur balancement rauque et monotone, s'ajoutait seul ce chant des mineurs américains :

[1] *Cradle,* sorte de berceau de bois, toujours en mouvement, dans lequel se lavent les sables et les graviers aurifères.

« Courage, amis, courage! berçons allègrement; berçons!

« Berçons les roches; lavons la boue des déluges.

« Là, dans ce tas, peut-être dort un nouveau-né, qui ne demande qu'à voir le jour.

« Qu'il soit le bienvenu; sortons-le de sa prison de glaise; que sa robe d'or brille au soleil.

« Quelles sont vos pensées, amis, en agitant les quartz deçà, delà?

« Nous songeons que nous enverrons bientôt de l'or à nos familles, de la joie aux mères, de la santé aux enfants. Berçons, amis, berçons d'une main allègre! etc. »

Après les tâtonnements d'usage, nous étions enfin tombés sur une veine métallique d'une grande richesse, la moisson s'annonçait brillante; *trente livres pesant* d'or se gaudissaient déjà dans nos ceintures lorsqu'apparurent tout à coup, à nos yeux surpris, les premières lueurs sinistres de ces grands feux de forêt dont j'ai parlé au début.

Afin de faire comprendre ce qui va suivre, disons ce qui se passait à cette heure au milieu des bois, parmi les tribus du voisinage.

Les peuplades sédentaires de la Nouvelle-Hollande, principalement celles de l'intérieur, nourrissaient à cette époque une grande haine contre les Européens.

L'envahissement continuel de leur territoire, l'obligation de fuir et leur défaite dans toutes les rencontres, leur avaient mis au cœur une rancune profonde.

Outre ces brûlants sujets d'irritation, elles étaient encore travaillées depuis quelque temps par des prédictions religieuses, qui doublaient leur animosité.

Les *coradjis* ou prêtres indigènes, accusés par leurs ouailles d'être impuissants à les défendre, et sérieusement menacés de mort s'ils ne mettaient au plus vite un frein à la marche victorieuse des nouveaux venus, n'avaient rien trouvé de mieux, pour gagner du temps et détourner la tempête, que d'annoncer la fin du monde.

Catastrophe prochaine, affirmaient-ils, cataclysme inévitable, par lequel tous les étrangers devaient être anéantis, et le sol natif purgé à jamais de cette lèpre blanche.

D'après les révélations qui leur avaient été faites par *Moo-to-Ony*, voilà comment cet acte de haute justice allait s'accomplir.

Le ciel tout entier devait à l'improviste tomber sur la terre, la plonger dans d'épaisses ténèbres et écraser sans miséricorde tous ceux, qui, ignorants des volontés célestes, ne se seraient pas préparés à ce grand désastre.

Ces déclarations sinistres, que les coradjis en personne prêchaient dans les clairières, qu'ils annonçaient dans les villages, qu'ils criaient par les chemins et que, du sud au nord, les natifs se répétaient à l'oreille, plongèrent bientôt toute la ruche indigène dans une agitation indescriptible.

Où se mettre, où se cacher? Comment éviter cette lourde chute du plafond bleu, cet écrasement général qui devait briser, comme des brins d'herbe sèche, les cèdres et les gommiers ?

Toutes les cavernes furent envahies; des galeries souterraines furent creusées; les ravins se peuplèrent; chaque trou de la montagne reçut son habitant.

Mais de grandes quantités d'insulaires, sans asile, erraient encore dans les bois, cherchant des creux de rochers pour retraites et poussant de longs cris de terreur à chaque nuage brun qui s'approchait du soleil [1].

[1] Les lecteurs voudront bien se rappeler que nous écrivons ici une histoire des plus vraies dans ses moindres détails ; et tous ceux qui, en 1852, vécurent à l'avant-garde dans les forêts australiennes, se souviennent encore, j'en suis certain, de l'effroi terrible dans lequel cette fin du monde annoncée par les coradjis plongea les aborigènes.

Un autre sujet de grande inquiétude tourmentait les noirs; car, à supposer même que des caves assez vastes pour les abriter tous pussent être fouillées ou découvertes, comment y vivraient-ils eux et leur famille, pendant les jours d'épreuves et de ténèbres qu'annonçaient les coradjis?

Ceux-ci, voyant l'orage qu'ils avaient soufflé grossir outre mesure et prendre des proportions beaucoup plus graves qu'ils ne l'avaient prévu, ne sachant à cette heure comment calmer toutes ces épouvantes, ni quel remède apporter aux malheurs prédits, imaginèrent de convoquer sur plusieurs points du territoire des réunions générales, où les chefs et les vieillards des tribus, assemblés en conseil, aviseraient aux moyens les plus efficaces de préserver la communauté entière des périls qui la menacaient.

Cette résolution prise, des coureurs furent lancés dans toutes les directions pour porter la nouvelle, et pendant plusieurs nuits consécutives des feux immenses furent allumés, comme des signaux de ralliement, sur le sommet des montagnes.

Les Nagarnooks et les N'gotaks (nous ne nous occuperons ici que des grandes familles de notre voisinage) s'empressèrent de répondre à ces appels lumineux. Les chefs se réunirent, et les débats commencèrent sous la présidence des coradjis.

La discussion fut longue; le fanatisme et l'effroi se partageaient les cœurs. Mais comme les natifs craignaient encore plus la chute du ciel, qu'ils regardaient comme imminente, qu'ils ne redoutaient après tout les Européens, des mesures offensives furent résolues et un véritable plan de campagne militaire fut décrété contre les blancs.

Nous verrons bientôt les guerriers à l'œuvre et quel était le but qu'ils se proposaient.

Pour nous, victimes dévouées à la mort de par les

coradjis, nous avions, en arrivant sur les terrains de Mongagap, choisi pour lieu de campement le site qui nous avait paru le plus convenable.

C'était une tête de vallon, arrosé par une source protégée par une ceinture de gros rochers et ombragée par un bouquet de lillipillis au feuillage de cuivre.

Nous y avions disposé nos tentes en cercle, de sorte que le soir, les travaux suspendus, toute la petite smalah se trouvait réunie.

Mais il n'en était pas de même pendant le jour : les uns aux collines, les autres dans la montagne, ceux-ci plongés jusqu'aux genoux dans les vases de la vallée, nous étions tous éloignés les uns des autres, chaque groupe allant où le conduisait son caprice, ou plutôt où son instinct lui disait qu'il trouverait de l'or.

Seuls sur ces terres vierges, ne voyant, ne rencontrant jamais âme qui vive, nous y avions vécu jusqu'à ce jour dans la sécurité la plus complète, sans précautions, sans soupçons, laissant les outils qui nous servaient à remuer le sol sur le bord des puits aurifères, dans le sable des ruisseaux, et les retrouvant invariablement chaque lendemain à la place où ils avaient été laissés la veille.

En quittant la station des Cinq-Sources (je dois mentionner ce fait ici), nous avions acheté — comme réserve alimentaire — une centaine de brebis et béliers, lesquels, laissés comme nous-mêmes parfaitement libres de leurs allures, allaient, venaient, erraient au hasard et broutaient au milieu des herbes à portée de notre vue.

Or un matin, deux jours seulement après cette apparition inaccoutumée de feux nocturnes, San Géronimo Nocédal et Doloso Baquero, — les Mexicains, pleins de séve à cette heure, — partis pour leur *claim* au lever du jour, revinrent tout à coup au camp le visage bouleversé.

Les pics et les pelles, laissés par eux la veille sur le terrain qu'ils exploitaient, n'y étaient plus, impossible d'en retrouver la trace.

Dix minutes ne s'étaient pas écoulées, que les trois Irlandais, furieux, venaient à leur tour nous raconter le même phénomène.

Et lorsque nous-mêmes, inquiets de ces rapports, nous allâmes visiter nos puits, nous vîmes que nous avions été traités de la même manière. Pas un seul morceau de fer emmanché de bois ne nous avait été laissé.

Etourdis de cette aventure, nous cherchions à en comprendre le sens et à en prévoir la portée, lorsque Mac Grégor, qui aux premiers mots était monté sur le Funny-Mount avec sa lunette, nous cria d'une voix lamentable qu'il n'apercevait plus un seul de nos moutons.

La veille, nous en avions compté quarante-cinq.

Mac Grégor disait vrai; notre petit troupeau, comme touché par la baguette d'un habile escamoteur, s'était évanoui avec les fumées blanches du matin, et si nous n'avions pas pris l'excellente habitude, dès le premier soir, de mettre nos chevaux aux piquets près des tentes, il est probable que ces précieux quadrupèdes eussent pris le même chemin.

La perte devenait sérieuse, et l'adresse avec laquelle ces différentes soustractions avaient été commises accusait une audace, une dextérité manuelle, qui méritaient toute notre attention.

Nous nous rappelâmes alors que, pendant la nuit précédente, nos chiens s'étaient montrés fort agités, qu'ils avaient à plusieurs reprises poussé de longs abois; mais, supposant qu'ils sentaient au dehors un *wombat* ou un *dangou* rôdant dans la bruyère, nous n'avions attaché aucune importance à ces avertissements.

Maintenant le mal était fait; les regrets devenaient inutiles. Il fallait agir vite et prendre un parti.

Smith et O'Brian, désignés par le sort, montèrent immédiatement à cheval et, précédés de Pug, s'en allèrent relever les empreintes, compter le nombre des maraudeurs et s'assurer vers quel point de la forêt ils s'étaient dirigés, tandis que nous, après avoir soigneusement recouvert l'ouverture de nos puits à or d'un épais lit de branchages, nous mîmes tout en ordre et préparâmes chaque chose pour le départ ou la poursuite, si l'un ou l'autre devenait urgent.

Pendant plus de quatre heures, nous attendîmes avec une fièvre d'impatience que chacun peut comprendre, le retour de nos amis.

Dans l'intervalle, nous crûmes ouïr au loin — fort au loin — comme des bruits sourds, des cris prolongés, comme plusieurs détonations successives.

Ces sons vagues, inappréciables, qui nous arrivaient semblables à ces lourdes bouffées de vent, précurseurs des orages, redoublèrent nos inquiétudes.

Smith et O'Brian en étaient-ils venus aux mains?

L'oreille penchée, plongés dans un morne silence, étudiant tous les bruissements de l'air, nous cherchions à deviner ce qui se passait au fond des bois.

Notre inquiétude devenait de l'angoisse, quand un galop rapide, quoique encore éloigné, se fit entendre.

Smith et O'Brian parurent enfin.

Du premier coup d'œil nous vîmes qu'ils étaient blessés.

O'Brian, la tête rouge de sang et assis en croupe derrière Smith, — auquel il s'était attaché au moyen de sa ceinture, — paraissait pouvoir à peine se soutenir.

Smith lui-même montrait tous les symptômes d'un grand affaissement.

— Alerte! nous cria O'Brian, dès qu'il put se faire entendre. Vingt natifs sont sur nos talons, et il tomba de cheval plutôt qu'il n'en descendit.

Après nous avoir quittés le matin, tous les deux

avaient aisément trouvé la trace des maraudeurs et s'étaient mis dès lors à les suivre sans relâche.

Retardés dans leur fuite par le troupeau qu'ils entraînaient, ceux-ci allaient être rejoints, lorsque, après s'être engagés dans une gorge étroite et l'avoir à moitié parcourue, Smith et O'Brian s'étaient trouvés tout à coup en présence d'une troupe de natifs qui, armés de lances, de *wammeras* (massues) et de *boomerangs,* barraient la route et les attendaient.

Frappant alors avec force leurs zagaies les unes contre les autres, les sauvages — à la vue de nos amis — avaient entonné leur chant de guerre :

Tidna danna,
Gonogos tila,
Balgala bida, etc.

Sans même prendre une seconde pour se consulter avec Smith, O'Brian, agissant seul, selon sa valeureuse, mais funeste habitude, avait aussitôt mis du fer au ventre de son cheval et s'était précipité sur les noirs comme un ouragan, poussant comme eux son cri d'attaque.

Ireland for ever!

Cette charge furieuse et irréfléchie avait eu des conséquences déplorables.

Les natifs d'un bond s'étaient ouverts, l'avaient laissé passer, puis s'étaient rejoints.

Smith et O'Brian se trouvaient isolés.

A ce moment même, quatre autres sauvages, poussant de grands cris, se montraient à l'arrière.

La retraite de Smith était coupée.

O'Brian, comprenant sa faute, avait alors abattu d'un coup de carabine celui qui paraissait être le chef, espérant profiter de la confusion que cette mort causerait pour revenir sur ses pas.

Mais cinq lances lui furent en un clin d'œil jetées au passage; deux le frappèrent gravement à la tête et, circonstance aussi désastreuse, son cheval, atteint par un *boomerang*, s'abattit sous lui, la jambe droite fracassée au-dessous du canon.

Par bonheur, il resta debout. Les éclairs et le fracas de son revolver tinrent pendant quelques minutes les natifs à l'écart; mais ce répit ne pouvait être de longue durée; ses tubes se vidaient.

Smith, tout en tenant tête aux derniers arrivés, ne perdait pas de vue O'Brian. Voyant sa poudre s'éteindre et les guerriers nagarnooks se rapprocher, il s'était aussitôt rué sur eux, en avait renversé un bon nombre du poitrail de son cheval, avait mis O'Brian en croupe et, sans reprendre haleine, sans se préoccuper de cette zone de mort qu'il lui fallait traverser, avait franchi au galop les deux troupes ennemies.

Le cheval de Smith, *Zuzul*, pur demi-sang et vigoureux quadrupède, pris d'une terreur folle au bruit de tout ce tumulte et stimulé dans sa fuite par deux zagaies qui lui pendaient au flanc, emporta son double fardeau avec la vitesse d'un hippogriffe.

Dans cette rencontre, trois insulaires avaient été tués, quatre blessés. Le bilan de nos pertes, à nous, se soldait par la mort d'un cheval et d'un chien, car le pauvre Pug, qui tout de suite s'était mis à manger de l'indigène, avait été assommé d'un coup de *wammera* dès le début de l'action.

Aidé du bras d'un des Irlandais, O'Brian, qui commençait à cruellement souffrir de ses blessures, était allé baigner les douleurs de sa tête dans les eaux fraîches du ruisseau ; tandis que Smith, toujours calme et méthodique, assis sur une roche, s'ouvrait silencieusement les chairs de la cuisse, pour en extraire deux os aigus de kangurous — pointes de lance — qui y étaient restés fixés.

Ces différents événements s'étaient démasqués avec une telle promptitude, avaient fondu sur nous depuis le matin d'un vol si rapide, que, pouvant à peine y croire encore, nous nous regardions les uns les autres avec des yeux de somnambules, n'étant pas bien sûrs d'être complétement éveillés.

Mais le doute n'était plus permis.

De nombreux natifs sortirent bientôt en rampant des broussailles et vinrent se planter devant nous au milieu du paysage, agitant leurs armes, dansant, gesticulant et gambadant comme une troupe de grands singes ivres de soleil et de noix de coco.

Les guerriers qui composaient cette avant-garde eurent grand soin toutefois de se placer à plus de mille mètres de distance pour nous donner cet échantillon de leur savoir chorégraphique, — témoignage grotesque de la joie qu'ils éprouvaient d'avoir mis en fuite et blessé deux Européens.

Ces bonshommes de pain d'épice, rendus audacieux par ce succès, nous faisaient signe de venir à eux, nous défiaient du geste et simulaient, par des poses inimaginables, le dégoût profond dans lequel ils nous tiendraient, si nous ne répondions pas à leurs avances.

Deux d'entre eux, deux chefs, reconnaissables aux bracelets de commandement qu'ils avaient au bras gauche, portaient, l'un, sur les épaules, avec les pattes croisées sur la poitrine, la dépouille sanglante de l'infortuné Pug; l'autre, attachée dans la chevelure et lui tombant avec grâce sur l'oreille gauche, la longue queue grise du cheval d'O'Brian.

Ces trophées, dont ils se montraient glorieux et qu'ils caressaient de la main, devaient leur coûter cher.

Voyant que leurs bravades et leurs pantomimes nous impressionnaient d'une façon médiocre et que, fort occupés d'abattre nos tentes et de charger notre chariot, nous faisions à peine attention à leurs grimaces, ils résolurent d'avoir raison de notre réserve et de nous faire sortir de nos limites.

A cet effet, ils se rapprochèrent hardiment de trois cents mètres, s'arrêtèrent, renouvelèrent leurs gesticulations agressives, plantèrent leurs lances dans le sol et s'assirent à terre, sur une seule ligne, nous tournant le dos. Action qui, d'après les habitudes, les idées et les lois de bienséance en vigueur parmi ces peuples, était la plus profonde marque de mépris, la plus formidable insulte qu'il leur fût possible de nous infliger, — tourner ostensiblement les épaules à quelqu'un chez les tribus australiennes étant l'équivalent d'un soufflet en Europe.

Si nous avions obéi à notre premier sentiment de colère, nous nous serions jetés sur ces pauvres sauvages, et nos revolvers n'en eussent fait qu'une bouchée. Mais, ceux-là morts ou dispersés, qui nous assurait que vingt autres ne se présenteraient pas aussitôt?

La prudence ici commandait en maître et nous ordonnait surtout de ne pas renouveler la faute du matin.

Puis, malgré notre apparence de force, nous connaissions nos points faibles. Nous étions dix, mais deux de nous et des meilleurs se trouvaient déjà hors de combat. Les Irlandais n'avaient pour se défendre que des couteaux, les Mexicains qu'un léger fusil de chasse, et nous-mêmes ne possédions que trois carabines à longue portée.

Pour gagner la station des Cinq-Sources, cinquante kilomètres de forêt nous restaient à parcourir. Combien de jours nous prendrait ce voyage et de combien d'embûches le chemin se trouverait-il pavé?

Nous devions donc en bonne logique ménager nos provisions de guerre, fort entamées à cette heure, et n'accepter de nouvelles rencontres qu'à la dernière extrémité.

Malgré toutes ces excellentes raisons, que Mac, le Nestor de la troupe, s'efforçait de nous faire comprendre, Ben et moi, machinalement, avions saisi nos *rifles*;

nous les caressions du doigt, nous en faisions chanter les batteries.

— Deux balles, dis-je alors, deux simples balles envoyées à ces idolâtres n'aggraveraient pas de beaucoup notre position; mais elles éteindraient leurs crialleries et feraient justice de leur insolence.

Ma proposition tombait trop bien dans le sentiment général pour qu'une réponse approbative se fît attendre.

— Oui, deux balles à ces bavards, me fut-il répondu en chœur.

Les bons noirs, toujours assis, riant, causant et paraissant pleins de sécurité, surveillaient néanmoins du coin de l'œil tous nos mouvements.

Nous voyant sortir de notre enceinte, ils s'éloignèrent un peu les uns des autres.

Nous nous dirigeâmes immédiatement vers eux, notre intention étant de nous en approcher jusqu'à cinq cents mètres.

Un fait bizarre alors se produisit.

Après avoir marché pendant près de dix minutes, comme je m'arrêtais et portais mon fusil à l'épaule.

— Que fais-tu? demanda Ben, — l'homme au sang-froid superbe; — nous sommes aussi loin des natifs que nous l'étions au départ.

— C'est ma foi vrai, dis-je, après avoir constaté le fait; que veut dire ceci?

Nous nous remîmes à avancer. Cinq nouvelles minutes se passèrent. La même distance se maintenait. Ainsi, depuis un quart d'heure que nous allions à eux, nous ne nous en étions pas rapprochés de cent mètres. De plus, pour compliquer l'énigme, force nous fut de reconnaître qu'ils n'occupaient plus la même position et qu'ils s'étaient insensiblement rapprochés d'une épaisse bande de myrtes et de cactus, qui se dressait en taillis à notre droite.

Assis à terre devant nous et immobiles, les natifs cependant paraissaient rivés au sol.

— Y a-t-il sorcellerie? s'écria Ben.

— Non, répondis-je, éclairé d'une révélation subite; mais les gaillards sont adroits. Avançons encore et regarde attentivement leurs poignets.

Nous n'avions pas fait cinq pas, que les noirs se remettaient en marche, mais avec une telle adresse, une telle habileté, que le spectacle — maintenant que la ruse était découverte — devenait véritablement très-curieux.

Les bras collés au buste et se soulevant imperceptiblement sur les deux poings avec une force et une précision remarquables, ils avançaient ou plutôt glissaient ainsi, sans se presser, sans se heurter et sans que la moindre secousse du corps, la moindre raideur de la tête, pussent faire supposer à des yeux non prévenus et regardant de loin, qu'ils changeaient de place et se dérobaient.

Jamais encore nous n'avions vu allure aussi traîtresse [1].

Ce qui ajoutait surtout à l'illusion, c'étaient leurs longues lances toujours droites devant eux, lances que nous leur avions vu fixer dans les gazons, mais qui, retirées du sol à cette heure, placées et maintenues entre les pieds par une tension de muscles prodigieuse, conservaient la position verticale et suivaient tous leurs mouvements.

— N'allons pas plus loin, dit Ben; ces hommes nous mènent à un piége.

[1] Cette manière sournoise d'avancer et de se mouvoir est un des stratagèmes les plus dangereux des chasseurs australiens. S'entourant le cou et se faisant une haute collerette de la feuille des *phormiums,* ils se donnent ainsi toute l'apparence des palmiers-nains et peuvent de la sorte, sans éveiller leur défiance, approcher jusqu'à dix mètres des émus et des kangurous se reposant ou paissant dans les prairies.

C'était aussi mon avis.

— Soit, dis-je, finissons-en. A toi la dépouille de Pug, à moi la queue de cheval.

Nos deux coups de feu n'en firent qu'un.

Le son s'éteignait à peine, que des hurlements formidables y répondirent.

Tous les natifs, debout, entouraient deux des leurs — les porteurs de trophées — qui, étendus à terre, les bras en avant et le crâne troué, frissonnaient leur agonie.

Nos vieux *morton's* [1] avaient fait merveille.

A ce moment même, du milieu des myrtes et des cactus qui nous étaient suspects, d'autres cris se firent entendre, et cinq sauvages, tatoués de blanc des oreilles à la ceinture, s'élancèrent des buissons.

Poussant des plaintes et des exclamations lugubres, ces nouveaux venus, au lieu de se lancer sur nous comme nous nous y attendions, allèrent se ranger autour des mourants.

A la vue de ce personnel d'embuscade, qui nous était destiné, nous rejoignîmes au plus vite nos amis et, pensant être bientôt attaqués, nous préparâmes tout pour la résistance.

Il n'en fut rien néanmoins.

Nous vîmes les guerriers indigènes courir çà et là, confectionner à la hâte des claies de branches, y déposer les cadavres, les couvrir de fleurs et de rameaux; puis, cette besogne achevée, ils emportèrent les corps avec des chants funèbres.

Tout à leur douleur et absorbés par la cérémonie des funérailles, ils semblèrent nous avoir complétement oubliés et ne nous honorèrent en partant ni d'une menace ni d'un regard.

[1] Célèbre armurier de Londres.

Nous n'en restâmes pas moins la nuit entière sur le qui-vive.

Et le lendemain au point du jour, à l'heure où la nature sort de son bain de rosée et se drape de soleil, nous quittions le Funny-Mount pour nous rallier à la station des Cinq-Sources.

La traversée de la forêt, vu l'état d'effervescence dans lequel tout le pays était plongé, fut des plus heureuses et, sauf deux mauvais piéges que nous sûmes éviter, nous nous retrouvâmes sans plus d'accidents fâcheux en présence des clôtures de Mac Kloven, sur le sommet desquelles flottait fièrement, à cette heure, le drapeau rouge — *The hardy Flag* — de la vieille Angleterre.

Une grande agitation se manifestait dans l'intérieur de la station. Les troupeaux du dehors avaient été rappelés; *yards* et *paddoks* (cours et enclos), pleins à déborder, retentissaient de bêlements et de mugissements. Les serviteurs, s'appelant et se répondant, couraient effarés, et une foule de chercheurs d'or, qui, chassés comme nous des lieux qu'ils exploitaient, y étaient venus demander asile, ajoutaient encore la note stridente de leurs querelles à tous ces bruits confus.

La station elle-même, morceau trop dur pour la dent des natifs, n'avait pas été attaquée; mais dans les bois, à quelques kilomètres de distance, trois bergers surpris avaient été tués et plus de cinq cents moutons enlevés des pacages.

Tous les instruments en fer, haches et scies surtout, laissés par les défricheurs sur différents points isolés du Buisson, s'étaient trouvés comme chez nous enlevés en une nuit.

Ces meurtres et ces vols consommés, les indigènes avaient disparu.

Mais cette fois, on les avait chaudement poursuivis.

Le squatter le plus voisin des Cinq-Sources, nommé

Hiram-Chaverlay, qui, comme les autres, avait vu ses troupeaux décimés, s'était réuni à Mac Kloven, et tous les deux, suivis d'une vingtaine d'hommes déterminés, s'étaient mis en chasse des noirs qu'ils poursuivaient et tuaient sans miséricorde partout où ils les rencontraient.

L'idée subite des natifs de s'emparer des bêtes à laine et des outils en fer des Européens serait incompréhensible et passerait pour folie pure de leur part, si je ne donnais ici la raison puissante qui les faisait agir.

Les coradjis, persistant à annoncer comme prochaine la « fin du monde, » avaient fait adopter, dans les différents conseils tenus par les grands chefs, les résolutions suivantes :

Tous les fils de la race noire en état de jeter une lance et de frapper du tomahawk devaient se réunir pour se procurer les vivres indispensables à la nourriture des familles et les engins nécessaires au creusement rapide d'habitations souterraines.

A cet effet, il leur avait été commandé de s'emparer, par la force ou par la ruse, du plus grand nombre possible de ces animaux doux et pacifiques que les blancs élevaient à l'état libre dans les plaines, ainsi que de ces instruments nouveaux, dont ils se servaient avec tant d'adresse pour creuser la terre, percer les montagnes, abattre les arbres géants.

Ces provisions conquises devaient être aussitôt dirigées au loin, emmagasinées et parquées dans des retraites sûres.

Pour appuyer cette entreprise et en assurer le succès, les guerriers s'étaient divisés en plusieurs corps, qui devaient, les uns opérer les razzias et conduire le butin aux lieux convenus, les autres protéger la retraite et entraver les poursuites.

Qu'espéraient les coradjis en agissant de la sorte?

Quel était le but, la pensée secrète de ces chefs religieux, en lançant ainsi la meilleure partie des forces vives de la nation sur les Européens?

En recherchant le mobile secret de cette conduite, on lui eût peut-être trouvé une raison d'être plus saine et plus virile que cette pensée vulgaire d'effrayer les peuplades par une prédiction de fin du monde?

Mariant dans le cœur des aborigènes la crainte à l'âcre sentiment de la défaite, n'était-ce pas, de la part de ces prêtres noirs, attacher aux flancs de ces natures impétueuses deux éperons brûlants, qui devaient les pousser à toutes les audaces et leur donner un élan irrésistible pour reconquérir leurs domaines et en chasser les étrangers?

Mais cette victoire, rêvée peut-être par les coradjis, leur était interdite.

Leurs mains étaient trop faibles pour cueillir cette palme d'affranchissement.

Rien désormais ne pouvait arrêter l'absorption de leur race, et cette dernière tentative, qui montra leur impuissance, ne fit que resserrer les nœuds qui déjà les tenaient liés.

C'était donc pour obéir aux ordres de leurs prêtres que les malheureux natifs avaient les premiers attaqué les colons.

Cette guerre à outrance, pendant laquelle seize Européens périrent dans la seule province de Mongagap, durait depuis près de sept semaines avec un acharnement égal de part et d'autre, quand une sorte de dégoût et de lassitude se manifesta parmi les noirs.

Poursuivis, fusillés, traqués comme des bêtes fauves, noyés dans les trous d'eau, pendus aux branches, enfumés dans leurs cavernes, les pauvres sauvages, cruellement châtiés, commencèrent à devenir froids dans leurs attaques et à regretter la tranquillité relative dont ils jouissaient deux mois auparavant.

La fin du monde aussi commençait à perdre de sa terreur; on allait même jusqu'à en rire sous quelques tentes.

D'autre part, cet état d'hostilités ruinait les stations. Le gros et le menu bétail, accoutumés à la vie errante et à l'air pur des vallées, mouraient chaque jour par centaines, entassés qu'ils étaient dans les étables où souvent l'herbe manquait.

La culture des terres se trouvait arrêtée, les défrichements interrompus; plus d'or, plus de travaux dans les mines; les araignées joyeuses filaient leurs toiles à l'ouverture des trous. Et, motif incessant de colère, les grands chariots, qui avaient coutume d'aller à Perth, à Guidford et d'en revenir chargés de liquides et de provisions, ne pouvaient, faute d'escorte assez nombreuse, traverser la forêt.

Les stations, réduites à la portion congrue, n'avaient plus ni *brandy*, ni *gin*, ni *pégum*, ni *whisky* pour composer ces grogs fameux, si chers aux digestions anglaises.

Aussi le sommeil des squatters et de leurs hommes était-il des plus pénibles. Hantés par les cauchemars, tous se réveillaient d'humeur rouge et massacrante.

L'idée me vint alors de mettre un terme à cet état de choses et de porter moi-même aux Nagarnooks, nos ennemis les plus voisins, la branche d'olivier.

— Puisque la montagne n'ose venir à nous, me disais-je, allons à la montagne.

M'étant déjà trouvé en rapport avec une tribu du *Murray*, ayant eu pour guides pendant près de quatre mois dans un voyage aux plaines de Burra-Burra deux indigènes de la famille des Namiungs, habitué aux mœurs des natifs, comprenant leur langue et la parlant au besoin, je me trouvais mieux que tout autre en position de tenter l'aventure.

Je fis part de mon projet à mes amis. Ceux-ci ne

voulurent ni m'encourager dans mon dessein ni m'en faire revenir. Ils me laissèrent libre.

Mac le Noir et Chaverlay, consultés, adoptèrent mon plan et consentirent à interrompre toute poursuite, à cesser toute hostilité pendant un mois.

Fort de ces promesses, je résolus d'agir aussitôt.

Par une chance favorable, dont plus tard j'eus beaucoup à me féliciter, Mac Kloven, deux jours auparavant, avait fait un natif prisonnier.

Ce pauvre diable n'avait pas été pendu sur l'heure : cette heureuse chance montrait déjà qu'il possédait un talisman de vertu rare et qu'il était destiné à de grandes choses !

L'inspiration me vint de sauver cet homme et de m'en servir comme d'une clé d'or pour ouvrir le cœur de ses compatriotes et amis.

Jeté pieds et poings liés au fond d'une fosse obscure, s'attendant à chaque instant à être tué ou dévoré, — Mac le Noir ayant à plusieurs reprises donné des indigènes en pâture à ses dogues, — le malheureux, depuis la veille, chantait son hymne de mort.

Ayant obtenu pleine liberté d'agir à ma guise, je me rendis près de lui, coupai ses liens et l'emmenai dans ma tente, où, après lui avoir fait boire mon dernier verre d'arack et l'avoir rassuré de mon mieux, je lui déclarai qu'il ne serait cette fois ni mangé ni pendu et que, le lendemain même, si ses forces le lui permettaient, nous prendrions ensemble le chemin de son village.

L'indigène entendait le bruit de mes paroles ; mais bien évidemment le sens lui échappait et, quoique me servant de mon meilleur dialecte, il me fallut répéter plus d'une fois la même phrase, pour voir enfin s'allumer sous sa paupière une lueur d'espérance.

L'anxiété au front, les lèvres tremblantes, toute sa finesse native, toute sa puissance intellectuelle concentrées dans son œil, il me fouillait le visage d'un regard aigu, cherchant à y lire ma vraie pensée.

Aidé de son instinct sagace, il comprit bien vite, ce pauvre noir, que mes paroles n'étaient pas moqueries.

Alors, suffoqué par l'émotion, il n'eut que la force d'articuler ce mot *Marra*, « mère, » et, fou de joie, mais n'osant crier tout haut sa délivrance, il se mit à se rouler convulsivement sur le sol.

J'avais eu la main heureuse; ce sauvage jeune, intelligent et brave, était fils de chef.

Complétement rassuré, il sut répondre d'une façon très-claire aux demandes que je lui adressai touchant l'état moral des kraos.

Il se rendt parfaitement compte de la portée de ma démarche et l'approuva, jurant de mettre tout en œuvre pour la faire réussir.

Pendant que Koawur (c'était son nom), l'esprit tranquille et le cœur rasséréné, sommeillait, roulé en boule, dans un coin de ma cabane, j'allai tirer de notre chariot un grand havresac et me rendis aux magasins de Mac Kloven, pour le remplir de tous les objets qui pouvaient m'être utiles durant le voyage et les quelques semaines que je supposais devoir passer parmi les Nagarnooks.

Je me munis d'abord d'un *jumper* [1] de forte toile et d'une culotte de même étoffe, d'une paire de souliers de rechange, de quelques chemises et d'une trousse de chasse bien garnie, renfermant, outre les articles ordinaires, plusieurs petits flacons de médecine et d'alcalis caustiques, en prévision des morsures de serpents ou des piqûres d'armes empoisonnées.

Puis, pour me rendre autant que possible natifs et natives favorables, j'entassai dans les flancs du ha-

[1] Sorte de jaquette courte.

vresac toute une pacotille de rubans rouges, de colliers d'ivoire, de bracelets de verroterie, de chapelets de perles fausses.

J'y ajoutai deux têtes de hache américaine à la courbure gracieuse, au tranchant aigu, à l'acier bleu, que je destinais l'une au père de Koawur, l'autre au chef de la tribu des N'gotatks.

L'intérieur ainsi rempli, je bouclai sur le sommet du sac — comme le soldat son manteau — une épaisse couverture de laine, dans laquelle je m'enroulais la nuit, pour dormir sur les sables, et, précaution prudente, j'y fixai également une petite poêle à frire en airain, à manche mobile, dont maintes fois, dans la forêt, j'avais béni les services et reconnu l'utilité.

Quant à mon costume de campagne, il se composait d'une veste et d'un pantalon de flanelle grise, d'un chapeau à larges bords fait de roseaux tressés, de grandes bottes et d'une ceinture de soie jaune, dans les plis de laquelle se trouvaient logées ma précieuse boîte d'allumettes chimiques et ma boussole.

Un fort ceinturon de buffle soutenait d'un côté mon long couteau et sa gaîne, de l'autre mon revolver et mon cartouchier.

Pour Koawur, son accoutrement sera facile à décrire et demandera peu de phrases, car, sauf une grosse corde de joncs, que, dans le premier moment de sa capture, les gens de Mac Kloven lui avaient passée au cou pour le pendre, il était entièrement nu.

Je l'obligeai donc à s'affubler d'une paire de culottes et lui remis trois lances natives [1], afin que, pendant la route, — comme un bon chasseur qu'il devait être, — il put se procurer les vivres indispensables aux besoins de chaque jour.

[1] Ces armes indigènes, prises aux morts dans les dernières rencontres, abondaient dans les magasins de Mac Kloven.

Et le lendemain, un peu avant le lever du soleil, nous quittâmes tous les deux, suivant ma promesse, la station des Cinq-Sources et prîmes aussitôt le chemin des grands bois.

Je ne permis à personne de m'accompagner, pensant avec raison que si la vue d'un seul Européen ne pouvait éveiller la défiance parmi les noirs, la présence de plusieurs aurait indubitablement l'effet contraire. Une fois dans la forêt, au milieu de ses arbres tant aimés et que la veille encore il ne comptait plus revoir, Koawur, pour célébrer le miracle de se sentir libre, se mit à exécuter mille folies touchantes.

Il étreignait les cèdres, embrassait les eucalyptes, faisait de profonds saluts aux gommiers, caressait l'herbe, se couronnait de fleurs et sautait dans les fougères comme un véritable kangurou.

Je le suivais de l'œil, m'attendant à chaque instant à le voir disparaître; mais je le calomniais.

Suant, haletant et nu de nouveau, — il avait jeté sa culotte dans les branches dès le premier kilomètre, — il revenait toutes les vingt minutes se placer à ma droite, m'indiquait au loin la cime de montagne, le roc, la colline sur lesquels je devais me diriger, puis il s'échappait de nouveau.

De temps à autre, je l'entendais pousser de retentissants cris d'aigle. C'était sa manière d'interroger les taillis.

Grâce à sa connaissance parfaite de la forêt, ainsi qu'à son grand désir de se retrouver parmi les siens, nous ne mîmes que trois jours à atteindre les premières terres de sa tribu.

Déjà cependant j'avais le cœur plus tranquille au sujet de ma mission.

En route, sans les chercher, je m'étais créé des auxiliaires.

A force de pousser dans les bois des cris d'*aigle rouge*,

Koawur jetant sa culotte dans les branches.

cri de guerre des Nagarnooks, Koawur, un soir, avait entendu des cris de faucon blanc — cri de ralliement des N'gotaks — lui répondre.

Et six guerriers de cette famille nous avaient rejoints.

Après leur avoir expliqué ma présence et le but de mon voyage, Koawur leur avait également appris comment, fait prisonnier et prêt à mourir, il avait été sauvé par moi d'une destruction certaine.

Tous ces hommes sauvages alors m'avaient juré alliance et s'étaient mis à me suivre pour appuyer mes propositions.

Je ne dirai rien de la scène véritablement émouvante qui eut lieu entre Koawur et sa mère, lorsque celle-ci, qui le croyait mort et perdu à jamais, le revit tout à coup devant elle, riant, pleurant, dansant et bien portant.

La pauvre femme avait le front, les joues et le crâne labourés de cicatrices récentes, qui faisaient peine à voir [1].

Très-affaiblie, elle put à peine se lever de sa couche et tendre les bras. Mais la présence de son fils, qui l'avait prise sur ses genoux, qui la berçait et qui l'embrassait, la guérissait à vue d'œil.

C'est qu'il est un sentiment d'essence divine qui se retrouve et se développe avec une égale énergie chez toutes les races de la terre, — l'amour filial et l'amour maternel !

Après plusieurs jours de réunions et de discussions préalables, N'gotatks et Nagarnooks furent unanimes à accepter mes offres de paix.

Il fut convenu que les tatouages de guerre disparaîtraient du visage des indigènes et que, sans se faire

[1] Les peuplades australiennes, comme témoignage de leurs regrets à ceux qui ne sont plus, s'ouvrent profondément les chairs de la face et de la poitrine avec des silex et des os tranchants.

mutuellement aucune concession, les relations entre les deux parties adverses reprendraient purement et simplement leurs cours : c'est-à-dire que chacune d'elles, oubliant ce qui venait d'avoir lieu, se placerait envers l'autre dans la position exacte où elle se trouvait avant la lutte.

Les chefs jurèrent d'exécuter fidèlement les résolutions prises ; je fis le même serment pour les squatters, et la concorde fut rétablie.

De grandes chasses, auxquelles je pris part, eurent lieu chez les Nagarnooks pour célébrer cet heureux événement, et Mac Kloven, Chaverlay, Ossgood et les autres grands propriétaires de la province, avertis aussitôt, purent de nouveau lâcher leurs bêtes ovines et bovines dans les vallées plantureuses et les immenses savanes du Buisson.

Les lourds chariots, qui se rouillaient sous les remises, prirent immédiatement le chemin des grands centres, et, peu de semaines après, la vivifiante distribution des grogs était reprise sur toute la ligne avec plus de ferveur et d'entrain que jamais.

Je restai près de neuf mois chez les Nagarnooks. Puis, toujours accompagné de mon fidèle Koawur, je visitai à tour de rôle les N'gotaks et les Dondarups, ainsi que plusieurs tribus nomades de l'intérieur.

Et, chose difficile à admettre pour ceux qui n'ont pas subi l'enivrante attraction des forêts vierges, plus je m'enfonçais dans les vastes solitudes, moins je pouvais me résoudre à les abandonner.

Qui n'a pas vécu de cette large existence des grands bois, qui n'a pas ouvert sa poitrine au souffle puissant de ces insondés labyrinthes, ignore une des jouissances les plus vives, un des plus glorieux enivrements de force et de liberté qu'il soit donné à l'homme de ressentir ici-bas.

Parcourant les plaines, gravissant les montagnes à

la poursuite du gibier, couchant au pied des arbres sur un lit de cendres chaudes et m'endormant chaque soir au murmure des pins, aux concerts que se donnaient entre eux les gommiers et les eucalyptes, je passai ainsi près d'une année de vie sauvage, remettant à chaque lendemain mon départ pour les stations anglaises, et ne partant jamais.

Ce que j'ai recueilli d'observations sur les habitudes, les lois, les chasses, les superstitions indigènes, sur la manière de vivre des peuplades de l'Australie, sur la flore et la faune de cet incomparable continent, vous le trouverez, chers lecteurs, dans les pages qui vont suivre.

NEUF MOIS
DE SÉJOUR
CHEZ LES NAGARNOOKS

CHAPITRE I

Un village indigène.

Le jour même de mon arrivée chez les Nagarnooks, peuplade sédentaire ayant ses amas de huttes formant villages et ses terrains de chasse dans le pays de montagnes et de vallées profondes qui s'étend des rives du Murray à celles du Darling, je m'étais vu placé par Koawur sous la protection de son père, un des chefs de la tribu. Et celui-ci, pour me récompenser d'avoir sauvé son fils d'une mort cruelle, m'ayant, en présence d'un grand nombre de natifs assemblés, reconnu *jee-dyte*, c'est-à-dire membre de sa famille, je me trouvai dès lors, grâce à ce titre, en parfaite sécurité au milieu des noirs.

Car le trait essentiel, la dominante du caractère de l'Australien, est l'incroyable énergie avec laquelle ce sauvage défend ses proches et les venge.

Solidaires dans le bien comme dans le mal, chaque natif regarde comme chose personnelle le service rendu, ou l'offense faite à l'un des siens, et attaquer un *jee-dyte*, c'est attaquer le clan tout entier ; lui arracher un cheveu de la tête, c'est toucher aux tresses de toute la famille, c'est passer le pinceau blanc sur tous les visages, mettre en mouvement de guerre tous ses alliés.

Outre son père et sa mère, Koawur avait une sœur, *Kaola*, jeune et jolie native, au teint presque clair, aux longs cheveux blonds [1], mariée à un sous-chef nommé *Mulligo*, grand gaillard à l'œil d'épervier, au bras de fer, aux jarrets infatigables et, comme je m'en aperçus bien vite, l'un des plus habiles chasseurs de la forêt.

Le kraos ou village occupé par cette famille était un des plus considérables que j'eusse encore vu.

Coquettement campé au flanc d'une haute colline, dont une rivière profonde, le *Neer-Gabby*, baignait la base, il se composait d'une vingtaine de huttes, pouvant contenir chacune de quatre à six personnes.

Semblables à des œufs gigantesques profondément plantés en terre et tronqués au sommet, ces huttes étaient construites de troncs d'arbres cimentés de glaise et couvertes de toits plats, en roseaux tressés.

Séparées les unes des autres par plus de trente mètres de distance, adossées à des eucalyptes et à des cédrellas de proportions colossales, cachées pour ainsi

[1] M. Uniaque, célèbre voyageur anglais, en parlant des tribus du *Morumbidgee* chez lesquelles il séjourna toute une année, s'exprime ainsi :

« Les femmes que j'ai vues dans cette espèce de Paradis terrestre, dansant aux sons des *boorlas* et des *ko-ros* à l'ombre des *myalls*, étaient de beaucoup supérieures en beauté aux hommes de cette partie du continent. Plusieurs avaient la taille haute et élégante, les épaules superbes, le buste comme taillé dans du bronze. J'en vis deux surtout, deux sœurs, dont les figures, les traits, et les *magnifiques cheveux blonds*, qui descendaient en ondes épaisses jusqu'au-dessous des hanches, auraient fait maigrir de jalousie plus d'une dame d'Europe. »

dire dans leur ombre et comme perdues dans les draperies flottantes que laissait tomber des branches la folle tribu des végétaux grimpeurs, ces cabanes s'ouvraient toutes à l'orient et la plupart avaient pour portes des battants de bois sculpté.

Conduit par Koawur au sommet de la colline qui portait le kraos, j'y jouis d'un spectacle frais et ravissant.

A droite et à gauche, le sol, fortement ondulé, s'élevait en immenses escaliers de verdure, superposés les uns aux autres jusqu'aux limites de l'horizon. Devant nous, la forêt étendait à l'infini ses lointains bleuâtres, et à nos pieds le serpent d'argent de la rivière s'en allait indolemment vers l'ouest, traînant ses ondes paresseuses, et baignant avec la même indifférence la racine des brins d'herbe et celle des baobabs.

Une sève printanière, une jeunesse de tons incomparable, une tranquillité d'oasis régnait sur tous les points de ce vaste paysage, enveloppé à cette heure dans un fluide d'or, dans une gaze de pourpre, que lui jetaient avec amour les premiers regards du soleil levant.

Bien des fois, seul, au matin, je suis retourné m'asseoir sur le sommet de cette même colline et plein de révérence pour Celui qui d'un signe peut ainsi parer la terre de beautés impérissables ; je ne m'en suis jamais éloigné sans murmurer avec admiration : « Les pyramides de l'Égypte s'en vont en poudre et les graminées du temps des pharaons fleurissent comme au premier jour. »

Koawur et Mulligo son beau-frère, qui tous les deux s'attachaient à m'être agréables, avaient mis tous leurs soins, aidés par quelques natifs, à me bâtir dans le voisinage de celles qu'ils occupaient eux-mêmes, une cabane de grand chef, haute de cinq mètres sur seize de circonférence.

De jeunes *korals* (sorte de bouleaux) profondément enfoncés en terre et dont les sommets flexibles étaient reliés en gerbe, formaient la muraille de ce wigwham et lui donnaient l'aspect d'une ruche immense surmontée d'un panache.

Tout l'édifice, recouvert à l'extérieur de grandes plaques d'écorce, fixées à l'aide des dures épines de l'acacia australien (clous des indigènes), défiait dans sa solidité à toute épreuve les pluies et les rafales.

Ce chef-d'œuvre de construction native achevée, la mère de Koawur vint d'une façon solennelle y suspendre aux quatre points cardinaux, quatre gros bouquets de fleurs jaunes, fleurs des *dongarals* qui chassent les mauvais esprits; elle couvrit le sol d'herbes mystérieuses cueillies à la Lune, et, tout se trouvant ainsi correctement arrangé, je pris possession de ma nouvelle demeure, mise désormais, m'assura Mulligo, à l'abri de toute intrusion des *Wumjies* (êtres malfaisants, qui se plaisent à tourmenter les dormeurs).

Ce fut dans cette humble demeure que je passai quelques-uns des mois les plus riants et les plus ensoleillés de ma vie.

CHAPITRE II

Oiseaux Fétiches. — Les *Wahnas*. — Costume d'un chasseur australien. — Armes natives.

Le lendemain, au point du jour, quand je soulevai le rideau d'écorce battue qui me servait de porte et qu'assis au seuil de ma cabane sur le tronc d'un gommier renversé, j'attendais la venue de Mulligo, un panorama des plus curieux vint frapper mes regards.

Toute la plaine, depuis la base de la colline jusqu'à la lisière des grands bois, était déjà pleine de mouvement et de vie.

Des groupes d'indigènes allaient, venaient, se poursuivaient, luttaient de vitesse dans la vallée, plongeaient dans les eaux du Neer-Gabby et s'y jouaient comme des marsouins.

D'autres, immobiles et adossés aux troncs des arbres, sculptaient des têtes de Wahnas [1] à l'aide de silex

[1] Les Wahnas, à l'ornement desquels natifs et natives consacrent le plus grand nombre de leurs heures paresseuses, sont de *longs bâtons* faits de bois durs, dont les extrémités inférieures, taillées en biseau, longtemps et lentement passées aux flammes, ont acquis la solidité des cailloux.

L'extrémité supérieure et une partie de la tige de ces Wahnas sont en général chargées de sculptures, d'un goû, affilés, tressaient des ceintures, racommodaient leurs armes ou s'en confectionnaient de nouvelles; et les femmes, activement occupées autour des huttes, chantaient, ravivaient les feux de la nuit et préparaient le repas du matin: occupations culinaires des plus importantes et qu'une foule de petits enfants tout nus paraissaient surveiller avec un grand intérêt.

Je contemplais depuis quelques minutes ce spectacle nouveau pour moi, quand un fait isolé, dans la scène générale qui se jouait sous mes yeux, attira mon attention.

Des grues à tête rose, des échassiers gigantesques se promenaient gravement au milieu du kraos et s'en allaient, secouant leurs plumes d'une hutte à l'autre, effarouchant les perruches, mais ne paraissant eux-mêmes nullement effrayés du bruit qui se faisait autour d'eux.

Chaque fois qu'un Australien passait près d'un de ces grands volatiles qu'ils appellent *Mooruks* et qui semblent tenir de l'*Argola* du Gange et du *Jabiru* de l'Amazone, je voyais le natif se courber devant lui avec toutes les marques du plus profond respect.

Beaucoup s'arrêtaient, lui faisaient face, lui parlaient. Et l'échassier, arrêté lui-même, paraissait écouter avec attention.

Quel pouvait être le sens de cette comédie?

Mulligo, qui survint à l'instant même et qui remarqua mon étonnement, m'apprit alors que ces animaux étaient des oiseaux fétiches : oiseaux sacrés, mis au

brutal le plus souvent, mais aussi quelquefois très-fines et très-ingénieuses.

Consacrés spécialement à l'usage des femmes, ces longs bâtons, d'une hauteur de cinq à six pieds, deviennent dans leurs mains des armes redoutables, avec lesquelles elles se battent entre elles et se font de cruelles meurtrissures.

Jamais une native ne sort de sa hutte sans son Wahna.

Mulligo en costume de chasse.

monde tout exprès par *Moo-to-Ony* (Dieu de la race noire), pour détruire dans les villages les scorpions, les araignées-crabes et les reptiles.

Il m'apprit également que ces échassiers nés dans la tribu, élevés dans une case à part, jouissaient de grands priviléges; qu'un *coradji* spécial était attaché à leur service et que des peines sévères étaient infligées à quiconque les maltraitait.

La mort d'un de ces fétiches amenant aussitôt sur toute la contrée des orages et des pluies terribles.

Ces détails donnés, Mulligo me montra du doigt le soleil et la forêt, ce qui, dans son langage pantomimique, signifiait qu'il était temps de nous y rendre.

La veille au soir, Mulligo avait promis de me montrer ce jour-là comment les indigènes tuaient les kangurous.

Il se présentait donc à moi dans tout l'attirail de chasse d'un sous-chef nagarnook.

Cet attirail, que je demande la permission de décrire, se composait d'une plume de héron passée dans l'oreille et d'un bracelet de dents de serpents cerclant le poignet droit.

Roulée autour de la taille, bien établie sur les hanches, une bande de cuir, large et plate, tressée de fines lanières de peau d'opossums, lui ceignait fortement les reins.

Cette ceinture de grande force, souple et légère, de dix à douze centimètres de hauteur, formait, avec les articles de toilette nommés plus haut, tout le costume du Nemrod australien.

Dans cette ceinture aux plis nombreux se trouvaient plantés son couteau de silex et sa hache de pierre et dans sa main gauche — la main droite d'un sauvage est toujours libre — il portait en faisceau cinq lances, aux pointes aiguës, lisses et dentelées.

Ainsi paré et équipé, les joues vermillonnées jusqu'aux paupières et les cheveux relevés en casque au moyen de bandeaux de jonc, Mulligo ressemblait à Koor-ja, l'idole indienne des batailles, et semblait prêt à tout.

Nous nous mîmes aussitôt en marche.

Passant à quelque distance de la cabane qui contenait sa famille, le sous-chef imita par trois fois le croassement du corbeau et, sans daigner s'assurer si cet appel lugubre avait été entendu des siens, il continua de se diriger fièrement vers les prairies ombreuses, bossuées de collines, parfumées de *myalls*, pleines d'herbes nouvelles et fourragères, où il savait que se plaisent les Shams-Shams et les Kaïpoons [1].

Bientôt, la curiosité m'ayant fait tourner la tête, je vis à cent mètres en arrière, deux femmes — de quinze à seize ans à peine — qui, les yeux fixés sur nous et réglant tous leurs mouvements sur les nôtres, nous suivaient à distance comme auraient pu le faire deux chiens attentifs et soumis.

Ces femmes étaient *Kaola* et *T'Suddu*, épouses de Mulligo, et trois petits enfants, ses fils, trottinaient dans leur ombre.

Appuyées chacune sur un long bâton de bois d'ébène sculpté (un Wahna), portant un énorme sac aux épaules et sur le cou, à tour de rôle, le plus jeune des enfants; ces deux femmes se mirent à nous suivre ainsi sans faiblesse, sans apparence de fatigue et sans que leur maître, le gracieux seigneur à la plume de héron, eût pour agréable de leur adresser une seule fois la parole.

Après deux bonnes heures de marche à travers une futaie verdoyante de gommiers, les plus beaux du monde, nous arrivâmes enfin sur la lisière des terrains onduleux et fleuris où aiment à se nourrir et à folâtrer la joyeuse tribu des kangurous.

[1] Kaïpoons (grands sauteurs). Comprend toute la famille des Marsupiaux.

CHAPITRE III

Chasse au *Mê-nû-âh* [1].

Du moment où un natif australien entre en chasse, que debout il inspecte le paysage et présente sa narine à la brise pour y saisir les émanations du gibier qu'il convoite, toute sa personne subit une transformation complète.

Son œil au regard endormi, flottant, voilé, sans direction fixe jusqu'alors, s'ouvre, s'agrandit, s'allume et commence à se promener avec une fixité intelligente sur tous les objets environnants.

Sa taille se redresse et d'un pas de fantôme il se met à glisser le long des arbres, examinant avec une attention scrupuleuse tous les signes laissés sur les chemins, toutes les empreintes restées gravées sur les sables.

Aussi, voyez! l'œil de Mulligo, qui toujours cherche, est tombé sur un indice. Il vient d'apercevoir une mar-

[1] Le *mê-nû-âh* des indigènes est le *macropus fuliginosus* « kangurou géant » des naturalistes et le « forestier rouge » des colons. Il atteint de cinq à six pieds de hauteur. Grand comme un homme, avec une queue aussi grande que lui, c'est l'animal le plus puissant de la Nouvelle-Hollande. Sa chair a le goût de celle du cerf.

que fraiche, une égratignure à peine visible laissée dans la poussière par l'ongle aigu d'un kangurou.

Ce vestige lui suffit. Aussitôt ses pieds s'arrètent, son corps devient immobile, plus un muscle ne tressaille, on dirait le tronc inerte d'un arbre brûlé.

Ses femmes, qui le suivent toujours et qui l'observent, ne lui voient pas plutôt prendre cette attitude, qu'elles se jettent à plat ventre sur le sol.

Les petits enfants s'empressent de se blottir autour de leur mère.

Moi-même je me mets d'instinct à genoux dans l'ombre noire d'un gros buisson.

Un sifflement doux et cadencé, imitant le cri du *kolia* — perruche à dos d'azur — part alors des lèvres de l'indigène.

Ce sifflement indique qu'il voit un *mé-nù-àh*.

A quelques centaines de mètres sur la droite, en effet, un kangurou géant, presque debout sur ses pattes de derrière et arc-bouté sur sa queue puissante, écoute, les oreilles pointées en avant.

Il lui a semblé entendre passer dans l'air comme un bruit étrange.

Etait-ce le craquement d'une écorce, le chant lointain de la cascade, le trot d'un ému dans les bruyères sèches?

Et le *mé-nù-àh*, l'oreille au guet, écoute toujours.

Alors, de la poche abdominale du grand kangurou, sort une petite tête charmante, ornée de deux yeux de gazelle — noirs et brillants — qui, étonnés, se mettent à regarder de ci, de là, cherchant qui a pu ainsi alarmer sa mère.

Mulligo cependant reste immobile; on ne saurait dire à cent pas si c'est un homme, un cactus fourchu, un nopal hérissé.

Quelques minutes se passent de la sorte, le kangurou sur le qui-vive, l'indigène dans l'attente.

Rassuré enfin par la tranquillité parfaite qui règne autour de lui, le *mê-nû-âh* se laisse tomber sur ses pattes de devant, fait un saut de côté, lance une ruade de satisfaction et se remet tranquillement à paître.

Le petit habitant de la poche abdominale allonge une seconde fois son frêle museau hors de sa demeure, mord en passant du bout des lèvres l'herbe sucrée que mange sa mère, puis inspecte curieusement le paysage, se demandant sans aucun doute si nul péril ne le menace, s'il peut sans danger sortir de sa cachette, courir parmi ses bonnes amies — les bruyères roses — et sauter à loisir sur la verte nappe des gazons fins.

Pendant que ceci se passe, Mulligo a conservé son impassibilité de statue, n'a pas avancé d'un pouce, n'a pas hasardé un geste, et il ne se décide à agir que lorsque la femelle kangurou, fatiguée de ses écoutes et à bout de prudence, jette enfin loin d'elle toute crainte et, pleine de sécurité cette fois, s'abandonne sans frein à sa gourmandise.

C'est à ce moment que je vois l'astucieux sauvage choisir une lance dans son faisceau ; puis il lève le bras et se cambre comme s'il allait frapper.

Ainsi prêt à lancer la mort, Mulligo s'avance lentement et furtivement vers sa proie. Ses jambes seules semblent vivre.

Si le kangurou, durant cette marche perfide, lève la tête et paraît écouter, le natif aussitôt s'arrête et devient plus immobile que le gommier voisin.

Ces scènes se répétèrent sans interruption, jusqu'à l'instant fatal où, lancée d'une main vigoureuse, l'arme indigène perça en sifflant le malheureux *mê-nû-âh*.

La forêt alors se mit à résonner de cris de triomphe; femmes et enfants se levèrent du milieu des cactus et se jetèrent pêle-mêle à la poursuite de la bête blessée, qui, bientôt affaiblie par la perte de son sang et gènée dans ses bonds par le bois de lance resté dans la plaie, cessa de fuir, s'arrêta, sauta sur une roche et, debout, — décidée à combattre, — s'apprêta à déchirer de ses ongles son premier assaillant.

Mais Mulligo se garda bien d'exposer sa précieuse personne à ce contact dangereux. Arrivé à quelqu e mètres de sa victime, il se mit à lui parler, à lui faire un discours : « La remerciant de s'être trouvée sur son passage et lui prédisant qu'avant que les *rohi-rohi* [1] n'aient commencé leurs chansons, sa chair cuite à point ferait la joie de ses entrailles. »

Tout en parlant, il lui traversait la poitrine de nouvelles lances.

Le didelphe mort, le barbare fit approcher ses femmes, ordonna à T'Sadda, la plus robuste, de prendre sur ses épaules la bête abattue, donna ses armes à porter à Kaola, et, affermissant sa plume dans son oreille, prit lui-même la tête du convoi, signifiant d'un geste impérieux à tout son monde de le suivre.

[1] Rohi-rohi, sorte de colombes, ne commencent à chanter qu'à l'heure de midi, l'heure la plus chaude.

CHAPITRE III

Manières indigènes de faire cuire les kangurous. — Ce que contient le sac d'une femme sauvage.

Mulligo se mit alors à nous promener dans la forêt, cherchant un lieu favorable, une vallée basse, pleine de douces brises et d'eaux courantes.

L'ayant enfin trouvé, il s'empressa de prendre un bain, et, tandis que ses femmes cherchaient à leur tour un emplacement convenable pour établir leur cuisine, il se coucha sur les mousses et, m'invitant à l'imiter, annonça qu'il allait faire la sieste, pendant la cuisson du kangurou.

Mais j'avais une trop forte envie de m'initier aux secrets culinaires des femmes natives pour accepter son offre, et pendant qu'il fermait les yeux et partait pour le doux pays des chimères, j'ouvrais les miens le plus possible afin de ne rien perdre de ce qui allait se passer.

Kaola et T'Sadda, toujours alertes et vaillantes, commencèrent les opérations par creuser à l'aide de leurs longs *wahnas* un trou dans le sol ayant la forme et la profondeur d'une tombe moyenne.

Puis elles s'en allèrent choisir sur les bords du cours d'eau une grande quantité de pierres plates, dont elles tapissèrent avec soin le fond et les parois de l'excavation, qu'elles bourrèrent ensuite de lianes sèches, et Kaola ayant allumé une tête d'agaric, — amadou de ces peuples primitifs, — la jeta sur ces tiges sarmenteuses, qui flambèrent aussitôt comme des éclats de sapin.

Pendant que le feu faisait son œuvre et que les petits enfants l'entretenaient de broussailles, T'Sadda, à l'aide de son couteau de silex, avait ouvert le ventre du kangurou et, sans le dépouiller de sa peau, en avait retiré les intestins, qu'elle avait remplacés par des boules de graisse et un fort bouquet d'herbes aromatiques.

Tirant alors de son sac un petit os de *taïbis*, qui lui servait d'aiguille, et un peloton de gros fil fait de bourre végétale, elle se mit à recoudre l'abdomen du kangurou : puis, sur l'épaisse couche de braise qu'avaient données les lianes, les deux femmes, qui se partageaient fraternellement la besogne, couchèrent le *mé-nù-âh* les pieds en l'air, sans s'inquiéter de son poil, et le couvrirent de nouvelles tiges de salsepareille, auxquelles elles mirent le feu.

Le kangurou se trouva donc bientôt entre deux lits de menus charbons.

Assis à l'ombre d'un xantorrhée, je ne perdais rien des faits et gestes de ces deux actives cuisinières, me demandant toutefois avec une certaine inquiétude quel goût pourrait avoir cet animal cuisant ainsi dans sa peau?

Mulligo dormait toujours.

Au bout d'une grande heure, consacrée tout entière par les femmes à se baigner et à baigner leurs petits enfants, la bête se trouva rôtie.

Ayant détaché du tronc d'un gommier voisin une large et longue bande d'écorce, Kaola et T'Sadda l'apportèrent près du four.

Retirant alors l'animal de son trou, elles l'étendirent sur la partie interne de l'écorce et lui fendirent profondément la poitrine dans toute sa longueur, la maintenant ouverte au moyen de morceaux de bois préparés à cet effet.

Mulligo, réveillé par la bonne odeur et par les cris joyeux de ses fils, qui préféraient de beaucoup, à n'en pas douter, voir le *kaïpoon* ainsi placé sur le dos que fuyant à travers la prairie, daigna ouvrir les yeux.

Kaola et T'Sadda coururent de nouveau à leur sac et en retirèrent de grandes coquilles oblongues, ainsi que plusieurs pieds de *warran* froids [1].

Assis en cercle sur nos talons et armés de ces belles coquilles creuses, chacun de nous alors se mit à puiser et à boire — combinaison savante — les jus et le sang chauds qui coulaient des parois du corps et se concentraient dans la cavité de l'estomac.

Ces sucs de la viande bus jusqu'à la dernière goutte, Mulligo découpa l'animal à coup de hache, m'alloua la langue, s'adjugea la cervelle et, les parts des autres convives se trouvant faites, chacun saisit la sienne à pleines mains et la dévora en un clin d'œil.

J'avoue que, sauf la vue des femmes qui, à chaque minute s'essuyaient la gorge, les lèvres et le menton avec leurs longs cheveux, le tout me parut excellent.

Un bon coup d'eau fraîche, qu'on alla boire ensuite à plat ventre à la rivière, compléta le repas.

Mulligo m'apprit alors que certaines parties du *mé-nù-âh* étaient réputées de grandes friandises sous les tentes, et que défense formelle était faite aux jeunes natifs au-dessous de quinze ans d'y jamais toucher.

Telles sont la queue, la langue, la cervelle et la moelle; ces deux dernières, soigneusement conservées et mêlées à une espèce de pâte végétale faite d'herba-

[1] Le *warran* (*yam* natif), grosse racine très-nourrissante et servant de pain aux tribus australiennes.

ges de haut goût, deviennent les bouchées d'honneur de chaque grand repas et sont toujours offertes au chef ou au vieillard le plus en estime de l'assemblée.

Pendant que Mulligo, jouant avec ses enfants, attendait qu'un peu de fraîcheur soufflât dans la forêt pour reprendre le chemin du kraos et que les femmes, après avoir empaqueté les meilleurs morceaux restant du *mê-nà-âh*, s'apprêtaient à les faire disparaître dans une des poches de leurs grands sacs, j'obtins de Kaola la faveur d'examiner de près ce curieux article de ménage.

Construit de la peau souple et robuste des dasyures [1] et renforcé par de larges tresses de roseaux odorants, ce sac, à l'embellissement duquel la blonde native avait travaillé des années entières, était sur toute sa surface extérieure ourlé de graines rouges, festonné de dents blanches, égayé, tatoué çà et là d'aigrettes de kakatoès, plus jaunes et plus dorées que les tulipes de Hollande.

Ce sac, chef-d'œuvre de goût et de patience sauvages, ne la quittait jamais ; c'était sa joie, son orgueil, sa coquetterie la plus grande. Porté constamment aux épaules au moyen de deux fortes bretelles de cuir, il contenait un nombre incroyable d'objets; dont voici l'énumération.

Deux pierres plates pour écraser les racines. — Des os, des arêtes, des quartz choisis pour pointes de lance. — Des coquilles tranchantes, moules des Papous, longues de cinq pouces, avec lesquelles les femmes natives se saignent et se coupent les cheveux. — Différents rouleaux d'écorces fines et solides, employées comme bandelettes en cas de blessures graves. — Plusieurs écheveaux de nerfs pour tendre des

[1] Le *spotted-martin* des Anglais; long de deux pieds; pelage d'un beau noir tacheté de blanc; queue longue et touffue.

piéges aux petits animaux. — Des boules de résine pour réparer les armes. — Des bottes de plantes purgatives. — De la craie blanche, de l'ocre rouge, des poudres noires en petits paquets, servant à la peinture de la face et du corps. — Quatre ou cinq morceaux d'une marne pâle et mousseuse, tenant lieu de savon à ces tribus. — Des gâteaux de gomme comestible en prévision d'une chasse malheureuse. — Puis, dans des poches secrètes, des bracelets, des colliers étranges, un masque d'écaille dont Kaola se couvrait la figure dans les danses du printemps, et enfin des amulettes redoutables, tels qu'un porphyre roux et trois débris de cristaux bleus, que les médecins-sorciers de sa tribu avaient retirés de la tête et du cœur de ses parents morts.

Ces pierres funèbres, d'après les croyances indigènes, la préservaient de toute mauvaise rencontre, de tout fâcheux maléfice.

Aussi ces cailloux fétiches, précieuses impostures! étaient-ils conservés et gardés par elle avec un dévoûment particulier, une vigilance sans égale.

Le sac qui contenait toutes ces belles choses pesait de douze à quinze kilogrammes.

Que dirait une Parisienne, que le poids de son ombrelle de gaze fatigue, s'il lui fallait ainsi chaque jour et par trente-cinq degrés de chaleur en moyenne, marcher les reins courbés sous l'affliction d'un pareil fardeau ?

CHAPITRE V

Chasse à la ruche. — Le Yarr-Waga. — Wollogong et le Kangurou.

Les natifs de l'Australie ont d'autres manières de s'emparer des Marsupiaux [1]; ils les abattent en grand nombre dans les chasses générales, les prennent dans des filets, dans des trappes, les attendent à l'affût près des eaux dormantes, ou seuls, sans aucun aide, les courent, les forcent et les réduisent aux abois.

L'action de poursuivre avec succès et de forcer un grand kangurou excite au plus haut degré l'enthousiasme des indigènes.

Cet exploit, en effet, demande la mise en œuvre de toutes les vertus qui, aux yeux de ces noirs enfants des bois, constituent la puissance et le génie.

Science de la forêt, connaissance approfondie des pistes, dédain de la soif, mépris de la faim, jambes qui se rient de toutes les fatigues.

Un soir, à quelques jours de là, Koawur vint m'avertir que le lendemain, aux premières clartés de l'aube, il viendrait me prendre pour assister au départ

[1] Du latin *marsupium*, bourse, poche. Famille des mammifères qui portent une poche abdominale.

de Wollogong (un des jeunes frères de Mulligo), qui devait courir son premier kangurou.

Taillé comme un faune, souple comme une liane, svelte et nerveux, avec la narine bien ouverte et les pectoraux puissants, Wollogong, dans toute la force, dans tout le rayonnement de la jeunesse, voulait tenter l'aventure et se mettre au front ce laurier de gloire.

Cette prétention de suivre un kangurou à la course, de ne pas perdre ses traces et de le forcer, ne m'étonna que médiocrement de la part de Wollogong, car la veille même j'avais été témoin d'un fait qui l'avait déjà placé comme coureur en haute estime dans mon opinion.

Il n'avait pas cette fois, il est vrai, lutté de vitesse et de ruses avec un *mê-nù-ùh;* mais pendant près de six kilomètres je l'avais vu suivre, avec l'aisance d'une antilope, des abeilles au vol.

Chassant avec lui, vers la seconde moitié du jour, dans une partie haute et découverte de la forêt, nous étions tombés tout à coup sur une troupe d'abeilles vagabondes, qui, la tête perdue dans les corolles d'azur et d'or des banksies et des mimosas, couraient le pollen et butinaient les étamines.

En les apercevant, Wollogong, friand de miel comme un ours de Sibérie, avait poussé un cri joyeux et s'était mis aussitôt à confectionner avec des brins d'herbes une petite cage, — semblable à celles que les mauvais écoliers construisent pendant les classes avec des épingles pour emprisonner les mouches.

Puis, coupant au tronc d'un jeune pin une longue lanière d'écorce, humide de séve sucrée, il avait offert aux « amies des fleurs » cet appât, sur lequel en moins de quelques minutes toutes s'étaient abattues.

Se saisissant alors avec une dextérité de doigts de femme, d'une douzaine de ces « anthophiles, » Wollogong les avait enfermées dans sa petite boîte, où, après les avoir retenues prisonnières pendant plus d'une heure, il en avait enfin lâché une, laquelle, heureuse de se voir libre, était partie comme un trait dans la direction de sa maison.

Wollogong, qui la suivait en courant, l'avait bientôt perdue de vue; mais il en avait alors laissé échapper une seconde, puis une troisième; et de mouche en mouche, de kilomètre en kilomètre, il était enfin arrivé sous l'ombre du *koom-waga*, « arbre-ruche, » arbre plein de miel, que sa gourmandise convoitait.

Là, agissant à peu près de la même manière que nous avons vu Daniel O'Gilvy procéder dans la forêt noire [1], il s'était trouvé en peu de temps maître absolu de la forteresse et possesseur de l'amas d'ambroisie parfumé que recélait ses flancs.

Ce fut ce même jour et dans la même chasse avec Wollogong que j'eus le plaisir d'expérimenter les vertus précieuses d'un des plus beaux arbres de l'Australie.

Parcourant depuis le matin des terrains arides et ayant fait largement honneur au miel de hasard découvert dans le milieu du jour, je me trouvai tout à coup saisi d'une soif ardente.

Comme je communiquais à Wollogong le besoin de boire qui me tourmentait :

« Là-bas, » me dit-il, en me désignant du doigt, au loin, une douzaine de grands arbres à ramure immense. — « Là-bas, de l'eau! »

Quand nous fûmes arrivés au milieu des arbres désignés, je cherchais haletant l'eau promise. Mais partout autour de moi je ne voyais que terre brûlée, cailloux polis, et poussière de quartz reluisant au soleil, semblable à des grains d'argent.

Comme je regardais Wollogong avec une fureur égale

[1] *Les Champs d'or de Bendigo* (Hachette et Cie).

à ma soif, croyant à une mauvaise plaisanterie de sa part, il se mit à sourire, s'approcha d'un de ces grands arbres, fendit profondément avec la pointe de sa lance une grosse racine qui émergeait du sol, et y appliqua ses lèvres.

Au mouvement et au bruit de sa gorge, ainsi qu'aux symptômes de pures délices qui se répandirent sur toute sa physionomie, je compris qu'il buvait.

Tirant aussitôt de ma ceinture mon grand couteau de Birmingham, je me précipitai sur un autre de ces géants, — car, à la manière dont il aspirait l'eau, Wollogong me parut devoir vider son arbre en un clin d'œil ; — je choisis la plus forte racine et lui portai un tel coup de pointe, que ma bonne lame anglaise faillit se casser par le milieu.

A l'instant même, je vis sortir de la blessure comme de grosses larmes ; puis, le mouvement des gouttes se précipitant, un filet continu d'eau claire et blanche jaillit de l'écorce déchirée.

Cet arbre béni était l'*eucalyptus globulosus* à fleurs jaunes, ou le *yarr-waga* des indigènes, le plus utile et le plus superbe des eucalyptes de la Nouvelle-Hollande.

Ce colosse, qui porte souvent à cent mètres dans la nue sa tête avide de lumière, occupe dans les contrées les plus stériles du continent australien des espaces immenses.

Ses nombreuses racines, qui, semblables à des reptiles monstrueux, ondulent à la surface du sol, fournissent au passant altéré une boisson fraîche et limpide ; et ses feuilles en forme de croissant — pressées, broyées — laissent exsuder une liqueur combustible, sorte d'huile végétale très-propre à l'éclairage et dont savent se servir les natifs.

Ce myrte gigantesque, enfin, par l'abondance de sa séve, qui possède la saveur de l'eau la plus pure, résiste parfaitement à la sécheresse, aux vents brûlants, aux chaleurs les plus intenses, ainsi qu'aux tourbillons de sables rouges qui enveloppent parfois la campagne comme d'un nuage de feu.

Rafraîchi et remis en ordre de marche, comme je tournais le dos au *globulosus* et me disposais à m'éloigner :

— Est-ce ainsi que vous reconnaissez les services rendus? me dit Wollogong, l'œil presque en colère. Cet arbre...

— Eh bien?

— Cet arbre mourra, si vous lui laissez ainsi perdre sa séve.

— Que faut-il faire?

— Voyez.

Et Wollogong, creusant le sol avec sa hache jusqu'à la profondeur de la couche humide, en retira des poignées de terre glaise, qui, pétries et mises en boule, furent appliquées comme un tampon sur l'ouverture faite à la racine.

La séve aussitôt cessa de couler.

Je m'empressai de suivre cet exemple.

— Sans ces précautions, me dit alors le Nagarnook, sans ce pansement du membre blessé, ce *yarr-nanga* serait mort aux écorces prochaines [1].

Le lendemain, comme il avait été convenu, Mulligo, Wollogong, plusieurs autres natifs, Koawur et moi, nous nous trouvions réunis au lever du soleil, dans une des clairières de la forêt.

Wollogong, nu, sans armes et ne portant à la main que son couteau, attendait avec assurance l'arrivée des juges.

Comme ceux-ci tardaient à se faire voir, les naturels, suivant leur habitude quand ils se trouvent inactifs et

[1] En Australie, les feuilles des arbres ne tombent jamais; les écorces seules se détachent et se renouvellent à chaque printemps.

réunis plusieurs sur un même point, commencèrent à se défier, à lutter, à sauter, à jeter leurs lances aux troncs des arbres.

A ce moment même s'exécuta sous mes yeux un tour d'adresse assez bien réussi.

Un oiseau de couleur brune, gros comme un de nos coqs domestiques et portant au bec un long ver de terre, vint s'abattre sur un arbre voisin du lieu où nous nous tenions et disparut prestement dans son nid — assemblage grossier d'herbes et de buchettes — qui pendait à l'aisselle d'une branche, à une hauteur de quinze mètres environ.

Sur un signe de Mulligo, Koawur, choisissant sa plus longue lance, alla se placer sous le nid, tandis que, détachant de sa ceinture un morceau de bois cylindrique, court et pesant, arme native dont je ne connaissais pas encore l'usage, Mulligo prenait place un peu plus loin.

Kaowur alors traversa le nid de part en part avec sa lance.

L'oiseau, manqué ou légèrement blessé, sortit aussitôt, plein d'épouvante, et se mit à fuir. Mais au moment où il quittait l'arbre à plein vol et perdait la protection des branches, Mulligo lui jeta son morceau de bois et, frappé en pleine poitrine, l'oiseau tombait mort à ses pieds.

Avec cette arme, qu'ils appellent *dowuk*, et qui ressemble à un véritable *rouleau de pâtissier*, les indigènes sont tellement habiles, que colombes, kakatoès, ibis, petits quadrupèdes qui passent ou fuient à portée, sont toujours abattus par eux.

Mulligo de cette manière frappait et tuait des perruches de la grosseur des fauvettes, à la distance de quarante pas.

Lancés à la tête d'un ennemi, dans une bataille ou dans une querelle, ces dowuks font toujours des fractures mortelles.

Arrivant du kraos, un chef et trois vieillards nagarnooks, tous passés maîtres dans l'art mystérieux de reconnaître à la simple inspection d'une piste l'âge, le genre et le sexe des animaux, vinrent enfin nous rejoindre.

Après une quête d'environ une heure, la longue et puissante *foulure* d'un *mé-nû-âh* mâle, faite dans le sol le matin même, ayant été découverte, les vieillards la mesurèrent avec soin, l'examinèrent dans le plus grand détail et, satisfaits de son apparence de vigueur, qu'indiquait la profondeur des vestiges, l'acceptèrent pour l'épreuve.

La forme des pieds de derrière bien constatée, bien gravée dans la mémoire de chacun, — ces pieds doivent être rapportés, — le chef fit un signe, et Wollogong, s'élançant comme un lièvre débusqué, disparut bientôt à tous les yeux, suivant dès lors à travers les plaines, les collines, les fourrés épais, les traces du *mé-nû-âh*.

Il me fut impossible d'assister personnellement cette fois aux exploits de Wollogong; mais, d'après le récit des vieillards et de Mulligo, — trois fois vainqueur lui-même en ces sortes de courses, — voici d'ordinaire ce qui se passe en ces occasions.

Le chasseur continue la poursuite, jusqu'à ce qu'il aperçoive enfin le kangurou désigné, broutant ou gambadant sur la lisière d'un taillis.

A son approche, le *mé-nû-âh* se met à fuir d'une façon légère, nonchalante, en se riant, s'arrêtant de temps à autre, tournant dédaigneusement la tête et regardant de loin, par-dessus son épaule, ce bipède qui le poursuit.

Mis en fuite de nouveau, il franchit alors en quelques minutes de vastes espaces. Mais, malgré ses bonds prodigieux et sa course rapide dans les halliers, toujours le noir traqueur, que rien ne lasse ni ne fourvoie, se montre sur ses talons.

L'animal, que ce manége déconcerte et que la peur gagne, se décide à distancer son ennemi. Faisant jouer cette fois d'une façon supérieure la rude détente de ses longs jarrets, il ne s'arrête que quand, épuisé, brisé de lassitude, ses jambes refusent de le porter plus loin.

Les yeux rivés au sol, le chasseur poursuit sa course.

Bientôt, tout devient confus dans la forêt, la nuit arrive, la première étoile scintille dans l'azur sombre.

Le natif alors cesse de courir, se fait un lit de branches, se couche et s'endort sur la piste du *mé-nù-àh.*

Et le lendemain, à l'heure où les grands bois s'éveillent, où les *zosras* commencent à babiller sous les feuilles, à l'heure fraîche et saine enfin où le soleil qui se lève frange d'une broderie d'or le sommet des collines, l'indigène, debout, se remet en chasse.

Ce second jour se passe d'habitude comme le premier : mêmes ruses, même course folle, même acharnement dans la poursuite; terreur de plus en plus profonde du kangurou, qui, quoi qu'il fasse, ne peut se soustraire à cet homme, qui, sans un geste, sans un cri, suit sa trace mieux que ne le ferait un limier.

Vers le soir, les distances se rapprochent. La pauvre bête, qui n'a ni le temps de boire, ni la liberté de paître, se sent défaillir. Les flancs haletants, la gorge sèche, sentant la mort courir dans son ombre, terrifié par le bruit des pas qui se rapprochent et par l'œil fixe et lumineux de ce coureur infatigable, dont il commence à comprendre les intentions mauvaises, éperdu, vaincu, le *mé-nù-àh* à bout de force se résigne, et, au moment où tombe le second crépuscule, tombe lui-même dans les herbes pour ne plus se relever.

Personne au monde, si ce n'est un chasseur et un dépisteur de premier ordre, ne peut entreprendre une semblable campagne.

Aussi celui qui l'exécute plusieurs fois de suite d'une façon victorieuse, jouit-il dès lors parmi les siens de tous les avantages qu'assurent à ceux qui les possèdent, le courage, la ruse, la persévérance et la solidité des biceps.

Trois jours après, Wollogong nous revint, les deux grandes pattes de derrière du *mé-ná-áh* fixées à sa ceinture.

CHAPITRE VI

Le natif *Paramba* et le délégué d'Académie. — Le boomérang et les kakatoès.

Une après-midi que, fatigué de la grande chaleur, j'étais resté enfermé dans ma cabane, Mulligo vint me prendre pour me faire assister à une chasse de kakatoès.

J'examinai l'indigène, qui cette fois ne portait aucune arme apparente : ni *maca* (lance), ni *tomahawk*, ni *dowuk*. Son oreille même était veuve de sa plume habituelle.

Passé dans un des plis de sa ceinture, je ne voyais qu'un morceau de bois brun, poli, plat, enjolivé de quelques sculptures.

— Avec quoi tueras-tu les kakatoès, demandai-je?

— *Boomérang*, me répondit-il, en touchant de la main cette espèce de sabre de bois qu'il avait au côté.

J'acceptai son offre de grand cœur, charmé de l'occasion qui allait me permettre de juger par moi-même des effets d'une arme sur le compte de laquelle j'avais entendu cent histoires fantastiques et contradictoires.

Le *boomérang* ou *kiley*, en grand honneur parmi les natifs de la Nouvelle-Hollande, est une arme de jet de leur invention, inconnue de tous les autres peuples sauvages de la terre.

Taillé dans un morceau de bois dur, compact — quoique offrant des qualités flexibles — et légèrement cambré dans son milieu, sa longueur varie de deux pieds cinq, à deux pieds huit pouces. Sa largeur est de deux pouces, son épaisseur de deux centimètres. Un de ses bouts est arrondi et renflé, l'autre, au contraire, est tout à fait plat.

Lorsque les natifs se servent de cette arme, me montra Mulligo, ils la saisissent à pleines mains par le gros bout, la partie convexe en dehors, puis, la faisant tourner au-dessus de leur tête, ils la lancent de toute leur force droit devant eux.

Au moment de la laisser échapper, toutefois, le poignet lui imprime un mouvement rapide et particulier de rotation, mouvement de la plus haute importance, car c'est dans ce *demi-tour* donné par le poignet à la dernière seconde que résident toute la vigueur, toute la puissance agressive du *boomérang*.

Ainsi lancé, le *kiley* s'en va fendant l'air jusqu'à la distance de dix mètres, et au moment où, finissant sa parabole, il tombe à terre, il rebondit aussitôt, s'élève de plusieurs pieds et revient alors sur lui-même avec une vitesse, une précision surnaturelles, frappant, brisant sous des chocs irrésistibles tout ce qu'il rencontre.

Au jour de sa découverte, et lorsque des voyageurs revenant d'Australie en parlèrent à Londres pour la première fois, les détails qu'ils donnèrent sur ce missile étrange causèrent au public une surprise telle, que personne ne voulut y croire.

Un grand bruit se fit autour de cette arme nouvelle et les journaux scientifiques s'étant emparé de cette question, des discussions mordantes eurent lieu entre les Marco-Polo de l'époque et les érudits à trois marteaux de la Vieille-Angleterre.

Ces derniers niaient énergiquement l'existence du boomérang et criaient à l'imposture.

« Car, disaient-ils, avec une certaine apparence de logique, comment une arme d'une combinaison si complexe aurait-elle pu sortir du cerveau d'un aborigène, homme d'intelligence inférieure, ne sachant rien des lois naturelles, des projections, des réactions, des courbes et des tangentes? »

Et ils riaient, les bons docteurs, et ils haussaient les épaules.

Un d'eux cependant, un délégué de l'académie d'Oxford, s'étant rendu à Sidney pour étudier sur place quelques animaux d'espèce nouvelle, fut mis peu de jours après son arrivée en présence d'un chef de tribu, nommé *Paramba*, sauvage de premier ordre et passé maître dans le maniement de toutes les armes de son pays.

Conduit au milieu du parc du gouverneur, Paramba, outillé de son meilleur boomérang, fut prié de le jeter comme d'habitude et de prendre pour but le zoologiste, qui, souriant, les bras croisés et toujours incrédule, s'était volontairement posté, comme cible humaine, à quelques pas en *arrière* de lui.

Le grand chef, quoique surpris, ne se fit pas répéter l'ordre et, heureux de l'espoir de casser les deux jambes à l'Anglais, il prit d'un coup d'œil ses mesures, lança son kiley, et le morceau de bois, après avoir parcouru sa distance et touché terre, revint aussitôt avec un tel grondement, une telle vélocité sur le professeur ébahi, que celui-ci serait retourné en Angleterre fêlé de toutes les côtes, s'il ne se fût vivement et prudemment jeté le nez dans les gazons.

Paramba lui offrit de renouveler l'épreuve, mais le délégué d'Oxford affirma sur l'honneur qu'il était satisfait.

J'avais lu cette anecdote sur le boomérang quelques années auparavant, dans un vieux numéro du *Spectator;* mais, quoique en Australie depuis déjà près de deux années, je n'avais pas encore eu l'occasion de voir cette arme fonctionner en personne devant moi.

La proposition de Mulligo me fut donc agréable, et nous partîmes.

Conduits par l'indigène sur les bords du *Neer-Gabby*, nous ne nous arrêtâmes qu'à un grand coude de cette rivière, laquelle, débordant parfois en cet endroit, alimentait de son trop-plein plusieurs grands amas d'eau dormante, qui brillaient dans les bas-fonds.

En Australie, deux heures avant la tombée du crépuscule, quand le soleil que l'on peut alors regarder en face a perdu sa terrible chevelure de rayons, quand les ombres grandissent et que la première étoile, à peine éveillée, tremblote indécise à l'horizon clair, les rosalbins ou kakatoès roses (*cacatua rosea*) — beaux oiseaux de trente-cinq à quarante centimètres de longueur — prennent, autour des lacs et des marécages, les dispositions nécessaires pour le repos de la nuit.

Fatigués des courses du jour, ces sylvains à aigrette se réunissent à cette heure en troupes nombreuses et cherchent un lieu sûr, pour y jouir ensemble d'un paisible sommeil.

Couchés dans les herbes, nous aperçûmes bientôt un immense vol de ces grands perroquets se diriger vers un des lacs et s'abattre, comme une vague de flamme, sur les arbres qui en ombrageaient les bords.

Me faisant signe de l'imiter et de le suivre, Mulligo se dirigea immédiatement vers cet endroit.

Se glissant comme une couleuvre dans les *mamagos* (nopals épineux), il s'efforçait, par toutes les ruses qu'il avait en son sac, d'approcher le plus près possible des rosalbins.

Ceux-ci, réunis plusieurs milliers en corps de bataille et se croyant à l'abri de toute surprise, se livraient à tous leurs ébats.

Kakatoès rosea.

Criards, turbulents et querelleurs, ils sifflaient, caquetaient, se battaient, poussaient mille cris; jusqu'à ce qu'enfin, fatigués de tout ce tapage et entendant au loin les plaintes de l'*Hépouna-Rou* [1] qui annonçaient la fin du jour, ils choisirent un arbre, placèrent leurs sentinelles et, après s'être souhaité le bonsoir et donné la patte, s'apprêtèrent à dormir.

Mais les malheureux cacatuas avaient compté sans Mulligo, dont le corps sombre était de la couleur des buissons.

Arrivé sous leur arbre sans avoir été aperçu, le noir braconnier, pour s'assurer au juste à quelle hauteur précise le plus grand nombre se trouvait placé, les observait et les écoutait.

Bientôt fixé, Mulligo tira son boomérang de sa ceinture et, dédaignant de se cacher davantage, il se dressa debout, sortit des broussailles, courut quelques pas pour donner plus de force à son arme; puis, s'arrêtant à l'endroit même où son pied touchait les premiers roseaux, la main droite à hauteur des yeux et tournant son kiley au-dessus de sa tête, il le lança droit devant lui avec toute la puissance de son bras.

Ces différents mouvements n'avaient pas duré plus de trois secondes.

Les rosalbins, inquiets d'abord de l'apparition subite de cet homme, l'observaient immobiles du haut de leur tour de verdure.

Ne comprenant rien à sa manœuvre et à ce bâton qu'il jetait dans le lac, ils poussèrent des cris moqueurs et commencèrent à se rire de lui.

Mais leur jactance fut de courte durée, car le boomérang n'eut pas plutôt touché la surface des eaux, qu'au lieu d'y tomber et de s'y perdre, comme le pensaient les perroquets, il y puisa au contraire une force nouvelle

[1] Grand *phalanger* volant.

et, s'enlevant dans les airs avec une puissance irrésistible, il s'en revint exécutant les contorsions les plus curieuses, tomber avec un bruit sinistre au beau milieu des kakatoès, tuant celui-ci, disloquant celui-là, cassant une aile, ouvrant un crâne et commettant dans cette phalange d'oiseaux terrifiés et serrés les uns contre les autres les mêmes dégâts qu'une charge à mitraille dans un bataillon.

En vain les infortunés cacatuas, au comble de l'étonnement, témoignaient leur désespoir par mille clameurs confuses; en vain cherchaient-ils à éviter les coups mortels de ce morceau de bois ennemi; le kiley continua de frapper d'estoc et de taille, et l'effroi qu'il causa aux rosalbins devint tel, qu'il paralysa tous leurs mouvements.

Quinze d'entre eux formèrent notre butin dans cette soirée mémorable.

Le boomérang, je le répète, a des effets qui surprennent.

Pendant toute une grande demi-minute, cette arme paraît avoir véritablement des pensées de colère, semble douée d'intelligence, tant elle agit avec justesse, vole avec grâce, frappe avec précision et se dirige, avec la rectitude d'une ligne droite, sur l'objet qui lui est désigné.

Les mouvements rapides et saccadés d'une grosse toupie hollandaise tournant avec force sur un tapis vert, faisant sauter les petites quilles de cuivre qu'elle rencontre et se choquant elle-même avec bruit et violence contre les parois de fer qui l'enferment, pourraient donner une idée assez juste des bonds furieux, des soubresauts convulsifs, des chocs, des coups secs et multipliés que cet incompréhensible instrument exécute dans les branches d'un arbre, quand il s'y trouve lancé par une main aussi vigoureuse et habile qu'était la main de Mulligo.

Il est une autre manière cependant, plus prompte et plus à craindre, de jeter le booméraug. Et le hasard en cette occasion me servit à souhait, pour m'instruire en quelques heures des différentes méthodes de s'en servir.

Le même soir, comme nous n'étions plus qu'à quelques kilomètres du kraos et que nous traversions une plaine semée çà est là de gros bouquets de basses broussailles, un grand brouhaha de feuilles agitées se fit tout à coup entendre à quelques pas devant nous.

Surpris pendant son sommeil dans son lit de fougères, c'était un phascolome qui, réveillé en sursaut, détalait avec fracas.

Mulligo, qui, au premier bruit, avait saisi son fidèle kiley, le lança aussitôt à fleur de terre et à ricochets sur le fuyard.

Rebondissant avec force, le boomérang, avec la rapidité d'un coup de feu, avait atteint par derrière le *wombat*, qui tomba aussitôt les deux jarrets brisés.

C'était un boomérang, ainsi jeté à ricochets qui, dans le val néfaste de Mongagap, avait cassé comme verr la jambe du cheval de notre ami O'Brian.

Le boomérang est donc une arme de chasse et de guerre des plus utiles aux sauvages habitants des grandes forêts australes; d'un port bien plus commode que la lance, d'un aspect inoffensif et d'un poids insignifiant, il devient immédiatement invisible si le besoin s'en fait sentir, car, collé le long des hanches et de la cuisse, retenu dans un des plis de la ceinture, la couleur ardoise de son bois, qui est exactement celle du corps de l'indigène, fait qu'on ne l'aperçoit malheureusement que quand on ne peut plus l'éviter.

Koawur et Wollogong étaient d'une adresse merveilleuse dans le maniement du kiley. Cent fois, par la suite, je les ai vus le lancer de ces deux manières, soit sur des lumachelles roucoulant au haut des branches, soit sur des kangurous assis dans les cactus, et toujours colombes et quadrupèdes se trouvaient mortellement atteints.

Les natifs donnent une attention extrême au choix d'un boomérang : ils en discutent la courbure, la taille ; ils le pèsent du doigt pour en apprécier l'équilibre, et, quoique dans l'estime d'un Européen ce missile paraisse ne pouvoir avoir aucune prétention aux perfections mathématiques, ils le déclarent cependant, après un examen de quelques minutes, excellent ou détestable, capable d'un bon service ou digne tout au plus d'être cassé sur le genou.

Ce jugement, presque toujours infaillible, leur est dicté par un je ne sais quoi d'insaisissable à nos yeux, par un rien, par un manque de forme ou de balance, que certes ni Le Page, ni Devismes, ni vous ni moi, ne saurions apprécier.

Quant à la facilité plus ou moins grande de jeter le boomérang, je dois avouer en toute franchise qu'ayant souvent essayé moi-même, sous la direction d'un maître illustre, jamais de ma vie, malgré tous mes efforts, je n'ai pu y parvenir.

Le kiley que je lançais s'en allait bien en sifflant tomber à trente pas ; mais, une fois là, l'ingrat restait couché sur le sable comme un poisson mort.

Et, quoique je pusse avec aisance me servir de la lance native, tuer avec elle un kangurou à cent pas, jamais il ne me fut possible d'imprimer à ce maudit boomérang un mouvement de retour, ni lui faire exécuter dans l'air la moindre cabriole.

Et plus je frappais du pied avec colère, plus mon cher professeur se tenait les côtes, plus sa bouche s'ouvrait de l'est à l'ouest, dans un rire de caïman.

Mon impuissance, du reste, est le gâteau de maladresse dans lequel mordent tous les étrangers.

Jamais aucun d'eux n'a pu se servir du boomérang

d'une manière efficace, ni lui donner ce coup de vis, cette impulsion rétrograde, ce tour de poignet de la fin — botte secrète — que les natifs seuls possèdent et qu'ils exécutent en se jouant.

Pour devenir dangereux, le jet du kiley doit être pratiqué dès la plus tendre jeunesse.

Aussi, dans les clairières et les plaines voisines de notre village, voyais-je presque chaque jour des troupes de petits polissons noirs s'exercer à ce jeu.

Prenant pour point de mire un casoar empaillé, planté au haut d'une perche, ou un bloc de bois figurant un kangurou, ces gamins de la forêt, armés d'un kiley en miniature, se partageaient en corps, se mettaient en lutte, rivalisaient d'adresse et portaient en triomphe, sur un trône fait de branches et de lianes fleuries, celui d'entre eux qui avait le plus souvent touché le but.

CHAPITRE VII

Les grands Rapaces. — La chauve-souris vampire. — L'alouette australienne. — La pie rieuse. — Le *rohi-rohi*. — Le *ya-goonya*. — Le *d'jilo*.

Outre l'immense famille des perroquets, dont le nombre et les espèces sont incomptables, la Nouvelle-Hollande nourrit également une prodigieuse variété d'autres oiseaux, parmi lesquels plusieurs sortes de grands rapaces :

Un aigle rouge (*crimson eagle*), qui est aussi puissant de vol, aussi fort et d'un aussi beau courage que l'aigle royal;

Un faucon de couleur grise, ardent à la proie, d'une activité dévorante, toujours en chasse, toujours tourbillonnant dans les airs;

Un vautour fauve, des milans noirs, des troupes innombrables de corbeaux.

Parmi les carnassiers nocturnes, la chauve-souris vampire aux oreilles de chien occupe le premier rang.

Souvent la nuit, aux heures étouffantes où la brise cesse pour un temps de souffler dans les bois, je quittais ma cabane — devenue un four — et j'allais m'établir en plein air, sur la mousse, au pied d'un gommier.

J'apercevais alors passer au-dessus de ma tête de

grands corps noirs, mesurant au moins trois pieds d'envergure, et qui, d'un vol silencieux et aussi léger que celui de la hulotte, allaient, venaient, se croisaient dans tous les sens.

C'étaient des *vampires* cherchant une proie; aussi la crainte de les voir fondre sur ma personne me tenait-elle généralement éveillé.

Une fois cependant, que la fatigue du jour et l'atmosphère embrasée de la nuit combinant leur force m'avaient jeté dans une somnolence invincible, mes yeux voilés de sommeil virent, comme dans un réveil imparfait, un de ces grands nocturnes planer sur ma tête, décrivant des cercles de plus en plus rapprochés et restreints.

Ses ailes cotonneuses me touchaient presque et mes narines percevaient distinctement l'odeur de musc qu'exhalait son corps.

Mes lèvres remuaient, je m'entendais me parler à moi-même, je m'avertissais du danger; mais, lié dans un assoupissement léthargique, il m'était impossible de me lever et de fuir. Je ne pus que me rouler sur le côté gauche, cacher d'instinct ma face dans les herbes et, malgré tous mes efforts de volonté, je tombai dans un sommeil de plomb.

Avant de perdre connaissance toutefois, j'eus la perception très-nette que le monstre s'abattait sur moi.

Combien de minutes ou d'heures restai-je dans cet état de mort? Je ne saurais le dire. Seulement, tout à coup, manquant d'air, suffoquant, je m'éveillai.

Un énorme corps velu me couvrait la tête de ses ailes, la peau flasque et plissée de son ventre était sur ma bouche, pesait de tout son poids sur mes lèvres et m'étouffait.

Jamais de ma vie je n'éprouvai sensation pareille.

Je voulais crier, ma langue restait immobile; je voulais me lever, saisir, jeter loin de moi ce cauchemar vivant : mes jambes et mes bras demeuraient inertes.

Je sentais derrière le cou une douleur cuisante et toute ma poitrine était inondée d'un liquide chaud.

Je crus que j'allais mourir et, sous la sensation d'une profonde défaillance, je m'évanouis.

Lorsque, dans son parcours incessant de la forêt, une de ces chauves-souris géantes surprend un homme ou un animal plongés dans le sommeil, elle l'approche, l'évente, l'endort plus profondément par le doux battement de ses ailes; puis, à l'aide des papilles cornées et aiguës de sa langue, elle le pique soit à l'épaule, soit au cou, soit au bras ou au gros orteil.

Arrivée au sang, elle le boit alors avec une avidité tellement gloutonne, que bientôt, enivrée, gorgée outre mesure, son corps chancelle, s'affaisse et tombe sur le dormeur.

Au bout d'une heure, je présume, passée en cet état, je revins à moi tout à fait.

L'aube commençait à blanchir l'horizon; l'horrible rapace s'était envolé, ma tête était libre et toute ma lucidité d'esprit m'était rendue.

Je compris alors que j'avais servi de festin à un vampire et mon cœur se rassura, car je savais que si une grande faiblesse — résultat du sang perdu — était ordinairement la conséquence d'une pareille rencontre, rien de réellement dangereux ne pouvait en résulter.

Une autre chauve-souris (sous-genre de vampire), bien certainement le plus hideux de tous les chasseurs nocturnes que possède la Nouvelle-Hollande et qu'en raison de ses habitudes matoises, de sa grosseur et de son museau pointu, les Anglais ont nommé—*flying-fox*, ou renard volant, ne se nourrit que d'oiseaux qu'elle saisit sur leur nid, du coucher au lever du soleil.

Ce chéiroptère est d'un aspect si repoussant, qu'un des matelots de l'équipage du capitaine Cook le prit pour le diable en personne, lorsqu'il l'aperçut pour la première fois dans la forêt.

Bien des fois en chasse avec Koawur et Mulligo, nous rencontrions, dans les parties les plus sombres des bois, des grappes épaisses de ces vampires, supendues aux branches des eucalyptes.

Quoique d'une grosseur et d'une force immenses, ces branches pliaient tellement sous le poids de ces monstres, que nous passions à la hâte, dans la crainte de les voir céder et toutes ces vilaines bêtes nous tomber sur les épaules.

Vampires et renards se tiennent alors les uns aux autres par les griffes de leurs pieds de derrière, qui ont la forme et la vigueur des gros hameçons.

Avec une masse prodigieuse d'oiseaux aquatiques, voilà le peuple emplumé qui anime de ses querelles, de ses chants d'amour et de ses jeux, les immenses solitudes de la Nouvelle-Hollande.

« Mais, dit Cunningham, on n'y entend pas les douces notes du merle dans les taillis, les tendres gazouillements de la grive dans les jeunes arbres, le chant joyeux de l'alouette dans les nuées roses du matin.

« Le babil des perruches hardies tient lieu le jour du fredon charmant des fauvettes, et les notes pleines de tristesse du *kakopo* remplacent aux heures silencieuses où la lune se lève, les fraîches roulades du rossignol.

« Nous avons bien une alouette, ajoute le malheureux Cunningham, mais son aspect et son chant sont la plus misérable parodie de l'aspect et du chant de l'alauda d'Europe. »

Cunningham avait raison : l'alouette australienne, beaucoup plus petite que la nôtre et de couleur feuille morte, s'élance bien de terre et pique droit vers le ciel en jetant quelques-uns des « tirilire à lire à » de l'alouette des champs; mais elle manque de souffle, et à peine a-t-elle atteint une hauteur de vingt mètres, qu'elle retombe tout à coup, muette, interdite et se cache dans les grandes graminées, comme confuse de sa faiblesse et honteuse de ses vains efforts.

Cunningham ne regretterait plus aujourd'hui, pour l'ornement et la gaîté des plaines de son beau pays, l'absence de l'alouette européenne.

Les Anglais, qui font de toutes les contrées où ils abordent une nouvelle Angleterre, qui se font suivre des roses sans parfum de leurs jardins, des moutons à tête noire de leurs bergeries, qui changeraient par pur esprit national — si la chose leur était possible — le ciel « bleu turquoise » de l'Asie, pour le firmament « jaune sale » des Trois-Royaumes, ne pouvaient manquer un jour ou l'autre d'apporter dans un des coins de leur immense sac de voyage une partie des oiseaux qui les charmaient chez eux.

Aussi, l'alouette *Lulu*, la petite alouette huppée, la plus vive, la plus alerte, la meilleure des chanteuses, n'a-t-elle pas été longtemps sans paraître.

Cette alaude gauloise, avec son ami Robin (Robin-redbreast), le rouge-gorge, se montrent partout à cette heure à la Nouvelle-Hollande.

Apportés surtout par les femmes d'Ecosse et rendus libres, ils ont multiplié rapidement les deux gentils passereaux.

Leur race aujourd'hui est devenue plus nombreuse sur la terre antipodale que les violettes dans les bois d'Europe.

Joie des fermes solitaires, l'un égaye les sillons, chante dans les chaumes et rappelle aux laboureurs anglais courbés sous un ciel de feu le frais climat de la patrie absente.

L'autre, dans la forêt, saute au seuil de toutes les tentes, bâtit son nid de mousse sur le toit de toutes les cabanes, dans la haie fleurie de toutes les clôtures, et, comme il a fait passer la mer à son effronterie, vient sans peur, comme en Angleterre, manger les miettes blanches dans la main des petits enfants.

Mais s'il est vrai que l'Australie manque d'oiseaux chanteurs indigènes, si elle ne peut en aucune façon rivaliser sur ce point avec le vieux monde, quel pays d'Europe pourrait entrer en lutte avec elle pour la beauté, l'intelligence et la singularité des types de sa faune ornithologique?

Où rencontrer des perroquets plus splendides, avec des formes plus sveltes, plus élégantes, des couleurs plus vives, des manteaux de plumes où se trouvent tissés avec autant d'art la pourpre et l'azur?

Quelle autre latitude, quelle zone, quel coin brûlant ou tempéré de notre planète a jamais donné naissance à un pareil assemblage d'oiseaux farceurs, dotés d'allures plus baroques, d'habitudes plus excentriques, de tics plus amusants?

L'un, par exemple, le *Laughing Jackass* ou « la pie rieuse, » que les chercheurs d'or ont aussi nommé *Settler's Clock* ou « l'horloge du squatter, » annonce invariablement, de la façon la plus divertissante, le lever et le coucher du soleil.

Perché sur la plus haute branche d'un pin ou d'un cèdre rouge, le jackass, immobile et attentif, la tête tournée vers l'Orient, — comme un astronome qui guette sa planète, — attend avec une espèce de recueillement religieux — comme un mufti du haut d'un minaret — que la première flamme que lance le soleil montre son éclair rouge à l'horizon. Aussitôt battant des ailes et se livrant à toute une orgie de notes plus fausses les unes que les autres, « l'horloge du squatter » fait entendre des cris affreux, qui disent aux hommes de la forêt que « le jour se lève, qu'il est temps de secouer le sommeil des paupières, de saisir la hache ou la pioche et de se mettre au travail. »

Le soir, à la seconde précise où l'astre-roi, fatigué de sa grande parabole, tombe de lassitude dans les eaux, le jackass, à son poste depuis une heure — le bec cette fois tourné vers l'Occident — jette aux brises nocturnes qui se lèvent, le même chapelet de notes lamentables que le matin.

Et jours après jours, semaines après semaines, mois après mois, cette pie chronomètre chante du même timbre sonore les aubes et les crépuscules.

Le coup de canon, qui à bord des vaisseaux de guerre annonce à tout l'équipage le même événement, n'est ni plus précis ni plus régulier.

Cette pie, de couleur blanche avec la tête noire, vit de mollusques et de reptiles. Sa grosseur est celle des plus forts corbeaux.

On l'appelle « rieuse » je ne sais trop pourquoi, car, au lieu de ressembler à un rire, ses éclats de voix imitent bien plutôt les efforts violents et convulsifs que ferait un convive qui, ayant une arête de brochet dans la gorge, chercherait à s'en débarrasser.

Mais si le laughing jackass ne rit pas lui-même, il fait rire les autres assurément.

Jamais, pour mon compte, je n'ai pu entendre un de ces curieux volatiles faire, dans le silence du matin, son annonce du haut d'un arbre, sans qu'un franc accès de gaîté ne me vînt aux lèvres. Et Koawur lui-même, quoique habitué de longue date aux plaisanteries musicales de cet oiseau, se roulait positivement sur le sol, chaque fois que « l'horloge » de notre voisinage ouvrait le bec et commençait sa chanson.

Après le « rire » de l'agace viennent la plainte des courlis et le cri lugubre des *phalangers-volants*, qui, tous les deux, font pour la lune ce que la « pie rieuse » fait pour le soleil.

Le chant du *Rohi-Rohi*, insipide et monotone comme le tic-tac d'un balancier (le *Rohi* fait entendre ce chant en oscillant lui-même comme un pendule et en se je tant alternativement d'une patte sur l'autre), annonce les jours les plus chauds de l'année.

Le *Ya-Goonya*, — l'oiseau diable, l'oiseau de la saison mauvaise, — dont on n'entend jamais les ululements sinistres que la veille des tourmentes et des grands orages, avertit des pluies et des inondations mieux que ne le ferait le baromètre Chevalier le plus parfait.

Les *D'jilos* enfin, alors que les brouillards et les nuées grises sont en fuite, chantent à leur tour, du sommet des cimes vertes, le retour des heures clémentes et l'hymne des horizons bleus.

CHAPITRE VIII

Le *pagu* et le *bikal*. — Le *balangara* ou l'oiseau-lyre.

Un jour que j'avais couru les bois et les collines toute la matinée en compagnie de Wollogong à la poursuite des *Coluks* et des *Potoroos*, comme nous faisions la sieste dans un épais bouquet de mimosas, je fus tout à coup réveillé par les cris perçants d'un oiseau.

Ces cris, que j'écoutai pendant quelques secondes, n'avaient rien de douloureux et ne traduisaient ni la plainte ni l'effroi. On démêlait au contraire dans ces sons exagérés quelque chose d'entraînant et de gai.

« Pagu! Pagu! » me cria Wollogong, déjà debout.

Et sans répondre à mes questions, me faisant simplement signe de le suivre, il se dirigea, courbé en deux pour ne pas être aperçu, vers le lieu d'où partaient les sons.

Bientôt, blotti côte à côte avec l'indigène dans un gros massif de fougères, je vis à quelque cent mètres devant moi, perché sur un jeune eucalypte, un oiseau de la grosseur d'une forte poule cochinchinoise, de couleur jaune quadrillé de brun, muni d'ailes très-amples et d'un cou d'une longueur démesurée.

Ce singulier volatile continuait à pousser des cris et, dans une pose pleine d'importance, regardait constamment de droite et de gauche, comme si réellement il eût attendu quelqu'un.

A ces appels sonores et saccadés, qui avaient l'éclat d'une fanfare de trompette, de nombreux vols d'oiseaux de toute robe et de toute taille accouraient effectivement de différents points de la forêt et, sitôt arrivés, se massaient en silence sur les arbres environnants.

« Bravo, pagu ! » disait Wollogong.

Quand l'oiseau jaune, par un regard circulaire, eut constaté qu'il avait réuni autour de sa personne un nombre suffisant de spectateurs, il se cogna plusieurs fois le bec avec force contre la branche qui le portait, puis sauta prestement à terre, exécutant dans le trajet une multitude de curieuses cabrioles.

Un frémissement général de satisfaction qui hérissa toutes les plumes, parcourut l'assemblée.

La représentation commençait.

Une fois à terre, le pagu poussant de joyeux ah ! ah ! ah ! comme faisait Auriol quand il était sur le point d'exécuter un tour, se mit à courir en rond, décrivit au trot plusieurs grands cercles, s'arrêta, regarda son auditoire, comme pour lui dire : Attention, voici l'instant !

Puis, jetant brusquement ses pattes en l'air et s'aidant de ses ailes, il se mit à tourner avec vitesse sur lui-même, pivotant sur son bec, la tête en bas.

Ce mouvement rotatoire, qu'il exécuta d'abord de gauche à droite et ensuite de droite à gauche, ses chutes volontaires, les contorsions de tête qui suivirent et les éternuements vigoureux qu'il fit entendre, dès que, rétabli sur son centre, il chercha à expulser de ses narines la poussière et le sable qui s'y étaient introduits, constituèrent une scène comique, qui parut réjouir outre mesure tous les oiseaux présents.

Ce pagu-tourneur, dont la mission sans aucun doute est de divertir les petits oiseaux des bois, possède à cet effet un bec large, noir, finissant en boule et dur comme du vieux buis.

Les natifs, qui s'en amusent, le respectent et ne le tuent que fortement pressés par la faim.

Wologong m'assura qu'il s'apprivoisait facilement, qu'il suivait docilement les femmes natives ; mais qu'alors il perdait toutes ses qualités bouffonnes, devenait triste et passait une partie des heures du jour caché dans les angles et les trous obscurs.

Le pagu se nourrit d'insectes, de graines, de jeunes écorces et de bourgeons.

Cette rencontre m'avait beaucoup amusé. Aussi, de retour au kraos, m'empressai-je de demander au père de Koawur, le plus habile et le plus expert chasseur de la tribu, si sa merveilleuse forêt ne possédait pas d'autres animaux doués des mêmes instincts farceurs ?

— Voyez le lac Kuiwaï, me dit le vieillard.

— Qu'y trouverai-je ?

— Le *Bikal*.

— Et que fait le bikal ?

— Il danse.

J'étais tellement pressé de voir ce nouveau sujet, qu'il fut convenu, séance tenante, que le lendemain même on essayerait de me faire assister à une danse de *bikals*.

Le lendemain, en effet, la grande chaleur de midi passée, Mulligo et Koawur vinrent me prendre à ma cabane de grand chef.

Ces deux guerriers ne portaient cette fois aucune arme avec eux ; mais chacun avait sous le bras un instrument de musique, dont, tout en marchant, ils m'expliquèrent l'emploi.

Cet instrument des plus simples, et que les naturels nomment *Boorla*, était fabriqué de morceaux de bambous creux, de longueur et d'épaisseur inégales, lesquels, collés les uns aux autres comme des tuyaux d'orgue, constituaient une flûte de Pan gigantesque.

Les boorlas que j'avais sous les yeux pouvaient mesurer de un mètre à un mètre trente de hauteur.

C'était l'orchestre qui devait mettre en joie les bikals.

Après avoir marché plus de trois heures, nous arrivâmes enfin en vue d'une vaste pièce d'eau, dont toutes les rives étaient couvertes et comme murées par un inextricable fouillis de grands joncs.

J'étais en présence du lac Kuiwaï.

Mulligo et Koawur choisirent l'endroit qu'ils jugèrent le plus propice, c'est-à-dire un lieu où, tout en étant caché, l'œil pouvait parcourir la plus vaste étendue de terrain libre.

Trois gros faisceaux de branchages unis ensemble par des lianes ayant été confectionnés pour siéges, nous nous assîmes, et « l'invitation à la valse » commença.

Les deux Nagarnooks se mirent alors à souffler avec une telle furie dans leurs tuyaux creux, qu'ils imitèrent du premier coup le bruit de vingt taureaux réunis à une porte de ferme et mugissant à la fois, demandant l'entrée.

Mais comme il eût fallu posséder des soufflets de forge dans la poitrine pour continuer un pareil jeu de flûtes, mes virtuoses se calmèrent et, après avoir fait entendre un second duo très-affaibli, Mulligo seul continua la musique, tandis que Koawur se reposait.

Les boorlas alternèrent ainsi leur chant pendant près d'une heure et, malgré l'attraction de cette mélodie, aucun bikal ne se montrait à l'horizon.

Je m'étonnais de la persévérance des natifs, bien convaincu à part moi que les bikals, effrayés de ce tapage, loin de vouloir se montrer, se cachaient au contraire au plus profond des roseaux.

J'ouvrais donc la bouche pour demander la retraite,

quand Koawur, frappant des mains, cria tout à coup : Bikals!

Je ne vis rien d'abord, la plage était déserte; sur un indice de son doigt cependant, j'aperçus au loin, tout au loin, une ondulation légère se manifester à la cime des joncs.

Le sillage se rapprochait, quand subitement, à quarante mètres à peu près du couvert où nous étions placés, je vis les roseaux s'ouvrir et douze grands échassiers, la tête haute, en sortir un à un.

Réunis sur la plage, ils se regardèrent d'abord avec une majesté sérieuse, parurent se saluer les uns les autres et, ces politesses échangées, se mirent à se promener sur les sables, — le temps de sécher leurs plumes, probablement.

La musique des natifs s'était faite basse et douce.

Les longues jambes des bikals s'agitaient, des frissons nerveux secouaient leur corps; quand, sur un signe du chef — consistant en un saut de côté des plus grotesques — tous, s'animèrent, se groupèrent, se firent face.

Tournant alors sur eux-mêmes et se divisant, ils se mirent à avancer, à reculer, à sauter sur une patte, à pencher la tête, à passer en ziz zag les uns dans les autres, imitant en un mot toutes les figures, toutes les évolutions chorégraphiques d'une véritable contredanse espagnole, marquant la mesure et s'accompagnant d'un claquement de mandibules, qui se rapprochait pour l'expression du bruit des castagnettes.

Leurs mouvements de cous penchés, de jambes qui s'allongeaient, d'ailes qui traînaient; leurs petits pas prétentieux, le choc des danseurs, et la confusion des figures, joints aux mille et une excentricités des attitudes, me firent courir dans les veines, ce soir-là, une dose d'hilarité telle, que j'en riais encore trois jours après.

La danse achevée, les bikals se replongèrent et disparurent dans la nuit des roseaux.

L'oiseau Lyre (menure).

Cet échassier, de la grosseur des cigognes, a le plumage d'un beau blanc pur avec l'extrémité des ailes rouge. Sa tête est ornée d'une aigrette volumineuse, qui ressemble à une touffe de fine paille d'Italie, dont chaque brin, flexible et brillant, se balance avec grâce lorsque l'animal se meut.

Il a le cou long, le bec pointu, tranchant, comprimé en forme de couteau, l'œil petit, mais vif. Ses jambes, annelées de rose, sont grêles, quoique robustes.

Ce qui frappe le plus dans cet oiseau, quand le regard, flatté d'abord par sa beauté, se met à le considérer en détail, cherchant à deviner dans ces poses et ses allures son caractère et ses instincts, ce sont ses mouvements fiers, ses hauts de tête orgueilleux. Puis surtout sa démarche légère et cadencée, que l'on dirait réglée sur les accords d'une musique invisible.

A côté du bikal et du pagu — clown des grèves et bouffon des clairières — oiseaux artistes et supérieurs, brillent à leur tour de superbes pigeons huppés.

Le *belek-belek*, par exemple, ou « l'oiseau arc-en-ciel, » *rain-bow bird* des colons anglais.

Le *nuttah* ou « l'orange ailée, » *orange-Winged.*

Le *wonga-wonga*, petite colombe si blanche, si fine, si légère, que quand, réunies en troupes, elles passent en se jouant parmi les myrtes, on dirait des flocons de neige qui volent.

Puis, des ibis-corail, des hérons-nankin, des *mécrops* ou mangeurs d'abeilles au plumage d'une opulence inouie.

Des *zosras*, gros comme nos mésanges, tout éblouissants de reflets d'or, bijoux vivants, fleurs animées, que l'on voudrait mettre dans un écrin.

Et comme le Régent, le Ko-i-noor, le diamant Orloff de la couronne ornithologique australienne, le *Balangara*, ou « l'oiseau-lyre, » le plus bel oiseau de toutes les îles de l'Océanie. La gorge glacée d'argent, les ailes frangées d'un noir bleuâtre, le corps habillé de couleurs plus fraîches, plus irisées qu'un bloc de nacre sortant des eaux, les épaules chatoyantes, la tête ornée d'une aigrette qui ferait la joie d'un sultan, ce magnifique *Menure*, qui fait aussi partie des oiseaux moqueurs, doit connaître son importance; car, plein d'orgueil, il se pavane en roi sur les gazons fins de la forêt et marche sur les sables pailletés d'or des ruisseaux, comme Salomon devait marcher sur ses tapis de pourpre et ses parquets d'ivoire.

La queue du balangara, formée de seize pennes, semble avoir servi de modèle à Orphée pour inventer la lyre. Les deux plumes extrêmes, en effet, dessinent le contour précis de cet instrument et les plumes du milieu en figurent les cordes.

Le kangurou, l'ému et l'oiseau-lyre, ont l'honneur de former les armes héraldiques de la Nouvelle-Hollande.

CHAPITRE IX

Les opossums. — Chasse de jour et de nuit.

Un mammifère qui, comme la majorité des oiseaux, passe sa vie sur les arbres, que l'on ne voit ni n'entend jamais le jour, mais qui fait retentir les bois d'appels et de cris joyeux, dès que s'allument les étoiles, c'est l'opossum. J'ai toujours été frappé de la finesse et de la sûreté d'appréciation que montraient les indigènes pour reconnaître la présence de l'opossum, dans le tronc d'un arbre qu'aucun indice apparent ne signale à un œil européen.

Si c'était un eucalypte, par exemple, Mulligo s'approchait de son tronc massif, les deux mains négligemment croisées derrière le dos, tournait avec lenteur autour de l'arbre géant, scrutait de son œil noir la surface polie de l'écorce et, après une minute au plus d'examen, s'arrêtait et me disait : « Opossum ! »

J'examinais l'arbre à mon tour, le regardais dix fois à la même place, depuis les racines jusqu'à deux mètres de hauteur ; mais jamais je ne pouvais saisir un indice assez visible, une marque assez certaine pour me permettre un jugement.

— A quel signe vois-tu que cet eucalypte porte un oppossum ? demandais-je.

Mulligo souriait alors de sa supériorité, se penchait sur l'arbre et me désignait du bout de l'ongle de petites égratignures si fines, si faibles, qu'elles ressemblaient à des trous faits par la pointe d'un canif.

— J'ai vu ces empreintes, disais-je; elles peuvent être d'hier.

Mulligo souriait toujours, me montrait alors une de ces traces à laquelle un peu de sable était resté attaché.

Puis, il soufflait dessus faiblement, graduellement, avec des précautions infinies.

Le sable tenait et résistait.

Mulligo me regardait en triomphe.

C'était pour lui une preuve évidente (preuve très-juste, en effet) que l'oppossum avait gravi l'arbre le matin même, car s'il en eût été autrement, le sable, séché par l'air et ne conservant plus aucune humidité dans ses molécules, se serait envolé à la première haleine.

Convaincu par ce fait de la présence de l'oppossum, le sous-chef tirait son tomahawk et se préparait à escalader l'eucalypte.

Mais des arbres de cinquante à quatre-vingts mètres d'élévation, sur dix à douze de circonférence, ne peuvent se gravir et se prendre à bras-le-corps, comme se grimpent et se saisissent les ormes et les amandiers.

Faisant alors en deux coups de hache une première entaille dans l'écorce à environ soixante centimètres de terre, Mulligo y plaçait le gros orteil de son pied droit, passait son tomahawk dans sa main gauche [1], jetait

[1] Les naturels de l'Australie se servent des deux mains avec la même adresse. Les mères natives, dès que l'enfant a six ans, lui attachent alternativement derrière le dos et pendant des journées entières, soit le bras droit, soit le bras gauche, afin qu'arrivé à l'âge d'homme il puisse utiliser l'un et l'autre avec la même aisance.

son bras droit autour de l'eucalypte, s'enlevait, faisait une seconde entaille pour son orteil gauche et continuait ainsi, jusqu'à ce qu'il fût arrivé au niveau du trou dans lequel dormait ou se tenait blotti le didelphe.

Les indigènes escaladent de cette manière avec une agilité merveilleuse, par bonds et en quelques minutes, tous les grands végétaux ligneux de la forêt, boababs, gommiers, cedrellas, lillipilies, arbres à écorce de fer, etc.

Si l'oppossum ne s'était pas refugié dans un creux trop profond, il était alors obligé de quitter sa retraite, épouvanté par les cris du chasseur ou meurtri par les coups de bois de lance dont il lui bourrait les flancs.

Puis, au moment où il sortait à reculons de son terrier aérien, Mulligo, qui redoutait ses dents (les oppossums mordent avec la même rage que nos écureuils), le saisissait par la queue avec adresse, l'enlevait malgré sa résistance, le faisait tourner trois fois dans l'espace et, lui frappant la tête contre une branche, le jetait rudement à terre, où il arrivait presque aussi vite que lui.

Les oppossums sont tellement nombreux dans certaines parties des bois, que j'ai vu bien des fois Mulligo revenir d'une de ces chasses rapportant jusqu'à douze de ces animaux cueillis en quelques heures.

Un soir que la lune, levée depuis longtemps, glaçait d'argent les sentiers du kraos, que les natives des alentours avaient cessé de faire entendre leurs chants monotones et que moi-même, la main sur la portière de ma cabane — regardant la comédie du jour comme finie — j'allais abattre le rideau et songer au sommeil, j'aperçus au loin un groupe de plusieurs personnes se dirigeant de mon côté.

C'étaient Mulligo et un de ses bons amis, nommé D'jinna, accompagnés de leurs femmes.

— Venez-vous avec nous ? me cria 'Ligo.

— Où ?

— Chercher l'oppossum.

Inutile de demander si je me joignis à eux.

Ayant bientôt atteint l'entrée des hautes futaies, les torches portées par les femmes s'allumèrent et la recherche du gibier commença.

Cette poursuite des oppossums, au clair de la lune, dans les sombres forêts australiennes, a quelque chose de véritablement fantastique.

Les formes noires et indécises des indigènes passant alternativement des ombres dans la lumière, tandis qu'ils se glissent d'arbre en arbre, cherchant une proie ; leurs femmes qui les suivent à distance agitant leurs torches ; la poussière animée des lampyres et des mouches à feu qui promènent dans les herbes leurs lanternes lumineuses ; les grands oiseaux nocturnes qui passent rapides, vous souffletant de leurs ailes; l'imposant silence des clairières endormies ; l'odeur exquise qu'exhalent les bourgeons qui s'ouvrent, mettent au cœur de l'Européen qui assiste à ces spectacles des sensations et des souvenirs qui ne meurent plus.

Par malheur, quelque chose de burlesque, de brutal, d'humain en un mot, vient se mêler à cette scène imposante.

C'est quand le chasseur a découvert son gibier.

Comme nous passions sous un énorme cèdre rouge, Mulligo, dont l'œil de chauve-souris voyait tout, découvrit au haut de l'arbre un gros oppossum solitaire, qui, la queue fortement enroulée à une branche, se balançait rêveur dans l'espace.

En moins d'une minute, l'indigène se trouvait à ses côtés, le faisait fuir, l'injuriait, le poursuivait de branche en branche, jusqu'à ce qu'enfin, chassée sans relâche de tous les étages de sa maison, la malheureuse bête, étourdie, ahurie, pleine d'épouvante et voyant D'jinna monter au cèdre pour lui couper la retraite, ne trouva rien de mieux que de sauter à terre où, reçue par les femmes natives et aveuglée par le feu des torches, elle fut aussitôt assommée d'un coup de *wahna*.

Les femmes alors, comme autant d'Euménides, se mirent à sauter une ronde autour de la victime, tandis que les hommes se retiraient des chairs les épines et les éclats de bois qui s'y étaient introduits.

Cet épisode se renouvela onze fois dans la nuit avec le même succès, tant et si bien que, fatigué, rompu, ensommeillé, chacun de nous regagna sa cabane.

Les naturels aiment passionnément ces expéditions nocturnes et en parlent toujours avec enthousiasme.

L'opossum, de la grosseur des chats domestiques, à poche couvrant les mamelles, à pupille nocturne et à pelage fauve-roussâtre mêlé de brun, vit en troupes immenses dans les forêts australes, où il se nourrit essentiellement de graines, de feuilles et de jeunes pousses.

Dans les livres, l'histoire naturelle de l'opossum manque généralement d'exactitude; elle est cependant assez curieuse en elle-même, pour qu'il soit superflu de la broder de détails s'écartant de la vérité.

Après vingt-six jours de parturition, la femelle met bas de dix à douze petits à peine ébauchés, ne pesant chacun pas plus qu'un grain d'orge et gros comme un pois.

Quoique aveugles et informes comme de petits fragments de chair gélatineuse, ces embryons de corps organisés passent directement à l'existence pulmonaire et, par un mécanisme singulier, viennent eux-mêmes se greffer aux mamelles, en aspirent le lait et y restent attachés cinquante jours complétement cachés dans la poche : ce qui, avec les vingt-six qu'ils ont passés dans le sein de la mère, complète le temps de la gestation.

Alors leurs membres sont développés, ils ouvrent les

yeux, ils ont à peu près la grosseur d'une souris.

Quoique libres, ils ne commencent néanmoins à sortir de leur prison abdominale que quelques jours après, pour jouer sur l'herbe à la lueur des étoiles, pendant que la mère fait sentinelle et veille à leur sûreté.

Au moindre bruit suspect, à la première apparence de péril, celle-ci jette un cri : « Venez, semble-t-elle dire, c'est ici le pays de la besace. » Aussitôt ses enfants accourent, rentrent dans leur sac et elle les emporte en un clin d'œil.

Plus tard, quand, devenus grands, la bourse maternelle se trouve trop étroite pour les contenir tous, les plus gros montent sur les épaules de la mère et s'y maintiennent solidement au moyen de leur queue qu'ils lui enroulent autour du corps.

La pauvre mère quelquefois est tellement embarrassée de sa famille — c'est le cas de le dire — qu'elle peut à peine elle-même marcher et fuir.

La chair des opossums, quoique répandant une odeur âcre et désagréable, constitue un article de table fort estimé des tribus australiennes.

Avec les peaux de ces animaux cousues les unes aux autres, les femmes natives fabriquent d'excellentes couvertures chaudes et légères, appelées *Rugs*, dans lesquelles on s'enroule la nuit quand on dort sur la terre nue.

Avec les dents longues et blanches de ces phyllophages, elles confectionnent également des bracelets, des colliers, des garnitures de pagnes, des bandeaux et des diadèmes.

CHAPITRE X

Les poissons. — Excentricité de la nature australienne. — L'anguille de verre. — Le na-ga. — La femme jaune. — Festin sauvage. — Une baleine mangée en quelques jours.

Malgré l'attraction souveraine que m'offraient les vallées, les taillis et les grands bois, je me livrais de temps à autre, guidé par Mulligo, Koawur ou Wollogong, à des excursions sur le bord des lacs et rivières qui baignaient de leurs eaux limpides et salubres le pays occupé par les Nagarnooks.

La nature australienne, si excentrique dans ses productions terrestres et qui semble avoir pris à tâche de ne créer pour ce continent que des types neufs, de n'y mettre au monde que des races bizarres, se serait bien gardée d'oublier le genre *Piscis* dans la distribution de ses originalités bouffonnes.

Aussi les études et les découvertes que je faisais chaque jour dans ces promenades le long des roseaux, avaient-elles pour moi un grand intérêt.

Mes trois compagnons, quoique ne connaissant pas le premier mot de la science ichthyologique, étaient néanmoins naturalistes à leur manière — par tradition — et j'étais toujours étonné de la justesse de leur choix dans les pièces curieuses qu'ils me présentaient.

Car ces poissons qu'ils voyaient depuis leur plus tendre enfance, ne devaient pas à leurs yeux — ignorants des genres, des familles, des catégories et classifications de la gent aquatique — paraître plus extraordinaires les uns que les autres.

Cependant ils savaient démêler d'instinct ce qu'il pouvait y avoir d'anormal, d'étrange et d'insolite dans la structure, la forme et l'ensemble de chacun d'eux.

C'est ainsi que Mulligo, tout joyeux, m'apporta un matin, dans une espèce de seau de bambou plein de plantes marines, une anguille des plus baroques.

Cette murène, que les natifs nomment *nincka*, et que les Anglais ont appelé depuis *glass eel*, « anguille de verre, » est bien certainement une des plus extraordinaires créatures que les eaux aient jamais nourries.

Véritable enfant de la Nouvelle-Hollande, cet amphibie mesurait quatre-vingts centimètres de longueur, sur quinze de largeur dans la partie la plus volumineuse de son abdomen.

La tête, très-petite, n'était nullement proportionnée au reste du corps.

Les mâchoires, pointues et fournies de dents, s'en allaient en bout de fuseau.

La queue était en forme de rame.

Les yeux larges, piqués de points d'or, étaient vifs et brillants.

Une nageoire dorsale rudimentaire, la seule que possédât l'animal, courait tout le long du dos.

Puis, commençant à la tête et traversant le corps dans toute son étendue, se voyait à l'intérieur — comme un léger fil métallique mince et blanc — la moelle épinière, sans aucun doute.

Telle était la description complète de ce singulier reptile.

Nulle trace d'*estomac*, de *branchies*, d'*organes pulmonaires*, de *poche viscérale*, et son corps pâle, sans couleur, était d'une telle *transparence*, si semblable à une tranche de cristal, que, placé sur la page d'un livre, les *lettres* se voyaient et se lisaient *au travers* de la façon la plus distincte.

De là son nom de *glass eel*.

Comment pouvait vivre cette aiguille, comment pouvait-elle grandir, soutenir, renouveler ses forces? Comment s'assimilait-elle sa nourriture, et par quel miracle conservait-elle ces mouvements rapides, cet œil d'or plein de santé, si elle ne possédait — visiblement du moins — ni cœur, ni poitrine, ni entrailles, ni tube digestif?

L'Australie, la grande inconnue, déjà mère de l'*Arbre sans ombre*, de l'*Oiseau-feuille*, du *Cygne noir*, du *Lézard à jabot* (frilled lizard), de l'*Ornithorhynque paradoxal* (quadrupède à bec de canard), etc., pouvait seule faire sortir de son sac magique un pareil mystère.

Une véritable lutte d'émulation s'était engagée entre mes trois guides. C'était à qui me montrerait le personnage aquatique le plus curieux.

Koawur, par exemple, me fit voir un jour dans le Neer-Gabby un poisson ayant des nageoires en forme de mains, avec lesquelles il poursuivait et saisissait sa proie.

Wollogong, à son tour — couché dans les joncs aux bords de lac Kuiwaï — m'affirmait le lendemain, qu'avant que le soleil n'eût touché le sommet des collines lointaines, je verrais des *aroas* sortir volontairement des eaux.

Et une heure s'était à peine écoulée, la nuit allait se faire, que de longs poissons à bouche énorme, de couleur verdâtre et de la structure pirate de nos brochets, sortaient effectivement du lac et, sans paraître en éprouver la moindre gêne, allaient se promener au grand air, sauter sur les sables et dans les gazons.

Mulligo m'en montrait qui couraient sur la surface des

marécages, comme les pétrels courent sur le sommet des vagues.

D'autres enfin, jaunes et brillants comme des lames de cuivre poli, qui s'échappaient de l'eau avec violence et se mettaient à voler l'espace de trois cents pas.

Un matin, qu'avec une ligne de poils de chauve-souris et des hameçons indigènes, faits d'épines aiguës recourbées, j'essayais d'attraper quelques *gwabs*, — poissons de taille moyenne et de goût exquis, — Kaola, qui pêchait elle-même un peu plus en amont, me fit signe tout à coup de venir à elle.

Arrivé près du lillipilly, dont les larges feuilles l'abritaient du soleil, elle me montra du doigt un très-fort poisson flottant, somnolent à la surface de l'eau.

— *Naga, naga!* disait-elle.

J'ignorais ce qu'était ce *naga*, mais du premier regard je compris que j'avais sous les yeux un phénomène.

C'était un gros aquatique, du poids de quatre à cinq kilogrammes. Son museau massif et carré, à l'instar de celui des bouledogues, était orné de deux longues moustaches épaisses et pendantes, qui lui donnaient un aspect mogol tout à fait imposant.

Son allure lente, ou plutôt son immobilité presque complète, me permit de voir que tout son corps était dépourvu d'écailles et couvert de poils blancs, longs et fins.

Remarquant mes yeux fixés avec une surprise extrême sur ce porte-nageoires sans pareil, Kaola saisit une pierre et la lui jeta.

Je crus d'abord à une espièglerie de sa part, mais je me trompais.

La jeune femme voulait me montrer le naga sous un aspect nouveau.

Effectivement, le caillou n'eut pas plutôt frappé la surface de la rivière, que l'animal, surpris et réveillé, au lieu de fuir comme je m'y attendais, s'arrêta court, hérissa ses longs poils, secoua fortement sa blanche palatine et pendant quelques secondes prit toute l'apparence d'une énorme boule de neige, à la grande joie de Kaola.

Mulligo, qui survint juste au moment où le naga, ayant replié sa laine, s'enfonçait et disparaissait sous l'eau, le perça de sa lance et, plongeant à la façon des grenouilles, la tête la première, s'en saisit avant qu'il n'eût touché les graviers du fond.

Nous en fîmes ce jour-là la pièce principale de notre dîner. Sa chair grasse et de couleur rouge était parfaite, et sa fourrure, qui a passé la mer, est aujourd'hui l'article le plus curieux du Muséum particulier d'un de mes bons amis de Waterford, comté de Munster en Irlande.

Le poisson de taille moyenne, destiné à être mangé, s'il n'est pas jeté simplement sur les charbons ardents, — cuisine indigène la plus commune et la plus expéditive, — se trouve accommodé par les femmes d'une façon vraiment intelligente et digne d'être notée.

Voici comment je voyais T'Sadda apprêter d'ordinaire les *yududoks* (terme général pour tout poisson cuit).

Détachant un large morceau d'écorce à la tige satinée d'une fougère arborescente — la *bodalla* — écorce de couleur sanguine, d'une grande souplesse, tenace comme de la soie et possédant le parfum de la cannelle, elle la façonnait en forme de petit bateau et dans son creux, sur un lit de *labiées* à saveurs chaudes, mêlées à des boulettes de graisse, elle couchait le poisson.

L'écorce flexible qui l'enveloppait se relevait alors, se plissait, se fermait hermétiquement sur les bords, comme s'enferme en France une côtelette en papillote. De fines cordes de jonc solidifiaient l'édifice et, placé dans un trou fait dans le sable et chauffé à l'avance, le *yudadok* se mettait à cuire lentement dans les cendres, sous l'influence d'un feu léger.

L'opération culinaire parachevée, les liens se coupaient, l'écorce s'ouvrait et, le poisson, plein de jus et d'aromes délicats, s'y découpait et s'y mangeait brûlant comme dans une assiette.

Ainsi servis et préparés, quelques-uns de leurs poissons, qui, par leur forme et leur robe brillante, ressemblaient aux saumons de nos lacs et aux truites de nos rivières, étaient réellement délicieux.

A cette époque, accompagné de Koawur et de Mulligo, j'allai visiter les bords de la mer, et tous les trois nous nous rendîmes chez les N'gotaks, dont les villages, au nombre de deux, placés à quelques kilomètres l'un de l'autre, étaient à cheval sur le fleuve Abrolhos.

Les quinze jours que je passai au milieu de cette tribu furent employés exactement de la même manière que chez les Nagarnooks.

Mêmes chasses, même nourriture, mêmes habitudes. Même forêt vaste et giboyeuse; seulement, comme en cette occasion j'assistai à plusieurs scènes de pêche que la mer seule pouvait offrir, je profiterai du moment où nous parlons de la gent porte-écaille pour les raconter ici.

Les natifs de l'intérieur de l'Australie mangent indistinctement tous les poissons, tortues, coquillages et crustacés qu'ils peuvent saisir dans les eaux douces.

Il n'en est pas de même des peuplades qui résident sur les bords de l'Océan.

Celles-ci, pour des raisons inconnues, par préjugé ou par superstition sans doute, en refusent un grand nombre.

Tels sont, par exemple, les *bambas*, ou poissons ayant la forme d'un disque, comme raies, soles, clavels, turbots.

Ils rejettent également les huîtres — *unios* — et se feraient plutôt brûler vifs que d'en porter une à leur bouche.

Comme je demandais à un N'gotak le motif d'une pareille aversion, le naturel me raconta que, d'après une ancienne chronique toujours vivace dans la mémoire des tribus, plusieurs familles, qui avaient osé manger des *unios*, étaient mortes le même jour, en quelques heures, empoisonnées par les bons soins d'une certaine sorcière qui, considérant ces coquilles pleines de nacre comme sa propriété, ne voulait pas qu'on y touchât.

Assis à mi-hauteur d'une falaise escarpée, je suivais souvent de l'œil avec intérêt un groupe de natifs réunis à marée basse et tuant le poisson à coups de lance.

Suivant avec une rapidité qui donnait le vertige toutes les sinueuses évolutions, tous les sauts, ruses et détours des dauphins et des manates imprudemment engagés dans les embouchures, ces indigènes avaient pour moi, qui les regardais de loin et ne voyais pas l'objet de leur convoitise, toutes les allures, tous les gestes et attitudes, d'êtres frappés de folie.

Sautant de roc en roc, hurlant, gesticulant, se jetant à plaisir au-devant des vagues, disparaissant dans leur écume et semblant parfois marcher sur les flots, ils exécutaient tous les mouvements désordonnés de bras et de jambes des maniaques.

Malgré la vivacité de leur course, il était néanmoins bien rare qu'une fois jetée, la lance-harpon ne ramenât pas sa proie.

Mulligo et Koawur avaient de nombreuses connaissances parmi les N'gotaks, — connaissances qu'ils visitaient à tour de rôle.

L'installation n'était pas difficile.

A vingt ou trente mètres de la hutte de l'ami près

duquel ils se rendaient, ils construisaient deux cabanes : l'une pour moi, l'autre pour eux.

Le jour, tous ensemble, nous côtoyions les lacs, ou parcourions les plaines.

Rentrés au kraos à l'approche du crépuscule, les femmes s'empressaient de servir racines et kangurous.

Et voici comment d'ordinaire la journée se terminait.

Assis en cercle autour des feux nocturnes, les jeunes hommes racontaient à haute voix des légendes, des aventures de chasse et d'amour.

Un natif, revenu de quelque expédition lointaine, chantait au milieu du silence général les péripéties, les luttes, le succès de son voyage.

Un vieillard se levait ensuite et se mettait à narrer des faits d'une autre époque, ou, d'une voix lugubre, rappelait au souvenir de tous qu'une mort violente restait à venger.

Quelquefois un *coradji* — interprète des traditions indigènes — faisait l'histoire des révolutions célestes. Il disait comment la terre, qui est plate, était plongée dans les ténèbres avant que *D'juil* — bel et intelligent oiseau avec une tache rouge sur la queue — eut occasionné la naissance du soleil.

Ce *D'juil* (favori de Moo-to-Ony) se trouvant en guerre avec les *Nurrumbunguttics* — êtres néfastes qui soufflent le froid et l'obscurité — trouva sur sa route un œuf d'ému qu'il lança contre eux dans l'espace.

Cet œuf étant monté jusqu'aux pays sombres habités alors par *Moo-to-Ony*, — *Moo-to-Ony* le toucha du doigt et en fit le soleil.

Mulligo, à son tour, révélait la vie intime des animaux, les ruses subtiles du gibier; tandis que Koawur — à l'écart — apprenait aux jeunes filles un pas de danse ou une chanson nouvelle. Puis, comme il ne pouvait oublier les angoisses qui lui avaient hérissé la chair lorsque, prisonnier de Mac Kloven, il s'attendait à chaque minute à être donné en pâture aux chiens anglais, ce Lovelace des taillis devenait parfois orateur et tirait du récit de ses anciennes épouvantes des effets remarquables, qui faisaient courir des frissons dans les cheveux de tous les assistants.

Les heures se passaient sans ennui, je vous jure, et, au lever de la lune, les chants et les danses mettaient en fête tout le village, jusqu'aux premières clartés du matin.

Après quelque temps de cette vie commune et amicale, N'gotaks et Nagarnooks se souhaitaient « ombre et repos, » échangeaient quelques menus présents et se séparaient.

Or, pendant les deux semaines que nous passâmes ainsi au pays des N'gotaks, Koawur et Mulligo avaient eu le temps de voir tous leurs proches, sauf un seul, un grand chef, nommé *Pupperrimbul Paroa*, dont le domaine éloigné touchait à la mer.

Impossible de quitter la tribu sans visiter ce personnage.

Depuis quatre jours nous nous trouvions donc chez ce Pupperrimbul Paroa, quand le hasard me rendit témoin d'une scène véritablement unique.

Le lendemain même de notre arrivée, un ouragan formidable éclatait sur l'Océan. La tempête rompait sa chaîne et furieuse se ruait sur les flots.

Tous les lions de la mer s'étaient mis à rugir et, durant trois longs jours, les vagues géantes, fouettées sans relâche par le terrible vent du sud-ouest, déferlèrent sur la côte avec des bruits sinistres.

Au matin du cinquième, le soleil sortait à peine de son suaire de brumes, que je fus réveillé par des cris retentissants.

Je me levai à la hâte et jetai un regard au dehors.

Phénomène étrange de ces lointaines latitudes, le

fracas des vagues avait cessé et les grosses ondes, qui, la veille encore, arrivaient tumultueuses de l'horizon perdu, se tordaient en pointes et montaient échevelées dans les airs, s'étaient fondues à cette heure en une houle sombre et muette, qui s'abattait lourdement sur les sables et les frangeait à peine d'un liseré d'argent.

L'Océan se nivelait, son caprice de révolte était passé et l'immense nappe noire, qui par places se colorait déjà d'azur, retombait à vue d'œil dans le calme et la molle indolence de ses repos momentanés.

On aurait pu même nier la tempête, si toute la plage couverte d'un épais tapis de varechs — arrachés des profondeurs — n'avait assez témoigné de la réalité de la tourmente et de l'effroyable balancement des grandes eaux.

Quelle ne fut pas ma surprise alors, lorsqu'à mille pas devant moi je vis couché au milieu de cet amas d'algues vertes — comme une poularde au gros sel sur son lit de cresson — une baleine gigantesque que le flot de la nuit y avait jetée.

Une confusion sans pareille régnait hors des tentes.

Pupperrimbul courait çà et là comme affolé. Il agitait les bras, appelait ses femmes, appelait Mulligo, Koawur, examinait sa baleine, la tâtait, la caressait des deux mains et chassait avec des éclats de voix farouches les albatros aux grandes ailes, qui tourbillonnaient à l'entour.

Ses femmes, au nombre de sept, partageaient son ivresse, chantaient leurs plus beaux airs et faisaient des pas sur le sable.

Le régal le plus complet, la plus douce des friandises et le plus grand bonheur de bouche que les eaux puissent offrir à un indigène australien, c'est le corps d'un cétacé.

Qu'une jubarte énorme, ou qu'un non moins énorme cachalot échouent sur la grève, par suite de mort naturelle ou de blessures graves faites par le harpon, rien au monde, aucune phrase Hugonique ne saurait rendre la joie du sauvage à la vue de ces soixante mille kilogrammes de nourriture que lui donne le bon père Océan.

Debout, les bras croisés, en extase, regardant sa baleine, Pupperrimbul ressemblait à un rat de Norvége se disposant à manger un éléphant.

Impossible pour un homme de la vieille Europe d'entrer dans les idées, de comprendre les émotions qui l'agitaient à cette heure.

Cette fête de la dent, ce festin de l'estomac qui se préparaient, cette colline de provisions, cette masse de chair qui se trouvaient ainsi tout à coup placées devant lui, bouleversaient tout son être, l'éblouissaient, le transformaient et ouvraient dans son cœur la porte secrète des sentiments généreux.

Aussi, Pupperrimbul, sur la propriété duquel un semblable trésor de boucherie apparaissait, cessa-t-il d'être jaloux de la présence des autres sur son domaine : ses instincts habituels d'avarice se turent, s'éclipsèrent et firent place à des dispositions bienveillantes.

Il lui tarda de sortir de son isolement, de voir ses alliés, ses voisins, de se frotter le nez avec ses amis.

Rassemblant alors ses femmes et leur donnant lui-même — pour cette fois seulement — l'exemple du travail, il en prit une de chaque main, fit signe aux cinq autres de le suivre, et tous s'en allèrent pousser des cris et allumer des feux sur les cimes environnantes, afin d'annoncer au loin la bonne nouvelle et convier tous les appétits au banquet.

Ce devoir de politesse accompli et la flamme des signaux montant allègrement dans les airs, Pupperrimbul s'empressa de revenir à sa baleine, lui fit au flanc de nombreuses ouvertures, en retira des poignées de graisse, s'en frotta le corps, en frotta ses femmes favorites, se tatoua et les tatoua des teintes les plus éclatantes.

Il en peignit une, la plus jeune — celle qui devait conduire les danses — d'une belle couleur d'ocre jaune. Et ainsi préparés devenus plus multicolores dans leurs personnes, que les perroquets dans leur plumage, ils attendirent avec impatience la venue des invités.

Koawur et Mulligo — bons courtisans — s'étaient empressés de les imiter en toutes choses.

Pour moi, j'eus toutes les peines du monde à conserver ma tête intacte de vermillon, Pupperrimbul, pour faire honneur à sa baleine, voulant à tout prix me peindre la joue gauche en vert et le côté droit du nez en cramoisi.

Descendant des montagnes, débouchant des vallées, des groupes de natifs commencèrent bientôt à se montrer.

Ils arrivaient en chantant et frappant à tour de bras sur leurs *koros*, — tambourins grossiers, faits d'une bûche creusée ou d'une carapace de tortue recouverte d'une peau d'autruche ou de vampire [1].

Puis, les saluts d'usage échangés, tous poussèrent des cris de joie à l'aspect du morceau géant.

Le noble chef Paroa se saisit alors de ses lances, mit trois plumes d'aigle dans son chignon, arma son poing de sa hache de guerre et, l'agitant au-dessus de sa tête, se livra — monté sur un tertre — à un speech de circonstance, dans lequel il chanta la gloire de ses aïeux, « qui lui avaient laissé ces terres plantureuses, où la vague roulait des baleines, où se récoltaient les rorquals et les cachalots. »

Le discours fini, sur un appel, — sur un signe de la femme jaune, — une ronde immense s'organisa.

1 Chauve-souris de trois pieds d'envergure

Les mains dans les mains, natifs et natives tournèrent et tourbillonnèrent, comme une volée de goëlands en délire, autour du cétacé.

Pendant cette ronde inouïe, les cris de tous les animaux de la création — concert effroyable, qui devait se donner quelquefois dans l'Arche, quand la mer était houleuse — firent retentir les bois et trembler les échos.

Et la dernière note de ce tapage infernal envolée, chacun, la hache ou le couteau de silex à la main, se précipita, poussa au monstre, l'escalada, le tailla, s'assit dans sa graisse et commença à en dévorer le lard et la chair.

A la nuit, ils chantèrent et dansèrent; pendant le jour, ils mangèrent et dormirent. Et jours après jours, ces réjouissances de chacals continuèrent sans interruption, jusqu'à ce qu'enfin, ayant entièrement dévoré, mis à jour l'intérieur de la baleine, je les vis encore grimper le long de ses côtes énormes et courir sur ses hauts sommets, à la recherche de quelques morceaux oubliés.

La viande de la baleine est rouge et filandreuse; quelques-uns des natifs la mangeaient crue, d'autres la faisaient rôtir par larges pièces qu'ils jetaient tout simplement sur les charbons. D'autres enfin, les gourmets, la coupaient en tranches fines, qu'ils présentaient délicatement à la flamme en les tenant piquées au bout d'un bâton.

Ces grands cétacés des mers intertropicales, dont les corps morts, avant d'échouer sur les grèves, — poussés par les marées, — ont été longtemps parfois ballottés par les flots, sont pleins d'ordinaire d'émanations nuisibles, que dans ces occasions les indigènes — tout entiers à leur gourmandise — ne paraissent pas assez remarquer.

D'habitude cependant les naturels de l'Australie se

montrent très-attentifs à ne jamais se nourrir de viandes corrompues.

Mais s'agit-il d'un cachalot, cette délicatesse des papilles disparaît tout à fait.

Cette dérogation à leurs coutumes peut être attribuée à deux causes : soit qu'ils ne puissent prendre sur eux d'abandonner le corps de l'animal avant sa complète absorption, soit que, accoutumés petit à petit à ces odeurs pernicieuses, leurs nerfs olfactifs ne s'en trouvent plus incommodés.

Toujours est-il qu'ils restèrent six jours entiers en constante communication avec cette horrible carcasse, sans pouvoir se décider à l'abandonner.

Frottés de la tête aux talons d'une graisse infecte, gorgés d'une viande putride, malades de réplétion, les yeux rouges, les veines du cou gonflées, toujours en fureur et par suite toujours en querelle, souffrant de désordres cutanés provenant de ces excès, les malheureux natifs — hommes et femmes — plus lourds que des morses, phosphorescents la nuit et projetant autour d'eux, dans l'ombre, des lueurs blafardes, devinrent pour moi un indicible spectacle d'horreur et de dégoût.

Et jamais de ma vie je n'ai vu tableau plus choquant, plus révoltant à l'œil, que celui de la « femme jaune, » jeune fille relativement gracieuse et jolie, sortant, chancelante et rouge de sang, de l'intérieur de ce Béhémoth en décomposition.

Puis, quand les invités se décidèrent à partir, à tourner le dos à cette fête de vautours, à ce festin d'urubus, ils se chargèrent encore les épaules d'autant de kilogrammes de cette chair immonde qu'ils purent en détacher, « afin, disaient-ils, d'offrir à leurs amis restés sous les toits d'écorce un spécimen des plaisirs gastronomiques qu'ils s'étaient procurés. »

Ce soir-là même, Mulligo et Koawur, qui, sur mes

Ronde de sauvages autour d'une baleine.

instances, s'étaient ménagés, dirent adieu à leur parent, le grand chef *Pupperrimbul Paroa*, et, avec une satisfaction des plus vives, je repris avec eux d'un pied léger le chemin du kraos nagarnook, qui, souriant au soleil dans son cadre vert de collines boisées, m'apparut bientôt comme un des palais, comme un des sanctuaires favoris du roi Printemps.

CHAPITRE XI

L'*ému* de la Nouvelle-Hollande. — Femmes sauvages récoltant des légumes.— Rencontre inattendue dans la forêt.

Un matin, quelques jours après notre rentrée au village, Mulligo vint me prévenir que, la veille, ses femmes, en revenant de faire leur provision de légumes frais dans une partie éloignée des bois, avaient vu, se jouant et se poursuivant au milieu des bruyères, deux émus de grande taille.

Désirant leur donner une chasse immédiate, l'indigène venait voir si je désirais l'accompagner.

Je ne refusais jamais de semblables propositions.

Kaola et T'Sadda, qui devaient nous servir de guides et nous mettre sur les pistes, avaient déjà pris l'avance en compagnie de Wollongong.

Nous les eûmes bientôt rejoints.

Tout en marchant, Mulligo m'apprit que l'autruche noire, ou l'*ému* (c'est ainsi que l'ont baptisé les colons anglais), se chassait exactement de la même manière que les *mé-nù-âhs;* qu'elle était même plus facile à approcher et à tromper, en ce que, toujours occupée de sa nourriture, toujours avide et fouillant le sol, toujours la tête perdue dans les herbes, c'était à peine si de temps à autre elle daignait jeter un coup d'œil au-dessus des broussailles pour surveiller les alentours.

Arrivés au lieu où croissaient les plantes nutritives, les femmes s'y arrêtèrent pour compléter leur récolte, tandis que, sur leurs indications, nous continuâmes notre marche vers le point où avaient été vus les émus.

Les buissons de ronces et de cactus, parmi lesquels les grands échassiers s'étaient montrés la veille, se dressaient devant nous comme un épais rideau végétal cachant l'entrée d'une lande aride.

Cette ceinture d'épines et de feuillage une fois traversée, nous nous trouvâmes à l'entrée d'une vaste étendue de terrain sans ombre, envahie par le sable, semée çà et là de grosses touffes de graminées jaunâtres, de fragments de roches noircies par les lichens et de flaques d'eau, qui, comme des émeraudes gigantesques, luisaient au soleil.

Quelques boqueteaux de minosas aux fleurs d'or, épars dans ce désert en miniature et simulant les oasis, égayaient seuls, de leur robe fraîche et verte, ce paysage désolé.

Sans hésitation, pieds nus et sans paraître en éprouver la moindre gêne, les deux natifs quittèrent le doux gazon de la forêt pour entrer dans cet enfer au terrain brûlant.

Après de longues recherches faites dans tous les sens, Wollogong le premier tomba sur des passées et nous montra, profondément enfoncées dans le sol, les trois longues griffes des émus.

Nous suivîmes ces empreintes avec persévérance pendant près de deux heures sans rien découvrir.

La lande inculte déroulait toujours devant nous ses vagues de sable, ses rochers bruns, sa végétation chétive; mais rien de vivant, d'animé, ne se montrait à sa surface; et, sauf quelques bandes de corbeaux qui emplissaient l'air de cris lugubres et tachaient le sol de points noirs; sauf la grenouille-taureau, reine des marécages, qui, de temps à autre, nous envoyait ses coassements formidables, aucun autre animal, quadrupède ou volatile, ne semblait habiter ces mornes solitudes.

Le soleil de midi, flamboyant et perpendiculaire, nous enveloppait alors d'une tunique de feu. Je me sentais littéralement fondre sous les rayons, et les Nagarnooks fumaient comme des encensoirs.

Nous nous assîmes un instant pour délibérer.

Où pouvaient être remisés les deux émus?

Un pin des marais, l'unique, le seul arbre qui se trouvât dans la plaine, montait dans le ciel bleu comme un phare, à mille mètres environ de l'endroit où nous étions arrêtés.

Un amas d'eau croupissante, qui verdissait à sa base, désalterait ses racines.

Mulligo le montra du doigt à Wollogong, et celui-ci, toujours alerte, s'élança d'un pied rapide, l'atteignit, le gravit avec l'agilité d'un chat-tigre et, perché dans sa haute ramure, se mit à sonder de sa vue perçante tous les plis et replis de l'horizon.

Après un examen qui me sembla ne devoir jamais finir, Wollogong enfin, semblable à une vigie qui du sommet du mât de hune crie Terre! aux passagers, nous cria *Parembangs*, *Parembangs* [1]! Puis, quittant son poste aérien, il dégringola de son arbre plus vite encore qu'il n'y était monté.

Debout au premier appel, Mulligo se passait déjà la langue sur les lèvres et tatait la pointe de ses zagaies.

Wollogong nous dit alors qu'il venait d'apercevoir les deux parembangs pâturant paisiblement l'un près de l'autre dans un bas-fond peu éloigné.

Or, ce bas-fond peu éloigné, comme il se plaisait à le dire, et qui se trouvait sur le versant opposé d'une petite colline qui se voyait devant nous, était en mini-

[1] *Grand coureur*, seul nom sous lequel les natifs connaissent l'*ému* ou *casoar* australien.

mum à cinq kilomètres de distance de l'endroit où nous nous trouvions.

Ce détail, auquel je ne m'étais jamais arrêté jusqu'alors, m'atteignit aux jambes ce jour-là.

Car sans cause réelle, sans pouvoir me rendre compte de ce que j'éprouvais, je me sentais, depuis mon entrée dans cette zone ardente où l'air vif et sain manquait aux poumons, comme saisi de courbature, d'un malaise général.

Accablé de fatigue, somnolent, lourd d'allures, à bout de vaillance, depuis une heure je ne marchais pas, je me traînais.

C'est pourquoi, ces dix kilomètres en perspective (aller et retour) que nous annonçait Wollogong, huit peut-être pour la poursuite des oiseaux et cinq autres en plus, bonne mesure, pour nous retrouver au village, me firent en cette occasion fléchir les jarrets.

Un désir des plus vifs de planter là les Nagarnooks et de ne pas faire partie plus longtemps de cette glorieuse chasse aux parembangs s'empara tout à coup de mon esprit.

Je cherchais un prétexte honorable pour rester en arrière et m'esquiver, quand Mulligo, sans le vouloir, me le fournit.

Avant de se mettre sérieusement à l'œuvre et de commencer la poursuite, il me rappela — faisant allusion à ma figure blanche, à ma culotte blanche et à mon chapeau blanc de bambou — que, marchant derrière eux sur cette terre unie, dépourvue d'arbres, j'aurais à user des plus grandes précautions. Qu'il faudrait ne pas me laisser voir, ne pas me faire entendre, me traîner en zigzag — le dos voûté — de touffes en touffes, et, devrais-je en mourir, me refuser spécialement toute espèce de toux et d'éternument, si le besoin venait à s'en faire sentir.

Je saisis avec bonheur cette dernière recommandation pour affirmer que n'étant pas né Nagarnook, la réverbération du soleil sur les sables me faisait éternuer malgré moi toutes les cinq minutes, que je ne pouvais répondre de mon silence et, quoique profondément affligé de ne pas les suivre, j'aimais mieux encore rebrousser chemin que de leur faire manquer par ma faute le gibier superbe qu'ils se promettaient.

J'étais d'autant plus disposé à la retraite, que la chasse aux émus n'avait rien à m'apprendre, puisqu'elle offrait les mêmes alternatives, demandait les mêmes ruses et se jouait sur la même corde que celle des kangurous, à laquelle j'avais assisté déjà plus de dix fois.

Je souhaitais donc chance heureuse aux deux chasseurs et, très-satisfait d'échapper pour cette fois aux rayons aveuglants, à ce souffle de fournaise en travail qui calcinait la plaine et à cette marche en cerceau dans les sables (23 kilomètres) dont je m'étais vu menacé, je rentrai avec délices dans la fraîcheur des grands arbres, me plongeai dans leur ombre bienfaisante et, remis en bonne humeur par la vue des mousses et des feuilles vertes, je repris — tournant le dos aux parembangs — le chemin de la clairière, où le matin s'étaient arrêtées les femmes de Mulligo.

Je trouvai Kaola et T'Sadda fortement occupées.

Dans la crainte de voir venir près d'elles d'autres mains avides, d'autres chercheuses de végétaux avec lesquelles il eût fallu partager, ces deux ménagères égoïstes se hâtaient de mettre en sac, pour leur propre compte, tout un petit trésor de graines et de racines, semées par quelques bonnes fées de la forêt dans ce coin désert, qu'un hasard favorable leur avait fait découvrir.

Ces racines étaient celles des *warrams* ou *yams* indigènes.

Les graines étaient celles du *marsilea pubescens*, véritable merveille végétale vénérée des natifs.

Ce marsilea est un arbuste à tige ligneuse, haut de deux mètres, dont les graines oblongues fournissent une farine très-nourrissante et *toute préparée.*

Cette espèce de manne à saveur de miel qui se rencontre d'ordinaire dans les plaines arides et les lieux découverts, devient pour le voyageur perdu, ainsi que pour le sauvage affamé, une ressource providentielle, un véritable don de Dieu.

Au moment où j'arrivai, toutes les cosses de cette plante précieuse avaient été cueillies. Rangées en ordre de bataille sur le gazon, elles séchaient au grand air.

Kaola et T'Sadda commençaient alors l'attaque des racines et, unissant leurs forces, s'escrimaient à arracher de terre un long pied d'yam qui n'en voulait pas sortir.

Pour réussir dans cette besogne, les femmes indigènes emploient leur long bâton pointu, robuste, durci au feu, dont elles se servent avec beaucoup d'adresse.

L'enfonçant droit et par secousses dans la terre, Kaola creusait le sol et le divisait, tandis que T'Sadda, à genoux, jetait loin d'elle, avec ses mains réunies, les détritus, sables et graviers que le *wahna* détachait.

La croûte terrestre malheureusement est partout dure, compacte, rocailleuse à la Nouvelle-Hollande, mêlée d'un nombre infini de petits morceaux de quartz tranchants comme les éclats du verre.

Aussi, pour la conquête de ce seul pied d'yam, long de trente centimètres et gros comme un panais, ces malheureuses furent-elles obligées de faire un trou de plus d'un pied de surface sur trois pieds de profondeur.

Les mouvements continuels et saccadés que se donnait Kaola, joints à la chaleur accablante de l'atmosphère, faisaient que des ondées de sueur lui tombaient du visage, tandis que T'Sadda, qui rencontrait à chaque minute dans la terre remuée des fragments de silex, portait une goutte de sang à l'extrémité de presque tous ses doigts.

Pas une plainte cependant, pas une exclamation de fatigue ou de douleur ne s'échappaient des lèvres de ces pauvres femmes.

Kaola de temps à autre s'arrêtait et reprenait haleine. T'Sadda se passait les mains dans les cheveux qui devenaient rouges; puis, reprenant en chœur un de leurs chants monotones, elles se remettaient à l'ouvrage.

Outre le *marsilea pubescens* et les *warrams* dont je viens de parler, les indigènes comptent encore, comme substances végétales dont ils se nourrissent, six autres végétaux principaux.

Ce sont :

Des dioscorées, famille des ignames;

Des typhas, plantes aquatiques dont ils tirent de l'huile;

Des orchis, à bulbes charnues, renfermant un mucilage abondant;

Des iris et des nénufars, dont les racines pulpeuses courent au fond des eaux;

Puis, toute une armée de morilles et de champignons.

Dans les immenses plaines demi marécageuses qui entourent les Montagnes-Noires, dans les taillis et les fourrés épais qui s'étendent principalement le long des Darlings, les champignons de toute espèce couvrent au mois de juillet (février), comme d'un tapis jaune sans fin, la surface entière du sol.

De grosseur moyenne et d'un goût exquis, les natifs et les kanguroos les mangent avec une avidité extrême.

J'ai souvent entendu blâmer devant moi l'esprit

d'imprévoyance et l'amour du gaspillage qui distinguent les races primitives.

La souveraine insouciance des hommes sauvages pour le lendemain, est passée en proverbe.

Cette opinion générale et courante en Europe est une erreur, s'il s'agit des Australiens.

Les indigènes de cette partie du globe ne sont pas imprévoyants, puisque, plusieurs mois avant la venue de l'*yagoonya* [1], ils font d'énormes provisions de gommes comestibles et remplissent leurs cabanes d'autant de productions légumineuses qu'ils peuvent en amasser.

Ils ne sont pas amis du gaspillage et ne détruisent pas les biens de la terre pour le seul plaisir de détruire, puisqu'une loi très-sage, très-intelligente établie parmi eux, — loi qu'ils ne violent jamais, — exige que toute plante qui porte graine soit respectée.

Dans ce cas, ils l'appellent *mara* (mère).

Ainsi, toute tige fixée au sol qui se trouve dans ce cas, toute plante, qui, après avoir donné sa fleur, porte à son sommet son œuf végétal, son paquet de semences pour la conservation et la propagation de son espèce, devient aussitôt une *mère* du genre.

C'est la *mara* de l'yam, la *mara* du nénuphar, la *mara* du typha, de l'iris, etc.

Et nul dès lors n'oserait y toucher.

Les heures cependant passaient vite. Le soleil attiédi se penchait sur les collines, Wollogong et Mulligo ne paraissaient pas.

Kaola et T'Sadda travaillaient toujours.

Honteux de mon inaction et saisi d'une belle ardeur à la vue d'une pareille énergie féminine, je me levai,

[1] L'*oiseau des pluies*. L'*yaagoonya*, qui ne se montre et ne se fait entendre dans la forêt qu'à l'époque de la saison mauvaise, personnifie l'hiver dans les tribus, comme en France l'apparition des hirondelles et le chant du cou-cou personnifient le printemps.

tirai mon couteau de sa gaîne et me mis à mon tour à attaquer les racines.

J'avais déjà retiré du sol un fort beau pied d'yam et me disposais à en exhumer un deuxième, quand des cris aigus, bizarres, étrangement modulés, se firent entendre au loin.

D'autres cris, partant de différents points de la forêt, y répondirent aussitôt : et des voix plus éloignées les reprenant à leur tour, ces cris — toujours les mêmes — répétés à l'infini, comme par des échos, s'en allèrent s'affaiblissant et se perdant de plus en plus dans la profondeur des bois.

Étonné, comme je demandais du regard une explication. — Ces voix annoncent la mort d'un *parenbang*, me dit Kaola.

Abandonnant alors la récolte des légumes, les deux natives se mirent à courir affolées çà et là, à ramasser des branches mortes, des lianes, des broussailles sèches et à en construire un grand feu.

Préliminaires joyeux et obligé de tout repas australien.

Les yeux brillants et dansant de joie dans sa face noire, Mulligo parut bientôt brandissant ses zagaies.

Wollogong le suivait d'un air piteux, les épaules chargées d'un casoar.

Ayant manqué le sien par une trop grande hâte à vouloir le frapper, Wollogong portait en punition celui tué par Mulligo.

Le corps traversé de part en part et conservant encore dans la plaie l'arme fatale, ce gibier que Wollogong jeta sur le sol avec dépit était super

Sa hauteur, du toquet de plumes grises qui couronnait sa tête aux longues griffes verdâtres qui armaient ses talons, avait près de six pieds.

Classée dans les oiseaux de boucherie de Geoffroi Saint-Hilaire et dans les grands brévipennes de Cuvier,

L'Emu (Casoar d'Australie).

l'*ému* de la Nouvelle-Hollande est, après l'autruche d'Afrique, le plus formidable échassier du monde connu.

Si ses jambes et son cou sont de longueur proportionnée, sa queue qui lui sert pourtant de gouvernail dans la fuite est imperceptible aux regards, et ses ailes, impropres au vol, quoique des plus vigoureuses, sont d'une médiocre envergure.

Ses plumes longues de huit à dix pouces sont rares, peu fournies de barbes et laissent son corps dans maints endroits presque nu. Mais alors sa peau d'un violet ardoisé est dans toutes ces parties recouverte d'un épais duvet.

A l'époque des pariades, disent les natifs, les mâles poussent des soupirs lamentables qui s'entendent au loin et les trahissent.

La femelle pond de neuf à douze œufs d'un blanc roussâtre et mesurant de dix à quatorze centimètres de diamètre. De la même grosseur aux deux bouts, chacun d'eux équivaut à peu près à onze œufs de nos poules.

La force de l'*ému* est très-grande; ses ruades sont terribles; une seule suffit pour renverser et même tuer un chien.

Sa nourriture habituelle consiste en herbes, racines et mollusques.

Ces oiseaux, qui paraissent ne jamais boire, sont d'excellents nageurs et traversent lacs et rivières en se jouant.

Les indigènes chassent l'*ému* avec la même ardeur que les marsupiaux; mais comme ce gallinacé est plus rare et beaucoup plus estimé que les kangurous, une bien plus forte somme de joie se dépense lorsque l'un d'eux est abattu.

Alors les bravos succèdent aux bravos, et tout natif qui au loin dans la forêt entend ces cris de triomphe, les répète immédiatement lui-même : de sorte que l'annonce de la mort d'un *ému* se trouve ainsi en moins de quelques heures portée par la voix à d'énormes distances.

Très-nombreux autrefois dans toutes les forêts de la Nouvelle-Hollande, les défrichements et la carabine des *squatters* l'ont aujourd'hui fait fuir et l'ont relégué dans les parties les plus sombres et les plus désertes du continent australien.

La recherche de ce grand échassier cependant est toujours très-active et d'autant plus acharnée, qu'à tort ou à raison, sa graisse, qui se vend au poids de l'or, passe, parmi les colons anglais établis au milieu des bois, pour un remède infaillible contre les ophthalmies et les rhumatismes — plaies locales, maladies funestes — auxquels les hommes d'Europe vivant dans ces solitudes se trouvent le plus exposés.

La chair du *parembang*, qui a la consistance et le goût de celle du bœuf, est très-prisée des indigènes. Avec les longues plumes de sa queue, ils confectionnent des parures, des diadèmes, des ornements pour leurs lances. Plusieurs touffes de ces plumes liées ensemble et hissées au sommet d'une hutte, indiquent la demeure des grands chefs.

De sa peau épaisse, les naturels obtiennent un cuir excellent avec lequel ils fabriquent, entre autres objets, des boucliers de forme ronde, qui, frappés par saccades avec le manche du tomahawk, produisent des roulements sonores qui les excitent au combat.

Le plus souvent, les natifs conservent la peau entière de l'ému, aimant à s'en affubler le corps dans les jours de fête et de bataille.

L'autruche tuée par Mulligo fut pour cette raison soigneusement dépouillée par les femmes et son enveloppe mise à part.

De nombreuses grillades détachées de sa poitrine

nous fournirent les éléments solides d'un bon repas : puis, comme le jour commençait à s'éteindre, nous reprîmes en belle humeur et tous ensemble le chemin du kraos.

Wollogong seul, les lèvres fermées, le front sombre, ne riait pas.

Il ne pouvait se pardonner d'avoir manqué son parembang. Aussi, battait-il les buissons avec l'âpreté d'un renard à jeun et regardait-il avec colère tous les gros oiseaux et quadrupèdes, qui, regagnant leur gîte, passaient au loin, dans la forêt.

Il ne devait pas toutefois rentrer les mains vides au village. Car, au moment où, longeant un des bras peu profond du *Neer-Gabby*, nous cherchions un lieu propice pour le passer à gué, Wollogong, dont le regard inquiet et fureteur cherchait toujours, s'étant aperçu d'une agitation de bon augure dans un massif de roseaux placé au milieu du courant, s'en approcha, y lança son *dowuk*, et deux beaux cygnes noirs s'en étant échappés, il en transperça un de sa lance.

Cette victoire de la dernière heure lui fit remonter aux lèvres sa gaieté perdue.

A ce moment même, le soleil disparaissait. Son œil jaune et fiévreux cessa de nous regarder à travers les eucalyptes, et en moins de dix minutes, comme si un rideau se fût abaissé devant nos yeux, nous cessâmes de voir à trente pas devant nous.

La saison pluvieuse nous touchait presque de son aile humide, la transparence ordinaire des nuits se troublait et les chariots d'étoiles, qui, un mois auparavant, illuminaient les heures sombres et faisaient du ciel de minuit comme un champ de feu, voilaient leurs flammes et disparaissaient sous les nuages.

La lune, ce soir-là, boudait sous l'horizon.

Traversant un bois de balanifères aux troncs prodigieux, nous marchions vite et en silence.

Mulligo, sa peau d'autruche étendue sur les épaules, nous précédait.

Nous n'étions plus qu'à une courte distance du village et débouchions dans la plaine qui l'entourait, quand tout à coup Mulligo s'arrêta, se rejeta vivement en arrière et poussa une exclamation gutturale qu'il me fut impossible de saisir.

Me trouvant en tête après lui, je cherchai quelle pouvait être la cause de ce mouvement d'effroi, quand, à quelques centaines de mètres en avant, j'aperçus, se découpant en silhouette noire sur la ligne grisâtre de l'horizon, une grande forme humaine, qui, montée sur une petite éminence, agitait les bras dans tous les sens.

L'obscurité devenue moins profonde dans cet espace découvert, et mes yeux, habitués à la nuit, me permettaient de voir dans ses moindres détails ce personnage bizarre.

La brise des bois qui se levait, faisait flotter autour de son corps — semblables à de grandes ailes d'oiseaux nocturnes — les extrémités d'une écharpe d'écorce, de couleur blanche, dont tout son buste était enveloppé.

Sa chevelure relevée sur les tempes au moyen d'un large bandeau de joncs tressés et piqués de coquillages, était séparée en longues mèches, qui, fortement gommées, se tenaient droites tout autour de sa tête.

Cette coiffure, qui ressemblait à la couronne à sept pointes, que l'ancienne Rome donnait aux empereurs mis au rang des dieux, se nomme dans les tribus australiennes « coiffure à la porc-épic » et donne à celui qui la porte l'aspect le plus étrange.

Toujours immobile et muet, cet être mystérieux continuait d'agiter les bras et faisait avec ses mains, dans la direction de l'ouest, des passes maçonniques.

Je me retournai, afin, selon mon habitude, d'interroger Mulligo. Mais Mulligo, Wollogong, T'Sadda, et Kaola avaient disparu.

Rencontre nocturne au milieu des bois.

Je les cherchai longtemps, les appelai, le tout en vain.

Me doutant avec raison que l'être baroque que j'avais devant moi n'était pas étranger à cette fuite soudaine, je revins sur mes pas et, après de nombreuses recherches, je dénichai enfin mes quatre Nagarnooks, hommes et femmes, qui, blottis au plus épais d'un buisson d'Ac-ménas, paraissaient paralysés par la terreur.

« *Karakul! karakul!* » répondait Mulligo à toutes mes questions.

J'eus beaucoup de peine à les faire sortir de leur cachette, et ce ne fut qu'après avoir été de nouveau moi-même étudier le terrain et leur avoir affirmé que celui qu'ils appelaient *karakul* avait quitté la place, qu'ils se décidèrent à reprendre le chemin du village : encore m'obligèrent-ils à faire avec eux un détour de plusieurs kilomètres, pour ne pas passer dans le voisinage de cette bosse de terre, — tombe creusée le jour même, m'affirma Wollogong, — sur laquelle ils avaient tous vu, gesticulant et murmurant des paroles magiques, l'homme aux cheveux gommés.

Une fois dans sa cabane, Mulligo parut se remettre de cette chaude alarme et pendant que Kaola allumait un feu clair de pommes de pin et que T'Sadda clouait au mur, avec des épines d'acacias, la dépouille du *parembang*, Mulligo se mit en devoir de m'apprendre ce qu'étaient les *karakuls*.

CHAPITRE XII

Idées des indigènes touchant la mort. – Pourquoi les natifs se promènent la nuit dans les cimetières. — Ce qu'ils y entendent. — Les *Boyl-yas*.

La rencontre survenue la nuit précédente m'ayant fait entamer le chapitre des superstitions australiennes, je dirai dans celui-ci non-seulement ce que j'appris en cette circonstance, mais encore tout ce qu'il m'a été permis de recueillir à ce sujet pendant mon séjour au milieu des tribus.

Les indigènes de la Nouvelle-Hollande nient la mort naturelle, ils refusent de croire que chacun de nous la porte inévitablement en lui.

Un tel fait, suivant eux, n'existe pas, une telle assertion est fausse, téméraire, insensée; et si ce n'étaient les blessures profondes qui font couler le sang, le mauvais œil des *Boyl-yas*, et l'influence pernicieuse des *karakuls*, ils seraient toujours jeunes et ne mouraient jamais.

Cette croyance que rien ne peut déraciner dans leur cœur, charge leur vie entière d'inquiétudes et les oblige à des représailles continuelles.

Ainsi, dans les familles, quand un natif meurt, soit par suite de vieillesse, de maladie, d'accident ou de toute autre cause, sauf le cas de mort violente, ses parents se livrent aussitôt à mille pratiques grossières, pour s'assurer où réside le *boyl-ya*, dont les menées sourdes et hostiles ont causé sa mort.

Ceci trouvé, grâce à des révélations transmises et aux bons soins d'un autre *boyl-ya*, ami du mort, la vengeance, déposée dans les mains de cinq à six de ses proches, se met aussitôt en marche pour découvrir, atteindre et punir le coupable.

Une particularité curieuse et que j'ai rencontrée chez presque toutes les tribus de la Nouvelle-Hollande, c'est le plaisir qu'ont les natifs à se trouver parmi les morts.

Les cimetières, placés d'habitude dans les vallées basses, où croissent en abondance les *she-oaks* (saules pleureurs indigènes), sont les lieux les plus fréquentés de la forêt; et jamais, la nuit, je n'ai passé devant un de ces champs de repos sans voir au moins huit à dix natifs promenant au clair de la lune leurs grandes ombres noires parmi les tombes.

Le but que se proposent les naturels en agissant ainsi est d'obtenir une communication secrète, un aveu, une confidence; d'apprendre en un mot comment sont morts ceux qu'ils regrettent, quels moyens ont été mis en usage pour les abattre et quels sont ceux qui les ont fait périr.

Ces révélations d'outre-tombe, assurent-ils, leur sont faites par des voix qui descendent des arbres, sortent des troncs, montent des herbes; par des souffles qui passent et qui leur chuchotent à l'oreille le nom des meurtriers.

En général cependant, les indigènes ne se chargent pas eux-mêmes du soin de découvrir les coupables. Ce sont les boyl-yas de leurs tribus que cette fonction regarde, c'est le devoir, la mission de ceux-ci de défendre les hommes de leur clan, de découvrir les assassins, de savoir qui a tué, et, d'après cette connaissance, de porter à leur tour la mort sous les tentes ennemies.

A cet effet, les boyl-yas de tous les degrés jouissent de pouvoirs surnaturels, d'un coup d'œil que rien ne peut tromper, d'une force de bras que rien ne peut vaincre.

Ces sorciers, qui s'appellent suivant leur spécialité, *Boyl-ya*, *Karakul*, *Waugul*, *Wunji*, *Coradji*, etc., ont trouvé moyen de se faire redouter des indigènes presque autant que les chrétiens de l'an mil redoutait le Diable.

Un insulaire qu'aucune lutte n'épouvante, qui affrontera sans hésiter le tranchant des haches et la pointe aiguë des zagaies, tremblera des pieds à la tête et se perdra dans les taillis, si un boyl-ya qu'il rencontre par hasard dans un sentier désert le regarde en passant d'une façon solennelle.

Ces hâbleurs au regard froid, au front plissé, aux lèvres immobiles, sont en général de grands vieillards maigres. Ils portent d'ordinaire toute leur barbe et plusieurs ont véritablement des têtes énergiques.

Comme tous les charlatans de tabernacle, ils paraissent convaincus de la vérité des sottises qu'ils débitent, et passent par toute la comédie de leurs mensonges avec un aplomb merveilleux.

Maîtres absolus des pauvres aborigènes, ils se sont si vigoureusement emparés de leur esprit et savent si savamment faire vibrer dans leur cœur la corde toujours tendue des craintes superstitieuses, qu'ils les tiennent pieds et poings liés en leur pouvoir.

Telle monstruosité, telle absurdité, telle fable ridicule qu'un boyl-ya puisse dire à un natif, il sera cru à l'instant même, sans examen, comme sans hésitation. Et cet homme sauvage, si subtil d'ordinaire, si fin, si rusé, si perspicace dans toutes les autres circonstances

Sépultures australiennes dans les bois.

de la vie, devient, aussitôt qu'un de ces grands comédiens lui adresse la parole, plus faible de trempe, plus facile à tromper qu'un enfant.

Les naturels de l'Australie sont convaincus que les boyl-yas peuvent se transporter à volonté partout où ils le désirent, qu'ils peuvent voyager dans les airs, vivre dans les eaux, dans le feu, se rendre invisibles.

L'étrange pouvoir que les natifs prêtent aux boyl-yas et l'insurmontable terreur qu'ils leur inspirent, sont tout entiers dans la conversation suivante que j'eus un soir avec Kaola, conversation qui résume d'une manière parfaite la croyance générale des naturels à ce sujet.

Me promenant avec cette jeune femme sous les beaux arbres de la forêt, je la priai de me donner quelques détails intimes sur ces formidables sorciers.

Après beaucoup d'hésitations et de refus, voilà ce que Koala me dit d'une voix basse, à peine audible :

« Les boyl-yas sont des natifs qui ont acquis le pouvoir de sorcellerie. Ils s'assoient à terre, regardant le nord. Ils n'ont pas d'ombre dans la lune. Les boyl-yas sont mauvais, mauvais. Malheur à qui les rencontre la nuit.

« Les boyl-yas se nourrissent d'hommes et de femmes ; ils les mangent lentement, sans bruit, comme *Mytian* (la Lune) mange les nuages, comme le feu ronge le bois.

« Les boyl-yas entendent tout, ils ont des oreilles, — de vastes oreilles. Et quand ils sauront que je vous ai parlé d'eux, ils entreront dans une grande colère. Vous et moi, nous serons bientôt très-malades.

« Les boyl-yas marchent comme volent les *Odollas* (phalènes) ; on ne les entend jamais. Ils s'avancent comme l'ombre, vous envoient un lourd sommeil et vous saisissent. Bien légère est la marche des boyl-yas.

« Ils se promènent dans les nuées, ils vont où l'aigle monte. Invisibles, ils passent près de vous dans le vent. Ils prennent toutes les formes. Cette fougère sèche que la brise emporte, ces deux insectes noirs qui se jouent à nos pieds, ce kakopo qui chante au loin sa tristesse, sont peut-être des boyl-yas?

« Ils sont horriblement vindicatifs... j'ai déjà des étourdissements plein la tête; bientôt, vous et moi nous mourrons.

« Les boyl-yas ne mordent pas, ils ne font pas de bruit avec leurs lèvres, ils ne brisent pas les os avec leurs dents; mais ils se nourrissent en silence, boivent la chair et le sang. — Écoutez, quel est ce cri? Pourquoi me forcer à parler des boyl-yas?

« Donnez-moi ce que vous m'avez promis. Donnez-moi ce ruban rouge pour mon front, ces perles blanches pour mes chevilles. Je désire regagner ma hutte, je ne vous dirai plus un mot.

« Les boyl-yas s'assoient la nuit autour des tombes nouvelles, ils aiment à mordre les morts. Si les natifs sont malades, c'est que les boyl-yas ont faim. Quelquefois, d'autres boyl-yas guérissent les pauvres natifs; ils charment, charment, charment (wal-baïne, wal-baïne, wal-baïne). Très-méchants sont les boyl-yas. Mais, chut, taisez-vous! Quelque chose vient de me tomber sur l'épaule.

— C'est une feuille morte, dis-je.

— C'est un avertissement. J'ai trop parlé, tout ce que je vous ai dit est faux. Les boyl-yas sont bons, très-bons, j'aime les boyl-yas. »

Alors elle se leva et se mit à fuir, regardant de tous côtés avec effroi et secouant dans la brise nocturne la blonde draperie de ses longs cheveux, comme pour détacher de sa personne toute fâcheuse influence.

Depuis lors, jamais je ne pus obtenir de Kaola un seul mot sur les boyl-yas.

Les karakuls, m'apprit Mulligo, sont les sorciers qui se chargent d'une façon spéciale des départements de la médecine et des sortiléges; ce sont eux aussi qui mènent à bien les vengeances.

Pour réussir dans cette dernière partie, ils s'aident d'un puissant auxiliaire, le *Mur-ro-kum*, nom d'un os mystérieux que les karakuls seuls peuvent se procurer.

Un natif venant à mourir, un de ces charmeurs se rend le soir même des funérailles sur la tombe du décédé et s'y couche. Pendant la nuit, à la minute précise ou paraît dans le ciel certaine étoile, le mort, appelé par la force des conjurations, sort de terre et introduit lui-même dans la cuisse du karakul un petit os très-fin (le mur-ro-kum) pris à son propre squelette. La piqûre qu'occasionne cet os en entrant dans les muscles ne cause pas plus de douleur au magicien que ne le ferait une morsure de fourmi. Caché sous le derme, cet os reste dans la chair du karakul sans la moindre fâcheuse conséquence, jusqu'au moment où il en a besoin. Alors, si pour se venger d'un indigène, il désire le rayer du nombre des vivants, il ordonne à l'os mystérieux d'aller se planter dans telle partie du corps de la victime qu'il lui plaît de désigner.

Le mur-ro-kum obéit sur-le-champ, pénètre dans le cœur, le foie, les poumons du condamné, et cause sa mort.

Comme médecins, les karakuls ont un mode de traiter les maladies qui est des plus simples. Quand ils ne peuvent chasser le mal par des paroles, des passes, des attouchements, ils mettent aussitôt le feu aux reins ou aux jambes des patients, les saignent derrière l'oreille, les suspendent par un bras à une branche, ou couvrent leurs blessures, si ce sont des blessures, d'épaisses emplâtres de terre glaise.

Si la guérison ne vient pas après de tels remèdes,

comme il est clair que c'est la faute des patients, les karakuls s'en lavent les mains.

Leur manière de rafraîchir et de médicamenter leur clientèle à l'approche du printemps, est surtout des plus excentriques.

Quand arrive le *Mois des étourdissements* (mois d'octobre, qui répond à notre mois de mai, saison la plus dangereuse de l'année), les karakuls n'ordonnent ni jeûne, ni purgatif, ni bouillon d'oseille ; mais ils envoient tout simplement hommes et femmes prendre un bain de dix minutes dans certains trous d'eau, tellement farcis de sangsues, que natifs ou natives qui y restent le temps ordonné, en sortent plus rouges des pieds aux épaules que s'ils avaient pris un bain de sang.

Les indigènes prétendent qu'un bain pris de temps à autre dans ces conditions leur fait grand bien.

Les *Wau-guls* sont des monstres marins qui résident dans les rivières, mais qui habitent de préférence parmi les nénuphars bleus et roses des lacs et des étangs.

A l'envers des Sirènes antiques, qui en voulaient principalement aux hommes, ceux-ci ne s'adressent qu'aux jeunes femmes, qu'ils attirent sur le bord des eaux limpides, en vertu des pouvoirs supérieurs dont ils sont doués.

Toute femme ou fille qui s'est une fois baignée dans un lieu où réside un wau-gul, ou qui a bu de l'eau d'une source qui lui appartient, y retourne sans cesse malgré elle. Puis, un jour, elle disparait sans laisser de trace et ne peut être retrouvée.

Que devient cette pauvre native? Devient-elle la proie du monstre, habite-t-elle sa grotte de cristal, se transforme-t-elle en lis des eaux, se fait-elle perle noire dans un coquillage?

Les femmes riaient de mes questions indiscrètes, les hommes fronçaient les sourcils.

Le *Wum-ji* (cauchemar) est un mauvais plaisant de boyl-ya, qui s'amuse à retourner les dormeurs sur le dos et à s'asseoir sur leur poitrine pour les étouffer.

Les Australiens se débarrassent de ce démon invisible en se mettant debout et en saisissant une torche qu'ils allument et agitent dans tous les sens, accablant en même temps le *wum-ji* d'épithètes injurieuses et d'imprécations formidables.

Ils lancent ensuite avec force, loin d'eux, la torche enflammée.

Mulligo m'expliqua un jour cette coutume en m'assurant que le wum-ji qui vient ainsi suffoquer ceux qui dorment, ne le fait que quand il a besoin de feu et que dès qu'il en a obtenu, il se retire paisiblement.

Quand la nuit est noire, si les naturels ont besoin de se rendre à quelque endroit éloigné pour chercher de l'eau, du bois, ou toute autre provision que donne la forêt, ils portent toujours à la main une branche en feu, avec laquelle ils dessinent en marchant de grands 8 dans les airs, afin d'éloigner les karakuls, amis des ténèbres, qui vont dormir sur les tombes nouvelles ou qui en reviennent, la cuisse percée du terrible mur-ro-kum.

Les natifs de la Nouvelle-Hollande ont le plus grand respect, on pourrait presque dire de la vénération pour les pierres qui brillent, pour les aiguilles transparentes de cristal et les morceaux de quartz veinés d'or, qu'ils désignent sous le nom de « Toïls. »

Personne au monde, si ce n'est leurs prêtres et leurs sorciers, n'a le droit de posséder ces merveilles minérales, et le présent le plus précieux offert à un indigène ne le déciderait jamais à toucher du bout du doigt une de ces pierres, s'il n'a pas qualité pour cela.

Celui qui porte sur sa personne un de ces *Toïls*, dont l'influence amie l'enveloppe, écarte les maléfices et détourne les colères, n'a plus rien à craindre des boyl-yas.

Le *Mur-ra-maï* est le nom d'une boule minérale de la grosseur d'une pomme d'api, que les aborigènes placent dans une espèce de petit filet à mailles et qu'ils glissent, qu'ils cachent le mieux qu'ils peuvent dans un des plis de leur ceinture.

Les femmes, sous aucun prétexte, ne doivent voir cette boule nue.

Préservatifs souverains contre la morsure des vipères, la fièvre des lagunes, la blessure des armes empoisonnées, ces *murs-ra-maïs* parcourent des distances énormes, voyageant de tribus en tribus, portés de l'une à l'autre suivant les besoins et les demandes et semant partout où ils passent, affirment les natifs, le soulagement et la guérison.

Me trouvant une fois dans le voisinage des « Collines-Blanches (White-Hills) » après les grandes inondations annuelles du *Wollo-Yo*, j'eus occasion d'y voir un de ces talismans, qu'un coradji de Triton-Bay y avait apporté.

J'attirai un jour cet auguste personnage dans ma tente et le décidai (moyennant un pinte de rhum) à me confier sa pelote magique, afin qu'il me fut possible de l'examiner à loisir.

Pendant tous le temps que dura cette expertise, le pauvre prêtre noir fut dans un état de transes continuelles, ne faisant qu'un chemin de la porte à la table où je me tenais, craignant toujours qu'une native ne survînt à l'improviste et ne vit à nu la boule sacrée, un seul regard féminin jeté sur le *Cœur de mur-ra-maï* enlevant aussitôt à celui-ci toute influence bienfaisante.

Après avoir déroulé au moins six mètres d'une espèce de petit ruban plat et mince, tissé en fourrure fine, j'arrivai enfin au mur-ra-maï, qui se trouva n'être autre chose qu'une simple pierre de couleur d'ambre, débris de roche siliceuse ressemblant à du quartz et de la grosseur d'un œuf de pigeon.

Le sauvage de Triton-Bay, possesseur de cette précieuse amulette, me permit alors (moyennant une autre pinte de rhum) d'en casser un fragment et de le garder. Ce morceau de schorl jaune, transparent comme du sucre cristallisé, rayait le verre et possédait une odeur aromatique des plus agréables.

Ayant eu plus tard la bonne fortune de voir deux autres murs-ra-maïs, je trouvai que le premier n'était qu'une belle agate laiteuse faisant feu au contact de l'acier; et l'autre, une cornaline à fond rose de la grosseur d'une prune de reine-claude, qui ne devait sa forme ronde et son beau poli qu'au roulement des eaux primitives et au frottement séculaire des sables fins.

Les indigènes possesseurs de ces pierres sont appelés *Coradijs* ou prêtres par les natifs, parce que, outre les cures merveilleuses qu'ils opèrent avec leurs cailloux, ils prêchent encore aux peuplades quelques principes de morale, leur annoncent les changements de saison et leur enseignent l'existence d'êtres supérieurs, habitant le soleil.

Toucher les murs-ra-maïs ou s'en frotter la partie malade suffit d'ordinaire pour obtenir la guérison.

Dans les cas graves cependant, lorsqu'il s'agit des guerriers et des chefs en renom, le coradji consent quelquefois à détacher de la pierre même quelques parcelles, que ces augustes personnages reçoivent avec une profonde gratitude et qu'ils avalent, en extase, les yeux fermés, avec tous les signes du plus religieux recueillement.

Pourquoi rire? La superstition n'est-elle pas de tous les âges, de toutes les latitudes? Et les peaux blanches en sont-elles plus exemptes que les peaux noires?

Héritage malsain des siècles passés, c'est un parasite qui s'engraisse de l'ignorance et de la crédulité des peuples. C'est un arbre de mensonge, à l'ombre duquel vit tout un monde de charlatans.

Les civilisés la portent comme les barbares, ceux-ci dans un pli de leur pagne, ceux-là dans une ride de leur manteau.

Et la masse de croyances indignes qui abrutissent encore aujourd'hui nos campagnes, sont à coup sûr plus déshonorantes pour notre bon sens et notre siècle, que ne le sont chez les tribus australiennes les superstitions ridicules que je viens d'énumérer.

CHAPITRE XIII

Les Cygnes noirs. — Spéculation commerciale. — Succès et catastrophe. — Un incendie dans les mers du Sud. — Les Alpes australiennes.

Le lendemain, quoique le soleil fût déjà haut sur l'horizon, j'étais encore plongé dans un lourd sommeil, — n'ayant vu toute la nuit sous mes paupières closes que boyl-yas et karakuls, — lorsque je fus agréablement réveillé par une succulente odeur de viande cuite à point, dont s'emplissait et s'embaumait ma cabane.

C'était Wollogong qui, ayant fait rôtir son cygne à la première heure, m'en apportait le quart pour mon repas du matin.

La senteur et la vue de cette poitrine de cygne dorée par le feu firent soudain se lever debout dans ma mémoire tout un monde de souvenirs, et me rappela les milliers de ces mêmes oiseaux que, l'année précédente, j'avais vu naviguer par escadres nombreuses sur les flots bleus de l'*Illadulla* (le lac des Torrents).

Mes amis alors m'accompagnaient. Je les revoyais à cette heure par la pensée, j'entendais leurs chansons joyeuses, le rire sonore d'O'Brian, les fines moqueries de Mac, les histoires de bouteilles vidées de Smith, les contes et les lais d'amour du sensible Ben.

Et cette douce souvenance, ce regard en arrière, ce sourire, cette caresse aux choses passées, me plongèrent tout le jour dans une mélancolie profonde.

Permettez-moi, cher lecteur, de quitter pour un chapitre les excellents Nagarnooks Koawur et Mulligo, de vous conduire au pays de *Gibb's Land* et de vous raconter à quelle occasion et par suite de quel funeste chapelet d'aventures je me trouvai jeté sur cette Terre nouvelle, où des phalanges de cygnes noirs à bec rose se montraient alors sans crainte sur la surface unie de toutes les pièces d'eau.

Un jour, à Sydney, ayant eu par extraordinaire une idée commerciale des plus heureuses et, ayant avec mes amis gagné quelque chose comme cinq mille livres sterling (125,000 fr.) en trois mois ; nous résolûmes, s'il était possible, de faire fructifier nos capitaux par une série de combinaisons analogues.

Fréquentant tous les hôtels, tavernes et public-houses de la ville où se rendaient par groupes les débarqués des cinq parties du monde, nous écoutions les donneurs de nouvelles, cherchant à savoir si, pour des hommes munis d'un peu d'audace et d'argent comptant, il n'y aurait pas quelque part, sur quelque point du globe, une fructueuse entreprise à tenter.

Me promenant un soir sur les dalles du grand Port, j'y rencontrai un jeune marin espagnol, qui, légèrement alcoolisé et ne parlant pas un mot d'anglais, voulait à toute force que le garde-côte, en faction le long des navires, lui offrît du tabac turc pour se rouler une cigarette.

Celui-ci, qui jamais de sa vie n'avait entendu tant de *Carajos* tomber des lèvres d'un homme et qui ne comprenait pas une syllabe de ce qu'on lui disait, écoutait en silence, impassible comme le canon-borne sur lequel il s'appuyait. Je donnai à l'homme des Espagnes le tabac demandé, et ce merveilleux cadeau m'ayant acquis toute sa reconnaissance, il se mit à me raconter son histoire.

« Qu'il était arrivé depuis cinq jours de la *Mocha* (la Conception), qu'il était contre-maître à bord de la meilleure de toutes les corvettes : *la Madre de Dio*. Que son capitaine, qui avait réalisé de beaux bénéfices sur son chargement de peaux de vigognes, était très-satisfait de son voyage, mais que lui, *Caraï*, s'ennuyait à mourir. Que Sydney était une méprisable capitale où tout se vendait au poids de l'or et où le pain lui-même était quatre fois plus cher que dans son pays. »

Cette dernière phrase me fit dresser l'oreille.

— Quatre fois plus cher, dis-je, et pourquoi le pain est-il si bon marché au Chili ?

— Parce que jamais la récolte des maïs et des froments n'a été plus abondante, me répondit-il; de Valdivia à Huasco, de San-Felipe à Cauquenes, les blés sont pour rien.

Le Chinalo disait vrai.

Les farines, au contraire, étaient en ce moment des plus rares et partant des plus chères à Sydney.

Aussi, le lendemain même, tous nos fonds en poche, partions-nous pour Valparaiso, où, après avoir acheté pour cent vingt mille francs de graines céréales, avoir donné sur cette somme quatre-vingt mille francs et fait assurer le tout, nous reprenions avec notre marchandise le chemin du port Jakson, embarqués sur un grand clipper américain de marche rapide, nommé *l'Ontario*.

Si nos ceintures étaient devenues légères, nos cœurs étaient lourds d'espérances : car, suivant des calculs bien établis, nos blés, nos orges et nos maïs vendus à Sydney, devaient nous rapporter en minimum cinquante mille francs de bénéfice.

Nous glissions donc heureux sur la grande voie liquide.

Depuis trois semaines le ciel était pur, les brises favorables ; la mer, mollement assoupie, nous berçait d'une main monotone sur ses flots azurés.

— Encore vingt-quatre heures de Pacifique, nous dit un soir en sortant de table l'excellent capitaine Warburg, et nous verrons Sydney (la sirène) blanchir à l'horizon.

Certes, nous n'eussions pas donné ce soir-là notre chargement de graines pour cent quarante mille francs comptant.

Pendant la nuit, le feu prit à bord. Comment? Personne ne put le dire. On ne sait jamais comment le feu prend à bord.

Le service des pompes s'organisa. Mais la flamme, qui se rit de la mer jusqu'au moment où le bateau sombre, avançait toujours dans son œuvre de destruction.

Ses langues rouges se mirent bientôt à léchcr nos farines. Le capitaine par prudence fit jeter par-dessus bord une partie de nos sacs.

Que nous importait, n'étions-nous pas assurés ?

Vingt heures malheureusement nous séparaient encore de la côte.

Les pompes, travaillées par des bras énergiques, inondaient les ponts ; mais, en dépit de tous nos efforts, le feu tenace continuait de gronder dans les cales et gagnait du terrain.

De nouveaux sacs et de nouveaux tonneaux furent jetés à la mer.

La position devenait critique, *l'Ontario* alourdi refusait d'obéir au gouvernail et n'avançait que lentement.

Le mâle courage du capitaine et de l'équipage néanmoins suffisait encore à tout.

La journée se passa de la sorte. Au déclin du jour,

nous entrâmes dans le cercle des Iles Vertes, qui entourent Sydney comme une ceinture odorante de jardins enchantés.

La « Reine des mers du Sud » elle-même, ses villas et ses palais couronnant les collines, nous apparurent bientôt au loin, dorés par les derniers reflets du soleil couchant.

A cette heure, le clipper devint intenable. Le pont brûlait le pied des passagers, des jets de fumée chaude et suffocante s'échappaient des panneaux et aveuglaient les hommes de manœuvre.

Tout espoir se trouvant perdu, le jeu des pompes cessa, les écoutilles furent fermées, des signaux de détresse envoyés à la terre et, au milieu des cris des enfants, des pleurs et des convulsions des femmes, des voix tremblantes des lâches, qui, fous de terreur, offraient aux matelots des poignées d'or pour être sauvés les premiers, les deux grandes chaloupes du navire furent descendues et le sauvetage commença.

Dans la crainte de voir sombrer les barques, personne n'y fut admis chargé du moindre paquet. Toutes les choses précieuses et portatives, comme caisses à argent, coffrets à bijoux, armes de luxe, dont chacun, au moment suprême, s'était emparé à la hâte, furent impitoyablement jetées aux flots.

Le capitaine seul emporta ses papiers.

Et nous abandonnâmes le trois mâts, qui, moins de vingt minutes après notre départ, se mit à nous faire des signes, à danser sur la vague, à nous saluer d'une façon étrange, s'en allant de çà, de là, comme un homme ivre. Puis, comme le capitaine Warburg, debout au milieu de notre chaloupe, le saluait de la main et lui criait : « Adieu, noble *Ontario*; adieu, mon vieux camarade! »

Une explosion formidable se fit entendre, des sifflements gigantesques suivirent, des planches volèrent, des mâts s'abattirent, de grandes flammes livides, perdues dans un immense bloc de fumée noire, s'élancèrent dans l'espace comme soufflées par la bouche d'un volcan, voiles et cordages flambèrent en un clin d'œil, et tout fut dit.

La mer venait de faire irruption dans la coque du malheureux navire et avec une force de mille géants l'entraînait au fond des eaux.

Tout disparut.

Sur ces entrefaites, les bateaux pontés de la douane anglaise nous accostèrent et nous recueillirent.

Débarqués sains et saufs à Sydney, — chacun de nous portant ses richesses dans le creux de sa main, — nous nous trouvâmes posséder juste, mes amis et moi, lorsque nous mîmes en bloc nos finances, quinze cent cinquante-trois francs vingt centimes (monnaie de Paris).

Trois semaines après, il ne nous restait pas un farthing et nous ne savions quel arbre secouer pour en faire tomber une avance. La compagnie maritime écossaise de Sydney, associée à celle du Chili, refusait naturellement de nous donner un penny, prétendant qu'avant d'ouvrir les fermoirs de son portefeuille, il lui fallait communiquer avec sa sœur de Valparaiso, recevoir un double des polices que nous n'avions pu retirer de nos malles au moment de la catastrophe, et savoir si notre cas tombait bien dans la catégorie des indemnités intégrales, spécifiées dans les articles 12, 28 et 157 des statuts généraux.

Les correspondants de nos marchands chiliens, auxquels nous devions encore quarante mille francs, menaçaient d'autre part de nous faire mettre en prison, si nous ne leur donnions des garanties suffisantes pour un payement prochain.

Le propriétaire du *Royal-Georges*, hôtel de premier ordre où nous étions descendus, commençait de son côté à prendre de grands airs et, lorsque nous ordonnions une « douzaine de champagne » pour nous distraire de notre malheur, venait nous demander lui-même dans un bégayement simulé, — pour mieux nous donner le temps sans doute de peser la réponse et la dépense : — « Si-i ce que ces-es mé-messieurs dé-ésiraient était bien du-u Cli-i-ko première ? »

De plus, quand nous commandions une chaise de poste à quatre chevaux pour aller manger des figues vertes à *Paramata*, ou des *mangues* fraîches à *Wooloo-Mooloo-Bay* (baie de Woulou-mou-lou), cet hôtelier désagréable, sous prétexte que ses écuries étaient vides, avait la petitesse de nous faire mettre un seul cheval aux brancards.

Nous ne passions pas à ses yeux pour posséder les mines de Golconde, et sa confiance dans la société maritime écossaise de Valparaiso paraissait égaler la nôtre.

Bref, nous nous trouvions réduits aux dernières extrémités, rien d'Assyrien dans nos allures, nous ne buvions aucune perle orientale dissoute dans nos gobelets, et Mac lui-même, l'esprit fertile par excellence, celui dont le sac était toujours plein de ressources, jetait cette fois sa besace vide par-dessus les moulins.

Sa face pâle portait le deuil de notre fortune engloutie et sa langue répétait sans cesse :

— De quelles étranges vicissitudes, ô mon Dieu! sont tissés les jours de ceux qui courent les aventures!

La compagnie à primes fixes faisant toujours la sourde oreille, sa sœur de Vaparaiso ne se pressant pas de répondre et le Landlord du *Royal* se montrant plus bègue de jour en jour. Une heure sonna où les trottoirs de Sydney devinrent plus brûlants à nos semelles que ne le furent jamais les planches en feu du malheureux *Ontario*.

Quel parti prendre, quelle Vierge de la mer, quelle Dame d'Auray implorer?

Poussé par Mac Grégor, qui prétendait que ma conversation au clair de la lune avec le marin de « La Madre de Dio » était la cause de toutes nos infortunes, je me décidai à une grande démarche.

J'allai trouver le consul général de France à Sydney, M. Louis Sentis, et lui contai notre désastre.

Après m'avoir écouté avec la plus parfaite bienveillance, ce magistrat, qui connaissait à fond son monde colonial, me parla — je dois l'avouer — en toute franchise et ne chercha par aucun oiseux subterfuge à me voiler la vérité.

— En affaires, me dit-il, l'Ecossais doublé du Chilien vaut trois juifs. Vous n'aurez pas raison des compagnies à moins de mettre dans vos intérêts un bon avocat.

— J'ai vu le plus célèbre, répondis-je, mais, après m'avoir prêté une moitié d'oreille pendant cinq minutes, ce flambeau de la loi n'a ouvert la bouche que pour me demander deux cents livres (cinq mille francs).

— Cette avance, ici, n'a rien de déraisonnable.

— Toute notre fortune, hélas! se promène au fond des eaux.

— Peu de chance, alors; les compagnies sentent votre gêne. Sans preuves écrites et sans argent, vous subirez la loi des vaincus.

— Et le droit, la justice?

— Viande creuse à Sydney, cher Monsieur; dans cette capitale, voyez-vous, chacun veut manger son voisin; jugez du coup de dent, s'il s'agit d'un étranger.

— Mais c'est un jungle de l'Inde, que votre Sydney ?

— Tous les étrangleurs ne sont pas à Bénarès.

— Nous faut-il jeter tout espoir au vent du large?

— Pas le moins du monde, il faut réfléchir et trouver

un biais. Donnez-moi quelques jours, nous chercherons.

Et comme je m'en allais :

— A propos, me dit-il, combien êtes-vous ?

— Cinq.

— Des énergiques, connaissant la vie des bois?

— Depuis trois ans, nous vivons de la mer et de la forêt.

— Avez-vous des armes?

— Nos revolvers seulement.

— On parle ici, dans certains cercles, de faire explorer un pays neuf, iriez-vous?

— Nous partirions demain.

— Bon, voilà une idée qui peut donner son fruit. Revenez me voir... et, ajouta-t-il en me reconduisant, « Plus de courses folles à Woulou-Moulou-Baie, plus de parties fines à Paramata. Songez qu'à partir de ce jour un œil sérieux est fixé sur vous. »

Quelques jours après effectivement, toutes nos difficultés étaient aplanies, c'est-à-dire que, par une manœuvre habile, M. Sentis était parvenu à faire accepter par les représentants des marchands chiliens, la créance que nous possédions sur la compagnie de Valparaiso.

C'était à eux désormais à en poursuivre le recouvrement.

M. Sentis devait de plus recevoir en nos noms l'excédant de cette créance, si jamais un pareil bienheureux excédant se manifestait.

Puis, bien armés, bien équipés, toutes nos dettes payées au *Royal-Georges* et déjà consolés de nos pertes et de nos ennuis récents, nous partîmes munis d'instructions et de bons chevaux pour explorer les « Alpes australiennes » (aujourd'hui Gibbs'land) et voir si ces terres de montagnes ne contenaient pas par hasard des cuivres et de l'or.

Je ne dirai rien ici de cette expédition qui trouvera sa place ailleurs; j'ajouterai seulement qu'après mille fatigues et mille dangers, nous trouvâmes effectivement de l'or, beaucoup d'or. Que la *Société pour la découverte des métaux précieux*, qui nous avait envoyé, fut amplement récompensée de ses avances et que M. le consul général Louis Sentis n'eut jamais à se repentir de nous avoir tendu la main.

Mon intention dans ce chapitre est uniquement de parler des cygnes noirs, tels que nous les vîmes par troupes innombrables se jouant et se poursuivant sur les grands lacs de Gibbs'land, où sans aucun doute nous ne serions jamais allés, si le hasard ne nous avait pas faits marchands de céréales et si nous n'avions pas vu notre fortune flamber en pleine eau.

L'Australie possède sur ses côtes des chaînes considérables de montagnes.

La plus importante est celle des « Alpes australiennes, » appelées par les natifs *Warra-Gong* (coiffé de blanc), dont quelques sommets s'élèvent à trois mille mètres de hauteur et sont couverts d'une neige éternelle.

Se découpant à l'horizon comme l'échine onduleuse d'un reptile gigantesque, ces pics, composés de rochers entassés les uns sur les autres et à peine recouverts d'une légère dentelle de lichen, sont les points culminants connus du continent australien.

Ces cimes, rarement visitées par les tribus natives — en raison de leur température presque rigoureuse — et que pas un des Européens occupés dans les plaines n'avait encore eu la pensée d'escalader, devinrent pour nous des lieux de délices, une contrée charmante, où tout ce que nous rencontrions — plus riche de séve, plus robuste de port, plus vif de couleur — se montrait sous un jour nouveau.

Sur les versants boisés de ces montagnes et le plus

souvent encaissées dans d'immenses murs de granit noir, qui, possédés de la jalousie des sultans, les cachaient à tous les yeux, nous rencontrâmes des vallées dignes du Paradis terrestre, des solitudes que l'on ne pouvait se décider à quitter, des points de vue enchanteurs, des échappées de ciel et de paysage qui vous retenaient des journées entières.

Puis, les herbes étaient si vertes, la voix des cascades si mélodieuse, les grandes lianes, immenses draperies brodées de fleurs, se balançaient sur nos têtes d'un mouvement si doux ; les petits *Uo-uos* (sorte de roitelets huppés) gazouillaient en notre honneur des chansons si charmantes ; tous les oiseaux et les animaux enfin, que rien jusqu'alors n'avait effarouchés, nous regardaient d'une façon si amicale ; qu'assis à l'ombre des arbres-parasols, des myalls et des macoubiers, entourés d'une atmosphère imprégnée des parfums unis de l'orange, de la rose et de la jonquille, nos yeux, nos oreilles, tous nos sens, ne pouvaient se lasser de voir, d'écouter, d'admirer toutes ces merveilles.

Sur les plateaux inférieurs de Gibbs'land, dans la région moyenne, il se trouve une zone appelée par les natifs « le Pays des lacs » où, constamment alimentés par les neiges des hauts sommets, des lacs effectivement se succèdent les uns aux autres.

Les eaux claires et tranquilles de ces bleus miroirs de la montagne, constamment battues et sillonnées par des légions d'oiseaux aquatiques, présentaient alors l'aspect le plus pittoresque et le plus animé.

Mais parmi les nombreux habitants de ces fraîches demeures, parmi les Morruks et autres grands échassiers, parmi tout un peuple criard d'anas et de poules marines qui plongeaint et se cachaient à son approche, le *Cygne noir*, comme un général d'armée qui inspecte son monde, passait et repassait, calme et superbe, au front des roseaux.

Ces oiseaux, fins voiliers et puissants nageurs, se voyaient à cette époque en telle abondance dans ces parages, naviguaient de conserve en colonnes tellement profondes, que Mac Grégor, chargé particulièrement du service de la table et du soin de pourvoir à ses exigences, eut pu en *saisir* de cent à deux cents par jour, s'il en avait eu besoin.

Je dis *saisir*, car, pour ne pas effaroucher ces grands aquatiques, épargner notre poudre et éviter tout bruit, Mac opérait ses prises au lazzo.

Caché dans les menthes rouges du bord, amorçant les cygnes avec je ne sais quelle racine odorante de nénuphars dont il les prétendait très-friands, Mac les attirait à lui, les coiffait de son nœud coulant, les saisissait par le cou avec l'adresse d'un *Apache* et, malgré leurs « quak, quak, quak » répétés, les mettait dans sa besace avec l'impassibilité d'un *Huron*.

Pendant près de six semaines nous ne vécûmes que de poitrines et de foies de cygnes et, comme nous nous plaignions de ces délicatesses culinaires par trop répétées :

— Des repas à cinquante francs par tête [1], » disait Mac, indigné. Et ces Messieurs réclament, ils font la grimace, ils dînent du bout des dents. Les perroquets, parole d'honneur, en rient dans les branches.

Après ces remarques malheureuses, Mac, pendant huit jours, ne nous servit aux repas que des hérons nankin et des ibis à tête noire, se réservant pour lui seul les ailes de cygnes rôtis et les foies à l'étuvée.

Le pouvoir d'un « Chef de casserole » dans la montagne est sans limite, l'arbitraire est son code, votre estomac lui appartient. Mangez ou ne mangez pas, peu

[1] Le cygne noir se payait alors deux livres sterling à Melbourne.

La rivière Glenelg.

lui importe; mais ne proférez aucune plainte, gardez-vous d'hasarder l'ombre d'un blâme.

C'est surtout en campagne qu'il faut des Dictateurs.

Si la patrie du cygne blanc domestique, aujourd'hui répandu sur toute la surface du monde, paraît avoir été les marais sombres et profonds qui se trouvent au centre des vastes forêts de la Prusse et de la Pologne, la Nouvelle-Hollande est le seul pays au monde où se rencontre le cygne noir à l'état sauvage.

Lors de l'exploration des côtes de l'Ouest et des premières explorations de l'Australie occidentale, on vit nager ces majestueux oiseaux en si grande abondance sur le cours d'eau principal de cette partie du Continent, que le nom lui fut donné de « Swans river, » *rivière des Cygnes.*

Avant 1849, c'est-à-dire avant l'arrivée des chercheurs d'or (brûleurs de forêts et massacreurs de gibier), le cygne noir se voyait sur la surface de tous les lacs et rivières en nombre considérable.

Le fleuve *Yarra-Yarra* (qui court vite) — sur les bords duquel s'élève aujourd'hui Melbourne — et le *Loddon* son voisin en étaient couverts. Mais à cette heure le *Yarra-Yarra* et le *Loddon* n'en possèdent pas un seul.

Il faut remonter le *Murray*, le *Lachlan*, le *Kindur*, le *Morumbidgee*, etc., pour voir ces beaux oiseaux descendre les courants et fendre les eaux dans toute leur force et leur hautaine élégance.

Le *Neer-Gabby* et le *Kuivaï* des Nagarnooks, éloignés des domaines conquis par les Européens, étaient encore, à l'époque où je m'y trouvai, riches en cygnes noirs. Et je fus souvent étonné, durant les saisons de la mue et de la ponte, de la quantité de ces oiseaux que rapportaient les indigènes.

Se glissant avec une adresse et des précautions félines à travers les sombres herbages et l'épais jungle des graminées aquatiques, ils arrivaient quelquefois si près de l'animal moins vigilant et plus tenace au gîte alors que d'habitude, qu'ils l'abattaient le plus souvent d'un seul coup de dowuk ou de bois de lance.

Dans d'autres occasions, lorsque, quittant les épais fourrés où elle élève ses petits, la mère-cygne se hasarde à les mener promener au-delà des murailles vertes qui constituent sa citadelle, ou quand ceux-ci, devenus déjà de la grosseur des canards et dans toute la fougue, dans toute l'imprudence des jeunes années, quittent d'eux-mêmes les parties touffues et secrètes où s'est écoulée leur enfance, pour s'en aller au loin voir le beau soleil et pagayer en pleine eau.

Koawur, Wollogong, D'jinna, Mulligo, en embûche depuis des heures et qui, couchés à terre, immobiles comme des troncs renversés, n'attendaient pour agir que ce mouvement en avant, se jetaient aussitôt dans le lac, nageaient en silence, tournaient les joncs, coupaient la retraite à la couvée joyeuse et s'en emparaient, — ainsi que de la grande femelle elle-même, qui, obéissant alors aux saintes lois d'amour de la maternité, venait se faire prendre en voulant défendre ses petits.

Les jeunes cygnes, placés dans une écaille de tortue, sur un lit d'herbes aromatiques et cuits lentement sur les cendres chaudes, suivant la méthode indigène, offrent un des mets les plus délicats que puissent donner les eaux dormantes et courantes de la forêt.

CHAPITRE XIV

Larves et Insectes mangés par les Indigènes. — Les *Nenbalgas.* — Opinion des femmes sauvages sur les hommes maigres. — Le *Kobong* des Nagarnooks.

La faune entomologique de l'Australie, comme toutes les autres branches d'histoire naturelle de cette île étrange, est d'une richesse incalculable.

Impossible d'énumérer le nombre de cigales, de grillons, de libellules, d'odonates, de scarabées... bleus, rouges, jaunes... ailés de gaze, mantelés de velours, corselés d'ivoire, cuirassés d'argent bruni, qui courent sur les eaux, se balancent au bout des brins d'herbes, se baignent dans les rosées, se jouent le jour dans les rayons d'or, et dansent le soir dans la poussière pourprée du soleil couchant.

Mais tous ces insectes charmants, pimpants, voletant et bourdonnant, que l'indigène regarde à peine lorsqu'il les rencontre ainsi arrivés à leur état parfait et adulte, attirent bien autrement sa convoitise, quand, perdus sous les racines ou plongés dans les vases, ils ne vivent encore que sous leur première forme, c'est-à-dire à l'état de larves.

Innombrables sont les chrysalides que mange le natif. Son œil avide les cherche partout, et vingt fois, au milieu d'une discussion sérieuse, j'ai vu Mulligo me quitter brusquement, courir à un arbre voisin, saisir sur une feuille un ver à peine visible et l'avaler aussitôt.

Les larves les plus estimées et les plus recherchées cependant sont celles qui se récoltent sur une fougère arborescente appelée *Nen-balgas* par les naturels, *Xantorrhée* par les savants, *Black-boy* et *Grass-rree* par les colons anglais.

Cette fougère qui mesure souvent de quinze à vingt pieds de hauteur est une des plantes les plus précieuses de l'Australie et une de celles qui rendent le plus de services à ses habitants.

Sa contexture rappelle celle d'un pomme de pin à forme conique; son sommet est couronné d'un opulent panache, épaisse touffe de verdure analogue à celle de certains palmiers, et tout son intérieur est rempli d'une résine balsamique rouge-noirâtre qui, lorsqu'on la brûle, donne une suave odeur de benjoin.

Le tronc du balga n'est autre chose qu'une agglomération continue de feuilles rugueuses, massives, creusées en gouttières; de la largeur d'un pied, longues quelquefois de deux mètres et se succédant, s'emboîtant les unes dans les autres comme des cornets de papier.

C'est du balga, quand il est tombé dans un état complet de décomposition végétale, que les natifs obtiennent leurs larves les plus aimées.

Aussi, pour obtenir cette cueillette et la rendre plus abondante, Mulligo, Wollogong et les autres Nagarnooks avec lesquels je me trouvais, ne manquaient-ils jamais, quand sur leur route ils rencontraient des balgas, de leur couper ras ce gracieux bonnet de feuillage qui leur sert de parure et qui est leur vie, car ainsi décapité, le balga meurt aussitôt.

Et plus tard, quelques semaines après, lorsqu'ils

repassaient par les mêmes chemins, ils récoltaient leur récompense.

Deux à trois coups de talon, de pierre ou de tomahawk, fortement appliqués sur l'arbre, en faisaient aussitôt sortir tout un monde de vers, qui, grouillant, se poussant et se bousculant, tombaient des tiges et s'échappaient des racines.

La grosseur de ces larves est généralement celle d'un haricot commun, leur couleur blanc-jaunâtre. Elles se mangent crues ou passées sur les flammes.

Dans ce dernier cas, leur goût est véritablement assez fin, très-aromatique et possède une grande analogie de saveur avec l'aveline napolitaine ou la noisette pourpre du Roussillon.

Les natifs se servent des feuilles du balga liées en faisceau comme de torches, et la lumière qu'elles donnent, grâce aux matières oléagineuses qu'elles contiennent, est vive, égale et s'entretient longtemps.

Ils en couvrent leurs cabanes dans la saison des averses ou en font usage, comme de rigoles, pour amener l'eau des sources lointaines dans les bassins et réservoirs creusés près des *kraos*.

Mais le service le plus important qu'ils tirent de cette herbe gigantesque leur vient de la gomme-résine qu'elle produit. Car c'est de cette *xantorrhée* que découle le suc laiteux avec lequel les indigènes consolident leurs armes, fixent la pointe de leurs lances et le manche de leurs tomahawks.

La ténacité de cette gomme préparée par les femmes natives surpasse celle des meilleurs glues anglaises et est supérieure à tout mastic européen.

Les balgas sont des plantes herbacées et vivaces, dont les fleurs tantôt jaunes, tantôt blanches, forment de longues grappes d'un effet ravissant.

Avec les épis qui succèdent aux fleurs et qui contiennent un liquide onctueux et sucré, les indigènes brassent une boisson des plus agréables.

Outre les larves des xantorrhées, tous les autres Vers, Nymphes et Aurélies qui vivent dans la terre, dans les eaux, sur les feuilles, pendus aux rameaux des arbustes ou blottis dans leurs toiles aux angles des branches, sont toujours saisis avec bonheur par le sauvage qui passe et croqués à l'instant.

Il existe cependant des exceptions.

Dans une de mes visites aux N'gotatks, en compagnie de Koawur et de Wollogong, j'avais remarqué l'ardeur friande avec laquelle tous les membres de cette tribu mangeaient les araignées. Ils les recherchaient avec soin en tous lieux.

Wollogong et Koawur au contraire, qui se nourrissaient volontiers de tous les autres insectes de rencontre, ne touchaient jamais aux araignées et, une fois de retour au village, j'observai avec étonnement que le sommet, les parois et les angles de leurs [cabanes étaient partout festonnés de la toile poussiéreuse de ces filandières.

Comme je m'étonnais de cette différence d'agir entre les deux peuplades et que j'en demandais la raison, mon ami le sous-chef leva lentement le bras gauche et me fit voir sous son aisselle (tatouage dont je ne m'étais pas encore aperçu) l'image en rouge d'une araignée.

— *Kobong* des Nagarnooks, me dit-il.

J'appris alors que chaque grande famille australienne avait pour emblème ou plutôt pour armoirie, soit un quadrupède, un oiseau, une plante ou une fleur, dont le portrait grossièrement tracé d'une façon indélébile sur une partie cachée du corps, servait de signe de reconnaissance à tous les fils de la même tribu.

Ces marques distinctives de noblesse sauvage sont appelées par les naturels « kobongs. »

Un lien mystérieux existe entre une famille et son kobong. Jamais, par exemple, un membre de la tribu des N'gotaks, qui a l'opossum pour kobong, ne tuera un mammifère appartenant à cette race.

En rencontre-t-il un par hasard sur son chemin — n'eût-il pas mangé de la veille — il se détourne aussitôt, se cache avec respect et le laisse passer.

Le trouve-t-il endormi dans une touffe de nopals, ou roulé en boule dans un buisson, il l'éveille doucement et l'aide à s'échapper.

Cette mesure d'agir provient de la croyance qu'a le sauvage que son kobong est son ami le plus cher, et que tuer l'animal dont *son kobong a pris la forme* serait non-seulement commettre une faute grave, mais encore attirer sur sa tête le courroux du *Maître* de la vie et les plus terribles châtiments.

Pour le même motif, une famille dont le kobong est une plante ou une fleur, ne cueillera jamais cette fleur, ne mangera jamais cette plante.

Chaque indigène australien appartenant à une tribu importante a donc son « Esprit favorable » ou « Kobong, » qui, d'après ses idées superstitieuses, veille sur lui, le suit partout et le préserve de toute fâcheuse influence.

L'araignée étant le kobong des Nagarnooks, voilà pourquoi pas un d'eux n'eût osé y porter une dent téméraire.

Ces sauvages insectivores recueillent aussi dans le sol vaseux des marais et sur le bord des ruisseaux tranquilles, à quelques pouces de profondeur, certains hydrophiles encore mal déterminés, de couleur brune, qu'ils ramassent en grand nombre et qu'ils font frire dans l'huile de phoque ou dans la graisse de kangurous.

Ils mêlent à ces bouillies de larves des jaunes d'œuf de tortue, poudrent le tout d'une forte pincée de mouches cantharides, et servent brûlant dans des coquilles chaudes.

Ceci est un service de Grand-Chef.

Le lait de poule des vieillards du Buisson.

Lorsque je reprochais aux indigènes cet appétit malsain, cette passion brutale pour des mets immondes, pour des bouchées hideuses, ils se mettaient aussitôt à rire, à se moquer, et Mulligo ainsi que Koawur me renvoyaient le reproche en m'accusant d'avoir, au bord de la mer, chez leur ami *Pupperrimbul-Paroa*, mangé des *unios* (huîtres crues), mollusques sans tête, pour lesquels ils professent la plus profonde horreur, le plus insurmontable dégoût.

Puis, me disait le gallant Wollogong, « il faut devenir gras à tout prix dans la forêt, les belles ne nous regardent et ne daignent nous discuter que si nous sommes gras. »

Ce désir se comprend.

Car de même qu'un homme de la vieille Europe sacrifie tout pour l'apparence extérieure et que, dans nos capitales, le linge fin, les beaux habits, les riches bijoux révèlent la fortune de celui qui les porte et lui attirent le respect ; de même parmi les tribus australiennes (au costume adamique), des muscles bien nourris, une chair ferme et luisante, annoncent la vigueur, la santé, l'énergie, et décèlent par preuves matérielles, les primes abondantes que celui qui est ainsi charpenté prélève sur le gibier des eaux et des bois.

Dire à un natif qu'il est maigre, c'est lui jeter une injure, c'est le proclamer faible, paresseux, dormeur, sans adresse, inhabile à la chasse, incapable de suffire à la faim de sa chair.

A moins donc d'être doté d'un tempérament sec et bilieux, d'être affligé d'une phthisie pulmonaire ou d'un vice organique radical, tout indigène doit être gras, et ce n'est qu'à cette condition qu'il s'attirera le sourire des jeunes filles, l'amitié des chefs, l'estime et l'approbation des vieillards.

La scène suivante, entre deux naturels qui furent longtemps à mon service, fera comprendre cette coquetterie de la graisse et les idées des Australiennes à ce sujet.

Pendant une de mes nombreuses excursions dans l'intérieur des *Montagnes-bleues*, j'eus une fois pour guide et pour cuisinier deux indigènes de la tribu des *Narrangars*, deux types nommés, l'un *Koon-Berra* (marteau qui frappe, l'autre *Nirro-Gil* (cigale joyeuse).

Le premier, le guide, par sa haute taille, sa gravité imperturbable et sa maigreur constitutionnelle, ressemblait à l'illustre chevalier Don Quichotte de la Manche; tandis que le second, par sa gourmandise, sa carrure épaisse, ses discours intarissables et sa finesse native, était, sauf les proverbes, un véritable Sancho-Pança noir.

Chose curieuse, dans les bois de l'Australie comme dans les villes d'Europe, parmi les sauvages comme parmi les civilisés, il se trouve des natures sensuelles, gourmandes, ne vivant que pour leur estomac.

Tel était *Nirro-Gil*, mon cuisinier.

Nirro-Gil, je ne sais pourquoi (je n'étais cependant pas doux avec lui tous les jours), m'avait pris en grande affection.

« Voulant, disait-il, me rendre gras comme un kangurou qui n'a pas encore quitté sa mère, » il se livrait à de violents désespoirs toutes les fois qu'après de longues courses dans la forêt je revenais à ma tente hâve et décharné.

« Cette existence constamment errante, qui détruisait les bons effets de sa cuisine, prétendait-il, était contraire à tous mes intérêts. »

Si Sancho se trouvait toujours d'accord avec son

âne, *Nirro-Gil* était sans cesse en dispute avec *Koon-Berra.*

C'était entre eux une guerre éternelle.

Berra, amant passionné des bois et voulant m'y entraîner à toute heure, me parlait sans cesse avec enthousiasme de la beauté des points de vue, de la fraîcheur des grands arbres, des fièvres de plaisir que donnait la poursuite des *mé-nù-dhs;* du charme et de l'amabilité des femmes indigènes, que nous rencontrions souvent dans les clairières, se baignant par couple dans le cristal des clairs ruisseaux.

Nirro-Gil alors haussait les épaules, chantonnait d'une façon ironique et déployait tous ses moyens oratoires pour me retenir au logis : me vantant comme bien supérieurs à tout ce que pouvait m'offrir la forêt, le mérite de ses fours de campagne et l'éclat éblouissant de ses marmites d'écaille, plus appétissantes, plus agréables à voir, selon lui, que les plus beaux visages.

Ces discours quelquefois devenaient du plus haut comique.

Un soir, *Nirro-Gil* me fit une scène qui faillit dégénérer en homicide, parce que m'étant laissé entraîner par *'Berra* dans une grande chasse donnée chez une tribu voisine, j'étais resté neuf jours absent.

Revenu dans un grand état de fatigue, il est vrai, Nirro-Gil en m'apercevant m'apostropha d'une façon presque brutale.

— Beau chef que voilà, s'écria-t-il, joues creuses, figure longue, œil de moribond.

— Le souper ! 'Nio, dis-je alors, pour couper court au flux de paroles que je prévoyais. Le souper, je meurs de faim.

— Un ravin sans fond n'engloutira-t-il donc jamais cet odieux *'Berra,* cause de tout ceci? Avoir tant de bonnes choses sous sa tente, cervelles de wombats, entrailles de tortues, têtes d'iguanes, couleuvres, et laisser toutes ces joies de la bouche pour s'en aller au loin flairer les broussailles comme un *Dangou* à jeun.

— Le souper, 'Nio, le souper.

Mais 'Nio tenait son sujet et n'était pas pressé d'en finir.

Il reprenait :

— Koon-Berra, qui a eu pour père un *Boriang* (chien sauvage), ne peut s'empêcher de courir la montagne, c'est dans son sang. Mais toi, chef, qui t'oblige d'agir ainsi ? A quoi te sert d'avoir une cabane d'écorce, un lit de peau d'opossum et 'Nio pour cuisinier ? Chasse au plus vite ce 'Berra qui te fera mourir, envoie le danser sur les grèves avec les bikals et toi, chef, reste avec moi, — avec moi, qui ne serai heureux que quand je te verrai gras comme un *kakopo* qui s'envole d'un *Bani-Bani* (figuier).

Nirro-Gil s'arrêta pour reprendre haleine et comme 'Berra, assis au feu sur ses talons, le regardait impassible et ne soufflait mot, il ajouta :

— Vois cet indigne Koon-Berra, sa langue est morte, la fatigue l'a rendu impotent, il a perdu le pouvoir de rendre ses pensées. Plus muet devant moi qu'une perruche devant un aigle, il ne sait que répondre.....

Comme je voyais au contraire une flamme de colère poindre et grandir dans l'œil noir de 'Berra :

— Assez, 'Nio, cesse ce bavardage, tu ne sais ce que tu dis.

Cette phrase malheureuse fit sur l'éloquence de 'Nio l'effet d'un jatte d'huile sur un feu qui flambe.

— Ah ! je ne sais ce que je dis ! reprit-il, relevant avec fureur la touffe de plumes blanches que, comme fils de chef, il portait dans le chignon : — Ah ! je ne sais ce que je dis ! Je sais me tenir à portée des provisions dans tous les cas, je sais me mettre de la chair sur les os. Mes joues, à moi, ne ressemblent pas à des coquilles vides. .

— Parleur insupportable, m'écriai-je, veux-tu te taire?

— Aussi, quand je me montre dans les villages, les jeunes filles se retournent et me regardent en souriant. Elles se disent : « Comme il est beau, ce 'Nio, comme il est gras, comme il est fort, » et je marche en dressant la tête. Mais quand 'Berra passe devant les cabanes, avec ses jambes d'ibis et son profil de squelette, elles se mettent à rire les jeunes filles et disent : « Lui pas beau ! maigre comme un *Dondarut* au temps des orages. » Elles ajoutent : « Qu'a-t-il fait de ses mollets, ce grand échassier? »

Les inflexions de voix et les gestes qui accompagnaient ces paroles en doublaient l'insolence et faisaient véritablement de 'Nio à cette heure un comédien de grand talent.

'Berra ne put en entendre davantage; se levant avec lenteur et majesté, il dit :

— Ta langue de cigale, 'Nio, ne bourdonne que des sottises, plus lourd de graisse qu'un *Sham-Sham* à la saison des gommes, tu te dis beau ! Incapable de figurer dans les danses sans perdre haleine, tu te dis fort! Quelle jeune fille voudrait danser avec une colline telle que toi? Que sais-tu? Rôtir un *Gamba* sur les braises, griller des insectes dans l'écaille, broyer du grain sur les pierres plates ; belle merveille ! Pas une de nos femmes qui n'en sache autant. La fumée de tes ragoûts, 'Nio, t'a perdu la vue, enlevé l'odorat ; tu ne saurais plus, la nuit, reconnaître ton chemin dans les mousses, ni distinguer à l'odeur la piste d'un *Moruk* de celle d'un *Hépouna*. Pourrais-tu sans te tromper conduire le chef à la source voisine? Tes dents ne pensent qu'à mordre et, comme un *Phoscolome* dans son terrier, à l'époque des lunes rouges (mois des pluies), tu ne fais que sucer tes doigts du matin au soir. La graisse a étouffé ton courage, 'Nio, tu ne sais plus te servir que du couteau des femmes (couteau de cuisine), tu as oublié le chant de la lance. Viens un peu ici, Babogar! que je te l'apprenne.

'Nio, qui était brave, sauta sur son casse-tête. 'Berra se saisit de son tomahawk et, prenant la première position du sauvage sous les armes, les deux guerriers allaient bien évidemment cette fois se ruer l'un sur l'autre et se casser quelque chose, si je ne les avais violemment séparés.

Dans les forêts de l'Australie, comme partout où se rencontre une agglomération d'hommes, surgissent des talents naturels.

Là, les spécialités se dessinent et les supériotés se font jour.

Mulligo, par exemple, était dans la tribu le Nemrod de la chasse. D'jinna, le Milon de la lutte.

Wollogong n'avait point d'égal pour la course et Koawur, par les pas de danse et les chants qu'il savait improviser, était le favori des belles.

Nirro-Gil, lui, était né cuisinier. Il en avait la passion, l'amour-propre, l'insolence et l'entêtement.

CHAPITRE XV

Femmes natives pêchant les grenouilles. — Insectes suceurs. — Autopsie d'un moustique.

La saison de l'année pendant laquelle les indigènes recueillent et mangent le plus de grenouilles et de poissons à coquille de toute espèce, sont les mois brûlants de décembre et de janvier, alors que le soleil, dans toute sa puissance, boit l'eau des sources, abaisse le niveau des rivières et dessèche les marécages.

Les murènes, les crustacés et les reptiles batraciens s'enfouissent à cette époque dans les vases et descendent au fond des lits fangeux pour y chercher l'humidité nécessaire à la vie.

S'aidant alors de leurs longs bras qu'elles plongent jusqu'aux épaules dans les boues liquides, les femmes sauvages les en retirent tout frétillants.

Bien que cette pêche qui leur est particulièrement dévolue se pratique aussi pendant les autres saisons de l'année et qu'elles se saisissent toujours, en tout temps, d'un nombre plus ou moins considérable de ces animaux , ce ne sont véritablement que pendant les chaleurs caniculaires qu'elles peuvent remplir de ces bouchées friandes l'énorme sac de jonc qu'elles portent à cet effet sur l'épaule.

Par une journée des plus ardentes, alors que les rayons qui tombent à pic enveloppent chaque être vivant comme d'une robe de feu, quand tout dort et se repose dans les bois et que le plus grand bonheur est de sommeiller à l'ombre, sur un lit de feuilles fraîches, j'ai souvent vu des troupes de six à huit femmes douées d'une énergie surhumaine entrer nues dans les lacs, marcher jusqu'au-dessus des genoux dans les vases gluantes et se souffletant les unes les autres pour écraser les *Bomb-Gurs* (moustiques) qui les dévoraient, commencer en chantant leur chasse aux amphibies.

Leurs épais et longs cheveux, qui, ébouriffés à dessein en ces circonstances, les préservaient des morsures du soleil, leur donnaient de loin l'aspect des Gorgones.

Souvent alors en tâtant les bourbes avec leurs pieds et en pétrissant les limons dans leurs mains, elles rencontraient des tortues, des anguilles, des grenouilles, des salamandres, dont elles s'emparaient avec des cris joyeux.

Sept à neuf livres pesant de ces animaux étaient en général le butin gastronomique que chacune d'elles emportait le soir sous sa tente.

Comme dans tous les climats intertropicaux, les insectes suceurs forment une famille nombreuse sur la grande terre australe.

Le *Culex*, le *Taon* carnivore et la *Mouche des salles* (sand's fly) de la grosseur d'une tête d'épingle, deviennent dans certaines localités basses de véritables fléaux. Mais même dans les provinces les plus harassées par leurs innombrables phalanges, les tourments qu'ils procurent aux hommes n'approchent en rien de ceux qu'ils infligent dans beaucoup d'autres pays.

Au sein des forêts élevées et sur les plateaux arides, leur présence est partout tolérable et ne dépasse guère le mal et les ennuis que ces sangsues à deux ailes causent en France, dans nos départements méridionaux.

J'ai dormi des années entières, nuit et jour, sous les sapins et les gommiers de l'Australie; et jamais je ne m'y suis vu une face comparable en laideur à celle que je me découvris un matin, à Grasse, département du Var, après avoir laissé ma fenêtre ouverte et m'être innocemment endormi aux sons argentins d'une claire fontaine, qui babillait sa chanson sur la place, à dix mètres de distance de l'hôtel que j'habitais.

Je ne sais si le virus que m'inoculèrent en cette occasion mémorable plusieurs relais affamés de mouches provençales me bronza la peau contre toute nouvelle tentative de ce genre; mais j'affirme que, depuis, ni les maringouins d'Afrique, ni les mosquitos des Antilles, ni les *bomb-gurs* de l'Australie, ne purent me faire fermer un œil et disparaître le nez dans les deux joues, par suite d'une enflure générale, comme le firent si galamment en quelques heures l'aimable compagnie des cousins provençaux.

Sur toute la surface de la terre, sous toutes les latitudes, les plus froides comme les plus brûlantes, les *Cousins* se rencontrent.

Reste maudit, sans aucun doute, de ces plaies hideuses, dont la mémorable querelle de Moïse et des prophètes des pharaons a infecté l'humanité.

En Laponie, les habitants voisins des lieux où gisent les eaux dormantes sont obligés la nuit de se couvrir le visage et de s'enrouler le corps de tortis de paille, pour éviter cet intolérable fléau.

Sur la côte occidentale d'Afrique, les nègres ne connaissent d'autres moyens pour reposer en paix que de se jucher à une certaine hauteur au-dessus d'un grand feu. La chaleur des flammes, la fumée des écorces et le sommeil sur une espèce de gril en bois, leur paraissent plus supportables que la piqûre de ces insectes.

Dans les vastes prairies des Pampas, les G'uauchos ou gardiens de troupeaux deviendraient fous de rage sous les incessantes attaques de ces parasites, s'ils ne s'entouraient au coucher du soleil d'un épais brouillard de fumée.

Les buffles eux-mêmes qui errent et paissent en liberté dans les marais d'Italie, de l'Egypte ou de l'Inde, se plongent le soir jusqu'aux naseaux dans les eaux bourbeuses, afin d'éviter la terrible blessure de ces diptères, dont l'épaisseur de leur cuir ne les garantit pas.

Les anciens Caraïbes, Guaïakouros et indigènes du Brésil, ne négligeaient rien autrefois pour échapper aux coups d'aiguilles empoisonnées de ces ennemis innombrables et, pour ne pas être transpércés, ils se couvraient le corps d'une couche rouge de racou écrasé dans l'huile de ricin. Les couleurs bizarres dont ils se peignaient alors n'étaient donc après tout, dans l'origine, que des vernis épais propres à éloigner les moustiques.

Mais où cet insecte suceur est le fléau le plus terrible, c'est dans certaines parties boisées de l'Amérique du Nord, dans le voisinage des grandes Cataractes, dans les districts des Mandanes et des Osages, sur le territoire de l'Arkansas et le long du cours du Mississipi.

Ecoutez comment en parle M. Elisée Reclus :

« Parmi tous les reptiles qui peuplent les forêts américaines, depuis l'alligator jusqu'au serpent à sonnettes, il en est certainement de hideux et d'effrayants; mais la peste, la calamité, la mélédiction la plus cruelle de toute la Louisiane, ce qui change parfois la vie en un martyre de toutes les heures, c'est un méprisable petit insecte, qui se réjouit dans le nom de maringouin.

« Rien ne le tue, ni les pluies tropicales, ni les sécheresses sénégambiennes, ni les feux de canicule, ni les glaces de l'hiver, ni les tourbillons des équinoxes.

« Le jour, on le voit partout volant par nuées épaisses; la nuit, on entend sans relâche son sinistre bourdonnement. Il s'insinue à travers les fentes les plus étroites, pénètre sous les voiles les mieux tissés et, se précipitant alors sur sa victime, il sonne la charge et annonce d'avance sa victoire en exécutant avec ses ailes comme une fanfare de triomphe, comme une sorte de hallali. »

Dans toutes les Guyanes, le long de l'Amazone, de l'Orénoque et du Rio-Negro, les insectes les plus redoutés des voyageurs et des tribus sauvages qui errent dans les forêts sont bien sans contredit les *Cucuyos*, ou « mouches à feu, » gros cousins qui volent par troupes nombreuses et dont la piqûre cause une douleur semblable à celle que ferait éprouver une épingle rougie au feu et vous perçant la peau.

Les indigènes des îles Andamans, dans la baie du Bengale, n'ont d'autres costumes, la nuit, qu'une épaisse couche de boue, dont hommes et femmes se couvrent tous les soirs avant de s'étendre sur leur lit de mousse, pour se protéger contre le dard des maringouins.

A la Jamaïque, à la Havane et dans toutes les Antilles, les nègres se barbouillent d'argile avant d'aller sarcler les champs de café ou de cannes à sucre, et les Chinois des bords du Yang-Tsékiang (fleuve bleu) se badigeonnent de la même façon et de la même glaise, quand ils vont travailler dans les rivières des provinces de Kouang-Toung et de Tzu-Tchouan.

On peut heureusement se dispenser de ces moyens extrêmes à la Nouvelle-Hollande.

Le culex australien est doux, il est proche parent de celui qui se rencontre dans les parties tempérées de notre beau pays de France, et n'a rien de cette soif de sang qui distingue les mosquitos des Antilles, les maringouins de la Louisiane et les sangrados de Provence.

Chaque royaume, chaque vallée, chaque pièce d'eau dormante de notre planète étant affligés de la présence de cet insecte, les remèdes pour amoindrir les effets de sa piqûre varient suivant les peuples et suivant les climats.

En France, l'huile d'amandes douces, l'eau de Cologne, le vinaigre, la salive, les alcalis sont généralement mis en usage, bien que nul de ces palliatifs n'apportent la guérison. En effet, si ces différents liquides pouvaient s'introduire dans la plaie, peut-être alors éteindraient-ils le feu qui y brûle : mais comment la millième partie d'une goutte d'huile ou d'eau quelconque pourrait-elle pénétrer dans une ouverture faite avec des armes d'une finesse telle que les pointes en sont invisibles?

La méthode la plus simple et la plus salutaire pour diminuer et faire disparaître les démangeaisons ardentes que cause le dard des cousins, est celle employée par les peuples nègres des zones tropicales.

Habitués à vivre au milieu des serpents les plus dangereux, ces hommes se sentent-ils piqués par un crotal ou par un fer de lance, ils portent aussitôt la partie blessée à la bouche et sucent le venin hors de la plaie.

Ils en agissent de même à l'égard de cette petite vipère volante, qui s'appelle « maringouin, » et ce traitement est le plus sage et le plus rationnel.

La succion, la pression et la cautérisation étant, en effet, les seuls moyens à employer pour obtenir quelque soulagement.

La nature, par un motif que notre esprit ne peut concevoir, ayant jugé à propos de créer le cousin et lui ayant donné l'ordre de vivre du sang des hommes et des animaux, ne pouvait, dans sa tendresse de mère et sa logique d'inventeur, lui refuser — comme au soldat qui part pour la guerre — l'épée nécessaire au combat.

Aussi, voyez comme elle l'a pourvu et avec quelle habileté le petit monstre se sert de ses armes !

Tout le monde connaît par cœur le cousin, chacun l'a vu tourner en grondant autour des bougies, se poser sur une main tendue, sur un cou penché, sur un front qui dort; ou, collé contre la muraille, battre des entrechats et tricoter des mitaines.

Semblable dans tous les pays, la grosseur de son corps et la furie de sa piqûre peuvent varier, mais les organes caractéristiques qui le distinguent — la trompe et le suçoir — sont les mêmes dans toutes les espèces et sous toutes les zones.

En avant de leur petite tête de forme cylindrique et très-longue relativement au corps, on voit très-distinctement cette trompe, véritable trousse de chirurgien en campagne, car le suçoir ou l'aiguillon qu'elle renferme se compose de *cinq* petites lancettes parfaitement visibles à la loupe et fort aiguës.

Deux de ces lames portent à leur extrémité des dentelures dirigées en arrière.

L'insecte veut-il piquer, il fait sortir son aiguillon, l'applique sur la surface de la peau et l'enfonce par degrés comme une tarière, couvrant aussitôt des lèvres de sa trompe l'orifice du puits artésien qu'il creuse.

Arrivé à la couche du sang, sa trompe, qui fait siphon, s'en remplit aussitôt.

Mais là gît la difficulté. Comment ce petit être si mince, si frêle, — ayant à ses ordres, il est vrai, des outils souples et vigoureux, — mais si minimes de diamètre, si infiniment restreints de capacité, si délicats de structure, que rien de ce que construit la main des hommes ne peut en donner une idée, comment, dis-je, peut-il parvenir à transvaser dans son corps un liquide comme le sang, lourd, épais, pondérable, composé de corpuscules solides et adhérents.

Le trou de pompe par lequel il aspire et dans lequel doit s'élever le rouge fluide est d'une étroitesse telle que la pointe de la plus fine aiguille ne saurait y pénétrer, et le canal, le tube conducteur par où le sang doit passer, se trouve lui-même d'une dimension mathématiquement insuffisante pour le contenir.

Par quel miracle alors, par quelle force inconnue, par quelle machine de Marly intérieure le cousin parvient-il à dompter cette difficulté, à faire monter, passer le sang dans le tuyau de pompe et à s'en nourrir ?

L'impossibilité d'exécuter ce tour de force étant flagrante et la logique des choses s'opposant à ce qu'une chaîne de puits puisse passer par le trou d'une bague, comment l'architecte du moustique s'y est-il pris pour empêcher sa créature de mourir de faim dès le premier jour?

Le sublime ouvrier lui a tout simplement donné le pouvoir et les moyens de décomposer le sang de l'homme. Il lui a mis dans le corps une cornue et un alambic, avec fourneau et soufflet, au moyen desquels le petit drôle distille lui-même et fabrique pour son propre usage un dissolvant d'une telle force, un venin d'une telle puissance, que la plus fine gouttelette de ce caustique suffit pour désorganiser nos substances sanguines, en changer la nature et les rendre tellement fluides et légères, de lourdes et d'épaisses qu'elles étaient, que notre ami le cousin les pompe dès lors et se les assimile avec la même facilité que les citoyens de New-York, armés d'une paille, pompent leurs *juleps* et leurs *sherrycobs*.

Et quand cette petite vipère à deux ailes est bien repue, elle s'envole, nous laissant comme témoignage de son passage et comme preuve de la conscience avec laquelle elle compose ses poisons des démangeaisons féroces par tout le corps et sur les mains, des lignes d'ampoules qui ressemblent à des cloches de melon dans un potager.

O puissance de l'homme, qui invente les flottes cuirassées, les fusils et les canons à aiguille, qui peut défendre à un million de soldats ennemis, armés de sabres, de bombes et de baïonnettes, de franchir ses frontières, mais qui ne peut empêcher un petit être gros comme un fil de le suivre partout, de pénétrer dans sa demeure et de vivre de son propre sang!

La *mouche des sables* (sand's fly), presque invisible par sa petitesse et la transparence de son corps, est certainement plus redoutable dans les plaines immenses de la Nouvelle-Hollande que le cousin lui-même.

Ces fâcheux insectes voltigent pendant les heures chaudes de la journée en essaims tellement innombrables sur le bord des ruisseaux et dans les parties basses de la forêt, qu'on les prendrait quelquefois pour des nuées qui passent.

S'introduisant dans les narines, dans la bouche de ceux qui dorment, dans les yeux et les oreilles de tous les êtres animés qu'ils rencontrent, ils produisent de véritables tortures et donnent aux faces humaines qu'ils ont piquées l'aspect sphérique et sanguinolent des ballons rouges.

Dans nos recherches comme chasseurs d'or, leur présence nous soumettait parfois à de cruelles épreuves et nous obligeait souvent à suspendre tout travail pendant un jour.

Amantes des lieux humides, toujours en quête de la fraîcheur, ces mouches se précipitent, s'engouffrent en colonnes opaques dans les tranchées ouvertes, dans tous les puits récemment creusés.

Ces terres froides, grasses, argileuses, leur plaisent, les excitent, leur donnent une vigueur nouvelle; et leurs mouvements plus alertes, leurs bourdonnements plus profonds, leur vol désordonné qui éteint les lumières aux angles des galeries, joints à leur plus grande âpreté à mordre, nous obligeaient à fuir, à quitter nos puits, à remonter au plus vite à la surface du sol et à livrer nos champs aurifères au pouvoir de ces légions ennemies, au despotisme de ces phalanges effrontées, contre lesquelles le revolver, les jurements et les remontrances ne pouvaient être d'aucun secours.

CHAPITRE XVI

Les ophidiens de la Nouvelle-Hollande. — Le serpent Diamant. — Le Vaïa-Nendi. — Tête-à-tête au fond d'un trou avec un reptile.

Le groupe des serpents compte d'innombrables espèces à la Nouvelle-Hollande, mais, sauf quatre ou cinq qui appartiennent aux familles des vipères et des hétérodermes (c'est-à-dire dont la puissance musculaire et la morsure sont des plus dangereuses), peu de ces espèces sont à redouter.

Plusieurs, doués d'une beauté superbe, d'autres, frappés d'un cachet bizarre, sont encore inconnus à l'Europe.

Donnons un exemple de ces deux genres.

Un des plus grands et certainement le plus beau de tous ceux qui se réjouissent au sein des rocailles et broussailles australiennes, est sans contredit le serpent *diamant*.

Ce reptile, que nous rencontrions souvent dans nos chasses à travers le Buisson, blotti aux angles des sentiers qui conduisaient aux sources, est d'une splendeur et d'une agilité incomparables.

Quand, mis en fuite, blessé ou épouvanté par la lance

ou les cris de Mulligo, il bondissait en plein soleil au milieu des savanes, il paraissait comme enveloppé d'une armure de cristal.

Il brillait, il étincelait au loin dans les herbes, et les éclats qu'il projetait à chaque mouvement de son corps élancé ressemblaient aux éclairs lumineux que lancent les grands miroirs à alouettes, lorsqu'ils tournent avec rapidité dans les chaumes, sous la main des chasseurs.

Reptile étouffeur, il se nourrit principalement des marsupiaux de taille moyenne, qui vivent au milieu des cactus. Là, il les surprend au passage, les saisit d'un bond, les enlace et les brise dans ses robustes anneaux.

Quelquefois, me disait Koawur, ce serpent pousse la ruse jusqu'à construire lui-même de longs et étroits sentiers qui s'enfoncent en zigzag sous les bruyères. Passant et repassant mille fois sur les mêmes tiges, il les foule, les abat, nivelle le sol sous le poids de son corps et, son piége tendu, son allée ouverte, il se poste à l'extrémité de cette galerie perfide et y attend avec patience que la curiosité ou la faim lui amènent un Pétauriste ou un Pélandoc.

Coupé par tronçon d'un kilogramme et grillé sur les braises, sa chair, qui est imprégnée d'une insupportable odeur de musc, est considérée par les indigènes comme un régal des jours de fête, comme un morceau de choix.

Mort, sa robe, rutilante pendant sa vie, perd tous ses feux et devient aussitôt d'un vert terne et mat.

La longueur ordinaire du serpent *diamant* est de deux mètres. Sa tête est des plus fines, sa forme des plus sveltes et des plus gracieuses.

Le pouvoir créateur qui préside aux productions naturelles du continent austral et qui, suivant toute apparence, a reçu du roi des mondes carte blanche pour donner un corps à toutes ses fantaisies zoologiques, ne pouvait manquer de mettre à profit cette permission divine, pour marquer de son sceau spécial quelques-unes des races rampantes sorties de ses mains.

Elle a donc trouvé moyen, cette chère nature australienne, de créer dans le hideux et l'inconnu un reptile suivant son cœur.

Reptile unique, plat, sans tête apparente, sans yeux, privé de pieds, dépourvu d'anneaux, sans squelette intérieur et sans articulations, se traînant lentement sur le ventre, sautant par bonds convulsifs et pouvant tout aussi bien vivre de la sève sucrée des jeunes arbres que du sang des hommes et des animaux.

Un matin que Koawur, Wollogong et moi, affamés, parcourions la forêt en quête d'une forte pièce de venaison, nous entendîmes tout à coup, au loin, venant d'un massif isolé de grands arbres, des cris, des plaintes, des demandes de secours.

Nous courûmes au lieu d'où partaient ces appels et y trouvâmes un natif, qui, le front et les yeux en partie cachés sous un long et épais bandeau brun, se roulait à terre dans un paroxysme de douleur.

— *Vaïa-nendi!* se mit aussitôt à crier Koawur.

Et pendant que Wollogong se saisissait de l'indigène, le mettait debout et le maintenait immobile, Koawur tira son couteau de sa ceinture et, de sa pointe aiguë, fendit profondément dans toute sa longueur ce que mon ignorance des choses de la forêt m'avait fait prendre tout d'abord pour un bandeau, mais qui n'était en réalité que le corps compacte, gluant et bien vivant d'un animal que je voyais pour la première fois.

Au bout d'une minute, ce corps ainsi incisé se contracta, se détacha de la tête du natif et, s'inondant d'un flot d'écume rougeâtre, tomba sur le sol, laissant sur le visage du malheureux six blessures, six trous profonds et livides, d'où le sang coulait.

Pouvant à peine parler, toujours prêt à tomber en défaillance et buvant son propre sang qu'il n'avait pas la force de rejeter, ce ne fut qu'après une heure employée à aller quérir de l'eau et à lui laver les parties malades que cet homme put nous dire ce qui lui était arrivé.

Examinant de près et sans défiance, paraît-il, le tronc d'un eucalypte pour voir s'il ne portait pas les empreintes du passage d'un opossum, ce *vaïa-nendi*, de couleur sombre et caché dans les mousses, lui avait alors subitement sauté à la face et s'y était attaché.

La vue de cet affreux reptile, des désordres graves que son contact avait causés et la pensée des périls auxquels s'exposaient les dépisteurs en scrutant de trop près les écorces, me mirent, je l'avoue, du froid dans les épaules et me firent jurer à moi-même de ne jamais plus approcher d'aucun arbre sans l'avoir préalablement tâté de ma lance et fortement examiné.

Je ramassai le cadavre, l'enveloppai de feuilles et, incapable ce jour-là de penser à autre chose, l'emportai dans ma cabane pour l'examiner à loisir.

Koawur et Wollogong aidèrent le blessé, qui y voyait à peine à revenir au village.

Ce vaïa-nendi, lorsque demain peut-être il apparaîtra en Europe, est appelé à renouveler les discussions orageuses qui éclatèrent d'une si belle façon parmi tous les naturalistes d'Europe, lorsque se montra pour la première fois, sur leur table à ouvrage, l'*Ornithorhynque paraxodal* (quadrupède à bec de canard).

Véritable enfant de la Nouvelle-Hollande, les uns voulaient que cet *ornithorhynque* fût un oiseau, les autres le déclaraient un mammifère. Ceux-ci juraient que comme les poules il pondait des œufs blancs....

C'était ceci, c'était cela, je ne sais quoi encore.

Un anonyme de Florence (*Annales des sciences naturelles*, 1825) croyant trancher la question, qui s'embrouillait de plus en plus, alla jusqu'à affirmer que cet être mystérieux était hermaphrodite, qu'il possédait deux langues et ne respirait que par une narine, etc., etc.

Impossible de rappeler ici toutes les erreurs et sottises qui se débitèrent à cette occasion.

Cuvier lui-même, le grand Cuvier, commençait à se ronger les ongles et à regarder de travers cet intrus, qui menaçait de bouleverser ses cadres.

Quand heureusement cette énigme à quatre pattes et à bec de canard finit par se justifier et, à la suite de preuves indiscutables, entra triomphalement dans la famille des quadrupèdes, d'où Geoffroi-Saint-Hilaire l'avait déjà honteusement chassé, lui et son camarade l'Echidné, sorte de gros hérisson à bec de serin.

On peut dire que la classification, cette fois, l'échappa belle.

Il en sera de même avant peu, croyez-le bien, pour le vaïa-nendi. Nouvelle pomme de discorde jetée aux jambes des savants de notre hémisphère, par le génie rieur et mystificateur de l'Australie.

Les observations les plus minutieuses qu'il m'a été permis de faire sur ce phénomène rampant, se résument en ceci :

La longueur du sujet que j'avais sous les yeux était de quarante-neuf centimètres, sa largeur de onze, son épaisseur de cinq (milieu du dos).

La partie supérieure du corps (le manteau) était rouge-brun, couleur des troncs, mousses et écorces sur lesquels le vaïa-nendi séjourne d'habitude. Cette portion du corps se trouvait également couverte d'une forêt de poils courts, doux, menus, plantés droits. Mais ces filaments cornés changeaient d'aspect et de nature sur les côtés et aux épaules. Là se voyaient effectivement, pointés horizontalement dans toutes les directions, de gros et nombreux bouquets de poils longs et raides comme la moustache des félins.

Nul vestige d'yeux, de bouche, d'oreilles ne se montrait sur l'enveloppe de cette étrange créature et les deux extrémités de son corps étaient tellement identiques de forme, tellement les mêmes comme coupe ovale, qu'il devenait impossible de dire quelle était la tête, quelle était la queue.

La masse entière enfin, molle, lourde et visqueuse, avait toute l'apparence d'une sole gigantesque.

Si la partie dorsale du vaïa-nendi n'offrait rien de particulièrement désagréable à la vue, il n'en était pas de même de la partie abdominale.

Le ventre, en effet, en raison des dangers cachés qu'il faisait pressentir, était terrible à contempler.

Là, en effet, se trouvaient réunis tous les moyens d'attaque, toutes les armes d'abordage et de victoire de ce redoutable inconnu.

D'un jaune livide et repoussant, ce ventre était moucheté, piqué sur toute sa surface de trous noirs, plissés, dilatables, ayant forme de trèfles.

Toutes ces ouvertures, semblables à la bouche des sangsues et préhensibles, agissaient à la façon des ventouses et permettaient à l'animal d'adhérer fortement aux objets sur lesquels il avait pu se jeter.

Je comptai jusqu'à soixante-quinze de ces cavités sur le sujet dont nous nous occupons. Ces pompes aspirantes, disposées sur trois rangs parfaitement alignés, se montraient plus rares au milieu du corps, mais, en revanche, leur développement y prenait des proportions beaucoup plus considérables.

C'est au moyen de ces soixante-quinze bouches ou disques creux, appliqués sur les écorces fraîches, ainsi que sur la peau nue des animaux sans fourrure, comme l'homme, la couleuvre, les rainettes, les liguanes, que le vaïa-nendi se repaît.

Ce reptile, qui n'a pas encore été classé dans le livre de la science, qui ne remplit encore de son importance aucun bocal de Muséum, qui ne porte aucun nom grec sur la poitrine, aucune de ces étiquettes latines que les savants ont tant de joie à épingler au cou des espèces rares, n'est connu des N'gotaks et des Nagarnooks que sous le nom de vaïa-nendi.

Si l'on prend les racines de ces deux mots : — *Vaï* et *Nen* ou *Nend*, le premier signifiant en terme générique tous les animaux dénués de pieds et qui rampent ; le second, tous les arbres qui produisent les poix, les gommes, les substances résineuses.

Vaïa-nendi peut donc se traduire par *serpent-glu.*

Les naturels affirment que ce reptile ne se meut et n'avance que par un mouvement des plus difficiles, qu'il n'attaque et ne s'empare de ses victimes que par bonds et par soubresauts.

Étendu sur l'écorce ou le tronc d'un jeune eucalypte (toujours à l'ouest, côté de l'arbre le plus tendre, le moins brûlé par les vents du sud, chemin à contre-soleil aussi, que choisissent d'ordinaire tous les animaux qui montent dans les branches), le vaïa-nendi averti par l'exquise sensibilité de ses longs poils, ne sent pas plutôt une couleuvre l'approcher que, se retournant tout d'une pièce juste au moment favorable, il se lance sur cette proie, l'atteint, la couvre de son corps et, au moyen de ses suçoirs, se colle à elle et ne la quitte qu'après lui avoir bu tout son sang.

Il agit de même avec le sauvage qui monte à son arbre ou marche dans ses mousses.

Il se jette aussitôt sur lui, s'attache à sa poitrine, à ses jambes, à ses épaules, à sa tête, s'y applique, s'y étend, s'enfonce dans sa chair et s'y maintient avec une telle force, une telle puissance d'adhésion, que rien au monde, si ce n'est la mort, ne peut l'en détacher.

Un autre reptile fort à craindre également est la *Vipère sourde*, « deaf adder. »

Cet animal, d'une taille petite,— l'*adder* — ne mesure guère plus de 25 à 30 centimètres de longueur, et qui, en raison de la surdité complète dont il est atteint, ne se dérange jamais de sa route, ne fuit jamais à votre approche, devient une fois touché comme possédé d'une fureur indomptable. Il bondit aussitôt et mord avec une frénésie, un acharnement sans pareil, tout ce que ses dents peuvent saisir.

La tête de l'adder est plate, son corps est beaucoup plus gros dans le milieu qu'aux extrémités, et sa queue fourchue, qui s'ouvre et se referme dans ses colères avec le bruit et la force d'une paire de tenailles, est munie d'un aiguillon très-aigu, avec lequel — à l'exemple des scorpionides — il fait des blessures souvent mortelles.

De tout temps, l'homme et la plupart des autres animaux ont ressenti pour le genre reptile une répulsion instinctive, une horreur insurmontable.

Le sanglier d'Europe et le Pécari de certaines provinces d'Amérique en approchent seuls impunément. Le faucon et le héron, le vautour du Cap et le choucas à collier d'Australie, le recherchent, l'attaquent et le mangent.

Quelques jours avant la levée de boucliers et les démonstrations hostiles des indigènes, alors que, réuni à mes amis, nous cherchions ensemble de l'or dans les vallées heureuses du *Funny-Mount*, il m'advint une aventure de serpent qui trouvera sa place naturelle ici.

Un matin, ne pouvant dormir, — l'aube chassait à à peine du ciel les dernières étoiles — je me rendis seul à un puits aurifère commencé la veille et qui n'était profond que de sept à huit pieds.

Au moment où, courbé et les yeux au fond du *Claim*, je piochais le sol et brisais les quartz avec acharnement, j'entendis tout à coup un bruit sourd au-dessus de ma tête et aussitôt un objet lourd et vivant me tomba sur le dos.

Relevé en un clin d'œil, jugez de ma chair de poule, quand je vis que ce qui me rendait ainsi visite était un serpent très-long, gros comme le bras, de couleur jaune et qui déjà roulé en spirale, la tête en arrière, la gueule ouverte, me regardait fixement.

Toutes ces remarques avaient été faites en trois fois moins de temps que je n'ai mis à vous le dire.

Emprisonné dans un trou à pic ne mesurant pas plus de six mètres de circonférence, sans aucune ouverture dans ses murailles, je me tenais collé contre la paroi, me faisant aussi mince que possible.

Malgré ces précautions toutefois, quelques pouces seulement séparaient mes jambes nues de la gueule du serpent.

Je n'osais remuer, je regardais la bête rampante, qui, étourdie de sa chute et probablement fort intriguée de me trouver là, me fixait elle-même d'une façon hébétée.

— Couleur jaune, disais-je, livrée des vipères. Adieu, paniers, mon compte est bon!

Les tempes me battaient et une forte odeur d'ammoniaque commençait à remplir le trou.

Le reptile ne bougait pas, blotti dans son coin il se tenait évidemment sur la défensive.

J'étais sans armes, j'avais bien conservé mon pic à la main, mais je n'osais lever le bras, ni faire le moindre geste, dans la crainte que l'animal, dont l'œil devenait de plus en plus méchant, ne s'élançât et ne me mordit.

Nous restâmes ainsi plus de cinq minutes à nous regarder l'un l'autre.

Une sueur froide me mouillait la racine des cheveux et des flammes rouges me passaient parfois sous les paupières.

— Comment sortirai-je d'ici ? pensai-je.

Prêt à défaillir, — l'odeur subtile et délétère du serpent m'asphyxait, — comprenant très-bien que ma patience ne lasserait jamais la sienne, je me mis alors avec des précautions infinies à lever lentement mon pic, résolu cette fois à tout braver.

Mais à mon second mouvement dans ce sens, le reptile se mit à râler et à porter davantage sa tête aiguë en arrière, ce qui la faisait ressembler au fer d'une lance prête à partir. Son haleine chaude et fétide montait jusqu'à mon visage et le bout de sa queue, qui battait le sol, vint à trois reprises différentes toucher mes chevilles nues.

Je crus véritablement toucher à ma dernière heure.

J'eus assez de force néanmoins pour maîtriser mon émotion et reprendre mon immobilité première.

A ce moment même, j'entendis au loin mes amis qui venaient. O'Brian riant comme un ours qui a mangé des raisins, Ben et Smith chantant faux comme d'habitude.

— Voilà ma mort ou ma délivrance qui approchent, me dis-je.

La vipère aussi avait entendu, car elle s'agitait, nouait et dénouait ses robustes anneaux.

A l'instant où mes compagnons touchaient presque le bord du puits, quand je les sentis à quelques mètres seulement de son orifice, j'appelai d'une voix brève, sans que mon corps remuât d'une ligne, sans quitter des yeux le serpent :

— Mac!

Ma voix devait avoir quelque chose du timbre et de l'expression d'une voix d'outre-tombe, car aussitôt, tout rire, tout chant, tout bruit cessa, tous les pieds s'arrêtèrent.

— Mac alone (Mac seul)! répétai-je du même ton.

Le serpent jaune n'avait pas bougé. Il écoutait.

Je compris alors, en voyant tomber quelques grains de sable, car je ne levai pas la tête, je vous assure, je compris, dis-je, que Mac, couché à plat ventre au-dessus du trou, la tête dans l'ouverture, regardait.

L'obscurité du fond et la nuance ocreuse du reptile, qui était presque de la même couleur que le sol, l'empêchaient de l'apercevoir.

— Qu'est-ce? dit une voix qui descendit comme un souffle.

— Vipère!

— Du calme.

Mac avait vu et compris.

Moins de dix secondes après, passa devant mes yeux comme un éclair, descendit comme le couperet d'une guillotine, et le serpent atteint, s'affaissa.

C'était une de nos grandes et fortes pelles à manche droit et lourd, au fer large et tranchant, que Mac, avec une adresse et un sang-froid dignes d'éloges, avait laissé tomber du haut du puits.

Le serpent, frappé à trois pouces au-dessous de la tête, avait tous les muscles de la gorge coupés.

Me saisissant aussitôt de cette arme, je clouai le monstre au sol et l'achevai en moins de rien.

Toutes mes craintes avaient été vaines, sa mâchoire visitée, je m'aperçus que ce n'était qu'une grande couleuvre d'eau douce.

Nous en fabricâmes le jour même une soupe merveilleuse et comme sa peau qui avait la couleur de l'or mesurait un peu plus de six pieds, Mac en fit un fourreau imperméable pour son fusil favori.

Ces chutes de reptiles, du reste, sont communes sur les *Diggings*. Des serpents en chasse ou activés dans leur course par une cause quelconque et suivant les chemins qu'ils ont coutume de parcourir, tombent souvent ainsi dans des trous profonds, — trous qui n'existaient pas la veille, — et qui la plupart du temps ne se voient pas, creusés qu'ils sont au ras du sol.

Maintes fois par la suite, en descendant au matin dans nos *claims*, nous y avons trouvé des tortues terrestres, des iguanes, des souris, de gros et de petits kangurous qui, dans leur fuite folle devant les chiens sauvages ou dans leur promenade vagabonde, y étaient tombés pendant la nuit.

Le nombre des couleuvres à la Nouvelle-Hollande est très-considérable.

Plus allongées de corps que les vipères et de mouvements plus agiles, beaucoup atteignent des proportions énormes.

Dans beaucoup de provinces d'Europe, on connaît assez l'inocuité de ces reptiles pour les rechercher comme nourriture, et chez presque tous les peuples d'Asie on s'en sert comme d'un ornement.

La petite couleuvre corail des Moluques et sa sœur par la gentillesse, la gracieuse couleuvre azur des îles Marquises, servent de colliers et de bracelets aux femmes indigènes.

Elles enlacent ces joyaux vivants à leurs bras, à leur cou, à leurs chevilles nues.

Dans presque toutes les sporades australes, ces couleuvres corail et azur — emblèmes de constance — se donnent aux jeunes filles par les amoureux comme s'offrent en France les fauvettes et les tourterelles.

CHAPITRE XVII

La chasse à l'assassin. — Lois natives. — Le *Gad-Gurrang*. Comment la justice se rend chez les indigènes.

Depuis plusieurs mois que j'habitais avec les Nagarnooks, je m'étonnais de la vie calme et uniforme que menaient ces sauvages.

Partant d'ordinaire au lever du soleil et ne rentrant qu'à la nuit, toujours en chasse ou en pêche, en quête de racines ou d'insectes, les familles groupées autour de la cabane du chef vivaient entre elles en bon voisinage ; se prêtant volontiers un cygne ou un kangurou aux heures des disettes, s'aidant mutuellement à bâtir les huttes et dansant parfois ensemble aux sons des *koros*, jusque fort avant dans la nuit.

Et moi, qui, sur la foi de faux rapports, avais cru les natifs brutaux et querelleurs, j'étais agréablement surpris.

Que me parlait-on de coups de couteau, de faces sombres rêvant vengeance, d'assassinats quotidiens, me disais-je, je ne vois autour de moi que lèvres riantes et fronts joyeux ?

Deux épisodes tachés de sang qui surgirent coup sur coup dans le village, vinrent modifier singulièrement cette bonne opinion.

A cette époque, connaissant à peu près par cœur toutes les chasses natives et pensant que la ration de fatigue, de poussière et de soleil que j'avais absorbée jusqu'alors, suffisait pour quelque temps à ma constitution, j'avais en partie renoncé à la poursuite des casoars et des *mé-nû-âhs*, aux émotions vives qui en étaient la conséquence et j'employais les jours à parlcourir à mon aise et à étudier la forêt, visitant les grottes, les cascades, les avenues merveilleuses, toutes es beautés naturelles en un mot qu'une main souveraine et prodigue semait à profusion sur la surface du pays.

Mon guide, dans ces excursions charmantes, étai toujours Mulligo.

Or, une après-midi, qu'ayant pénétré avec lui dans un bouquet de *Nipas* s'élevant comme un frais îlot de verdure au milieu d'une plaine aride, et que, marchant sous un dôme touffu de feuilles géantes — les feuilles du *nipas* atteignant jusqu'à deux mètres de longueur — Mulligo me faisait remarquer l'immense diversité des perruches — bleues et roses — qui ornaient et égayaient ce vert cabinet des bois : un natif de haute taille, couché dans les herbes, se leva brusquement à notre approche et, sans répondre aux questions de Mulligo, se mit à fuir devant nous avec la rapidité d'un Kaïpoone :

— Qu'a donc *Boon-Gal* pour courir ainsi? criait en riant Mulligo.

Mais *Boon-Gal*, qui avait de bonnes raisons pour agir de la sorte, ne daigna pas même tourner la tête et, comme poussé par tous les vents des Antilles, se perdit bientôt dans l'épaisseur des lianes et l'obscurité du taillis.

Une heure plus tard à peu près, étendus nous-mêmes sur les mousses et ayant oublié cette rencontre, nous nous livrions à toutes les joies de la sieste, quand le bruit des pas d'une troupe d'indigènes courant et venant à nous, me réveilla en sursaut.

Ils étaient sept, la poitrine, les bras et la figure maculés de sang.

Battant et sondant les broussailles de leurs lances, examinant les écorces et le sommet des arbres, cherchant sur le sol des empreintes, ils paraissaient suivre une piste et n'ouvraient la bouche que pour proférer d'horrible menaces.

— *Gad-Gurrang*, me dit alors Mulligo, se levant à la hâte, l'œil inquiet, le geste effaré.

— *Gad-Gurrang?* demandai-je.

Mais avant qu'il n'ait eu le temps de me répondre, les sept sauvages étaient sur nous.

Ces hommes ainsi tatoués de sang étaient horribles à voir. Et les muscles de leur face convulsés par la colère, la fureur de leurs yeux, les sons rauques qu'émettait leur gorge, proclamaient une telle violence de sentiments, annonçaient une telle rage aveugle, que je me sentis ému.

Ne sachant, par le fait, ce que nous voulait cette espèce de meute humaine, je m'adossai prudemment à un arbre et portai la main à mon revolver.

Quelques phrases rapides échangées entre eux et Mulligo suffirent néanmoins pour me tout expliquer.

Le natif *Boon-Gal*, celui que nous avions vu fuir avec une telle vitesse à notre entrée sous le couvert des nipas, avait le matin même, par surprise et par jalousie, assassiné dans un coin de la forêt un natif nommé *Bumburry*.

Cette mort connue, les proches de *Bumburry* s'étaient aussitôt mis à la poursuite du meurtrier.

Mulligo, qui se trouvait être lui-même par sa femme Kaola parent de ce *Bumburry*, se joignit au *Gad-Gurrang*, me planta là sans la moindre excuse et tous ces fils de Caïn, ivres de vengeance, partirent comme un

Le « Gad Gurrang » ou le « parti vengeur. »

ouragan dans la direction qu'avait dû suivre le malheureux fuyard.

Dans le Code pénal indigène, — cadeau précieux, trésor de justice et de lumières laissé par les ancêtres, disent les natifs, et que se transmettent oralement et traditionnellement, les uns aux autres, les chefs de tribus, — il existe des punitions plus ou moins sévères proportionnées aux crimes et fautes qui peuvent se commettre parmi les noirs.

Ainsi, le rapt est généralement puni de mort, et si la femme n'est pas rendue le troisième jour, non-seulement le séducteur, mais son plus proche parent est sûr d'être immolé.

Le crime d'adultère est puni de mort immédiate, si les coupables sont surpris ensemble.

L'inceste au premier degré est mis sur la même ligne que l'assassinat et puni comme tel.

Le vol dans certains cas graves est aussi puni de mort; dans d'autres, le voleur reçoit seulement dans telle partie du corps désignée un nombre déterminé de de coups de lance.

Frapper un chef, le faire tomber dans une embûche, forcer l'entrée de sa cabane et pénétrer pendant son absence au milieu de ses femmes, sont des actes également punis de mort.

Toutes ces exécutions capitales, qui se font en public, en plein jour, dans certaines clairières, à l'aide de la hache ou du couteau et avec le consentement de tous, n'appellent à leur suite aucune représaille, sont regardées comme justes et leur souvenir meurt et s'efface dans les mémoires, comme meurt et disparaît le corps du supplicié.

Mais il n'en est pas ainsi pour les homicides volontaires, la loi des tribus n'a rien à y voir, les chefs ne peuvent intervenir et le châtiment se trouve remis tout entier dans la main des intéressés, c'est-à-dire des familles elles-mêmes.

D'après ce principe, si un indigène est assassiné par force ouverte ou par guet-apens, et si ses proches viennent à se saisir de l'assassin, ils l'égorgent à l'instant même, sans autre forme de procès.

Cette loi de sang, implacable et terrible chez les sauvages de l'Australie, veut que, si un meurtrier est en fuite ou ne peut être découvert et par conséquent échappe à la juste peine qu'il mérite, ses parents à tous les degrés deviennent immédiatement responsables de sa mauvaise action.

Son père ou son frère sont mis à mort les premiers, et si ceux-ci ont eu le temps et la bonne fortune de se placer en lieux sûrs, le premier mâle ou femelle de la famille que rencontre le *Gad-Gurrang* ou « parti vengeur, » est aussitôt égorgé.

C'est pourquoi, dès que les natifs apprennent qu'un meurtre vient d'être commis et que l'auteur principal du drame s'est échappé, tous ceux qui lui tiennent de près ou de loin se sentent remplis d'épouvante, car nul ne peut dire alors sur quelle tête va tomber le châtiment.

Les frères du coupable, quoique parfaitement exempts de tout blâme, se considèrent tout aussi criminels que lui, — tant est enraciné dans les âmes cet injuste principe de la responsabilité consanguine ; — aussi, s'empressent-ils à la première nouvelle de prendre le chemin des grands bois.

Les *Gono-Gals* seuls, c'est-à-dire ceux qui n'ont aucune relation de famille ou d'alliance avec l'assassin, sont en sûreté, et des enfants de huit à dix ans, jouant, courant, chantant, s'amusant sur les pelouses, s'ils viennent à entendre des voix, qui, au loin, annoncent une mort violente, peuvent à la minute même dire s'ils sont *Jec-dites* (parents) ou *Gono-Gals* de celui qui a tué, et quoique bien jeunes, prennent aussitôt des mesures en conséquence.

Un crime de cette nature venant à se commettre, ceux qui en sont témoins ou le découvrent les premiers jettent immédiatement de grands cris, lesquels, entendus et répétés par d'autres natifs, éclatent en moins de rien comme un orage, courent et se répètent comme mille échos dans la forêt.

La nature de ces cris indique *qui est tué* et *qui a tué*.

Les parents du mort s'appellent alors les uns les autres, s'arment et se rassemblent ; tandis que les proches du meurtrier s'avertissent et s'indiquent les lieux où ils doivent grouper leur force et se réunir.

Ces hurlements de douleur et de colère, qui dans ces occasions roulent dans les bois comme des rugissements de bêtes fauves ; ce corps sanglant que l'on rapporte sur une claie de bambous, ces femmes qui accourent, pleurant, gesticulant, s'arrachant les cheveux, donnent à l'oreille et à l'œil un concert et un spectacle qu'il est difficile d'oublier.

Les funérailles, qui ont lieu de suite, sont à peine terminées, que la poursuite commence.

Tout barbouillés du sang du défunt, ceux désignés pour porter la loi du talion relèvent aussitôt les empreintes de l'assassin et, semblables à une bande de loups affamés, se mettent à suivre ses vestiges avec une fougue et une persévérance plus terribles que celles qu'ils mettent à poursuivre les émus et les kangurous.

Courant le jour comme des limiers de Cuba mis sur les traces d'un esclave échappé, ils dorment la nuit sur la piste et reprennent leur course folle, leur poursuite ardente, dès que l'œil du matin s'entr'ouve à l'horizon.

Il est rare qu'une pareille énergie n'ait pas sa récompense, et, à moins que le meurtrier ne se soit réfugié chez une tribu amie, qui se dresse tout entière pour le défendre, il est bientôt découvert, atteint et tombe percé de mille coups.

La mission la plus importante, le devoir le plus sacré qu'un indigène australien soit appelé à remplir dans tout le cours de son existence, est celui de venger la mort d'un des siens ; et tant qu'il n'a pas rendu coup pour coup, pris œil pour œil, arraché dent pour dent, son sommeil n'est pas paisible et son esprit n'est pas en repos.

Mais, ce qui est rare, s'il ne met qu'un empressement boiteux à s'engager dans le rouge sentier des représailles, s'il ajourne de jour en jour l'heure de frapper, s'il se montre d'une ardeur tiède à préparer le *festin de la vengeance*, les vieilles femmes alors l'accablent de leur mépris, ses épouses menacent d'abandonner sa tente, pas une jeune fille ne lui répond, s'il leur parle ; son père tourne la tête à son approche, et sa mère elle-même, qui ne fait que gémir, lui jette constamment des reproches à la face . elle se soufflette les joues et se frappe le ventre en sa présence, pour se punir d'avoir donné le jour à ce fils lâche et dégénéré.

Mulligo et le *Gad* Gurrang ne rentrèrent au kraos que le jour suivant ; un des frères de Bumburry portait au cou, suspendues à une corde de roseaux, la main droite et la tête sanglante du malheureux Boon-Gal, qui, atteint aux premières lueurs de l'aube, avait été massacré sans pitié.

Quelques jours seulement après cette lugubre aventure, comme je sortais de ma cabane au lever du soleil, je vis qu'un grand émoi régnait dans le kraos.

Les hommes passaient le visage sombre, les femmes gesticulaient plus que d'habitude, beaucoup se lamentaient.

Dans l'espace vide qui faisait face à la cabane du chef, on avait, au moyen de quatre longs pieux plantés en terre et couverts des larges feuilles du micocoulier, établi une espèce de dais, surmonté de banderolles d'écorce teintes en rouge et flottant au vent.

Voyant tous les natifs se diriger vers ce point, je m'y rendis moi-même et Wollogong, que j'y rencontrai, me mit en quelques mots au fait de ce qui allait avoir lieu.

Un indigène important, qui se réjouissait dans le nom compliqué de *Bulbaliko*, possédait trois femmes.

Une d'elles, la plus jeune et la plus jolie, travaillait depuis longtemps — en cachette — à une parure de guerrier, à un *Koa*, sorte de filet à mailles larges ou serrées, dont chaque nœud porte un coquillage de couleur.

Ce *koa*, sorte de jaquette courte qui se passe au cou comme une cotte d'armes du moyen-âge et qui descend d'ordinaire jusqu'au milieu du dos, a également sur chaque épaule, se relevant à la façon des épaulettes écossaises, de grosses touffes de plumes grises et vertes, qui produisent un bon effet.

Bulbaliko, déjà d'un certain âge, d'une grande violence de caractère, soupçonneux et jaloux au possible, avait une fois surpris sa femme dans la confection de ce brillant objet; mais la malheureuse était tellement absorbée dans son travail, tellement plongée dans le choix et le triage de ses coquilles, qu'elle ne l'avait ni vu ni entendu.

Bulbaliko n'avait rien dit.

A quelque temps de là, continua Wollogong, jugez de la fureur de Bulbaliko, quand il vit ce superbe *koa* — ce pompeux objet de toilette qu'il s'était cru bien et dûment destiné — briller, comme une preuve irrécusable de haute trahison, au cou de son voisin, de son ami, grand et vigoureux gaillard, nommé *Wal-luk*.

Bulbaliko accusa Wal-luk d'avoir volé le koa.

Wal-luk se mit à rire au nez de Bulbaliko.

Bulbaliko jura que cet ornement des jours de fête était sien, qu'il avait été tressé pour lui par sa femme favorite.

Wal-luk ria de plus belle au nez de Bulbaliko.

Faible, mais brave, Bulbaliko frappa Wal-luk de sa hache.

Wal-luk, sans armes, faillit tuer Bulbaliko d'un coup de tête dans l'estomac.

Bref, pour éviter que cette querelle ne devînt plus grave et empêcher que les membres des deux familles ne prissent parti pour chacun des leurs, il fut convenu que cette affaire serait portée devant le chef et que l'on s'en tiendrait à ce que déciderait sa sagesse.

Le père de Koawur, assisté de deux vieillards, fut donc chargé de débrouiller cette intrigue et, après avoir bien pesé la plainte, écouté la défense et pris toutes les informations désirables pour éclairer leur esprit, les trois Archontes de la forêt décidèrent que Bulbaliko, évidemment le battu et le lésé, avait droit au sang de son ennemi; mais, comme les preuves du délit dont il se plaignait étaient obscures et ne purent être affirmées par aucun témoignage sérieux, la mort que demandait Bulbaliko pour les deux coupables fut écartée et la réparation accordée par les juges fut simplement que Bulbaliko frapperait d'un coup de lance dans la cuisse Wal-luk placé à vingt pas.

C'était donc à l'exécution de ce jugement que nous allions assister.

Bientôt, en effet, le chef de la tribu, les deux vieillards ses assesseurs et Mulligo le sous-chef, tous les quatre ayant au bras gauche le bracelet blanc de leur grade, prirent place sous le dais improvisé.

Wal-luk entièrement nu fut alors amené par sa famille et Bulbaliko armé de sa meilleure zagaie arriva le dernier.

Un grand nombre de natifs et de natives faisaient cercle autour de ce groupe principal.

Le chef alors fit un petit speech, énuméra les raisons qui avaient servi de base à son jugement : puis, vingt pas ayant été scrupuleusement mesurés, les deux adversaires se trouvèrent en présence.

Wal-luk, calme et froid, l'œil hautain et les bras croisés, écrasait Bulbaliko d'un sourire railleur.

Celui-ci, la joue creuse et les narines pincées à la base, comme les narines de ceux qui vont mourir, n'avait de vivant que les yeux qui flamboyaient.

Au milieu d'un silence solennel, un cri de faucon poussé par le chef se fit entendre.

A ce signal, Bulbaliko raffermit ses pieds au sol, se cambra lentement et leva sa lance.

Son regard devenu tison était rivé sur Wal-luk et exprimait une telle soif de vengeance, une telle joie en même temps de tenir la vie de cet homme au bout de son bras, que je sentis dans l'air comme une catastrophe, que je compris aussitôt d'instinct qu'un acte terrible allait se passer.

Cette scène, grande et imposante jusqu'alors et qui nous tenait tous oppressés, changea d'aspect tout à coup et se fit comique pour quelques secondes. Car Wal-luk, profitant de la liberté de mouvements que lui donnait la loi, se mit à sauter, à danser, à gambader, à remuer bras et jambes d'une façon fantastique ; le tout, dans le but de détourner l'attention de son ennemi et d'empêcher son regard de se fixer assez de temps sur le point indiqué, pour lui donner le loisir d'y jeter son arme.

A la vue de cette pantomime bouffonne, tous les fronts se déridèrent.

Mais cette éclaircie dans un ciel sombre fut de courte durée.

Bulbaliko conservait toujours la même position, le même visage impassible, le même œil menaçant. Son immobilité devenait effrayante et se prolongeait.

Autour de moi, on disait : — « Il attend l'instant

favorable. Au moindre arrêt, au premier signe de faiblesse, de lassitude de la part de Wal-luk, son bras levé frappera. »

Et si j'avais demandé : « Où frappera-t-il, ce bras? »

Tous, sans hésitation, m'eussent répondu : « A la cuisse. »

Tel n'était pas mon avis, les nuages sombres qui passaient sur le front de Bulbaliko, les rides profondes qui ravinaient sa face, sa pâleur mortelle, me disaient la violence de l'orage qui grondait en lui et me faisaient presque deviner ce qu'il méditait.

Bulbaliko, en effet, pendant les deux minutes que durèrent ces différentes scènes, discutait avec lui-même s'il lui fallait vivre ou mourir.

Que lui importait de percer la cuisse de Wal-luk, qu'était-ce à sa haine qu'une blessure guérissable? C'était sa vie qu'il lui fallait, sa vie tout entière.

Son parti pris, sa figure se calma, ses yeux toujours fixes et ardents devinrent moins durs; un sourire indéfinissable plissa sa lèvre, il fit un mouvement d'épaule et sa lance s'en vint comme un éclair trouer la poitrine de Wal-luk et lui traversa le cœur.

Surpris dans une pirouette, Wal-luk tomba comme une masse sans pousser un cri.

Le premier moment de stupeur passé, ce fut autour de moi une clameur épouvantable.

Jamais pareil acte de désobéissance, pareil acte de mépris pour la décision du chef, ne s'était encore manifesté dans la tribu.

Tête basse et les yeux rivés au sol, Bulbaliko, perdu dans ses pensées et comme étranger désormais à ce qui se passait autour de lui, restait immobile à la place qu'il occupait.

La mère de Wal-luk poussait des cris affreux et se déchirait le visage.

Sur un signe du chef, une troupe de natifs avait entouré le meurtrier et lui fermait toute issue.

Alors une délibération de quelques minutes eut lieu, et le conseil ayant décidé que Bulbaliko, par l'acte criminel et injustifiable qu'il venait de commettre, avait mérité la mort, il fut décidé que l'exécution aurait lieu sur l'heure.

En conséquence de cet arrêt, le père de Wal-luk, qui se trouvait présent, retira lui-même du corps de son fils l'arme fatale et presque aussitôt Bulbaliko, auquel je commençais à m'intéresser, tomba percé de part en part de sa propre lance.

Lorsqu'on entra le soir dans son *Ta-al*, la jeune femme, cause première de cette écœurante tragédie, fut trouvée morte, déjà froide, un couteau planté jusqu'au manche dans la poitrine.

CHAPITRE XVIII

Destinée malheureuse des femmes natives. — Ce que l'on gagne à être *belle* dans le *Buisson*. — Colère d'un vieux guerrier, ce qui en résulte.

Si ce drame sauvage m'avait vivement affecté, si la destinée de ces deux hommes, tombés d'une façon si soudaine et si imprévue, m'avait rempli le cœur d'une tristesse réelle, j'eus occasion dès le jour suivant, grâce à une scène d'un tout autre caractère, d'oublier la scène de sang et de retrouver ma gaîté.

Un mot sur la femme indigène et la position qui lui est faite dans les tribus est indispensable ici.

Dès qu'une fille vient de naître chez les peuplades de la Nouvelle-Hollande, elle est aussitôt demandée et donnée en mariage, et, à dater de cette heure, appartient à celui auquel ses parents l'ont accordée.

Bien que vivant toujours sous la garde de son père, celui-ci ne possède plus sur elle aucun pouvoir : elle peut le quitter quand bon lui semble et aller vivre à tout âge avec son mari.

Si ce dernier meurt avant que la jeune épousée ait atteint âge de femme (11 ou 12 ans), elle tombe de droit en puissance de l'héritier du mort, dont les veuves et les enfants vont habiter la hutte trois jours après le décès de leur père et époux.

D'après ces lois qui les favorisent, les chefs et les vieillards, en se donnant ainsi leurs filles les uns aux autres, s'arrangent de manière à conserver pour eux seuls les deux tiers des femmes de la tribu, et, grâce à ces échanges pratiqués sur une vaste échelle, une fille n'est pas plutôt née sous une tente, qu'elle donne à son père le moyen d'y faire entrer une nouvelle épouse.

Si une femme indigène se trouve douée de charmes exceptionnels, les premières années de sa vie ne lui apportent que souffrances et douleurs.

Fiancée dès le berceau à un homme qui la tyrannise et qui, à mesure qu'elle approche de la maturité, la garde avec un œil de jalousie toujours ouvert, avec une fièvre de surveillance d'autant plus inquiète, que la disproportion d'âge qui existe entre eux va grandissant, elle ne peut sans s'exposer aux traitements les plus cruels faire paraître ses préférences, se laisser aller à ses sympathies.

Aux premiers nœuds d'une intrigue, à la première ombre d'une faute, la punition la plus douce qui puisse lui être infligée, c'est d'être attachée à un poteau, flagellée, privée de nourriture.

Surprise par son époux à un rendez-vous clandestin, elle est tuée, poignardée sans miséricorde.

Mais, dira-t-on, les épouses infidèles et les Othellos farouches sont de toutes les latitudes.

Oui, mais où commence la différence et où apparaît dans toute sa triste nudité le sort pitoyable de la femme indigène, c'est dans l'impossibilité absolue où elle se trouve de vivre dans la paix et le maintien de ses devoirs.

Nulle protection efficace ne la couvre de son égide, nulle loi sérieuse, nulle justice régulière, nulle force organisée ne la protége.

Toute garantie pour vivre calme et heureuse sous son toit lui est refusée.

Qu'une native, en effet, veuille être sage, qu'elle se conduise comme une Lucrèce, chérisse son mari — ce qui est rare — et ne donne aucun sujet d'espoir à la foule d'admirateurs qui la guette, des complots, des piéges, des machinations de toutes sortes n'en seront pas moins ourdis autour d'elle pour s'emparer de sa personne et l'emmener au loin. Et pendant les luttes furieuses que dans ces occasions se livrent entre eux — comme les loups dans les bois — les chevaliers rivaux, la belle Hélène ne sera pas ménagée.

Chacun des combattants à son tour, suivant les chances de la bataille, lui ordonne de le suivre, cherche à l'entraîner.

Si elle refuse, si elle résiste, il la frappe aussitôt de son arme et lui fait de graves blessures.

Aussi, le corps d'une jolie fille de treize à quatorze ans est-il déjà généralement tout brodé de cicatrices, tout sillonné de balafres.

Sa beauté a mis en jeu les lances, disent les indigènes.

Compliment flatteur qu'une native ne reçoit jamais sans sourire.

L'abus appelle l'abus, le vol des femmes pratiqué par ceux qui en manquent, n'est qu'une protestation à l'adresse de ceux qui en ont trop, et nous applaudirions volontiers aux actes romains de cette minorité énergique, si la malheureuse femme australienne ne payait elle-même de son repos et de sa liberté, l'interminable série de ces funestes violences.

La première jeunesse d'une native jouissant de quelques charmes n'est donc qu'une suite d'enlèvements, de blessures et de fuites rapides. Se trouvant le prix de combats continuels, le rameau d'or que chacun se dispute, poursuivie sans relâche, passant de mains en mains et entraînée au fond des bois par son maître du jour, beaucoup de ces femmes, d'une élégance qui leur est fatale, battent ainsi les forêts des années entières, couchent dans les cavernes, passent le jour au fond des ravins et, toujours errantes, parcourent des milliers de kilomètres de pays inconnus, sans qu'il leur soit jamais permis de se rapprocher des collines qui les ont vues naître, des vallées qui ont vu sourire leur enfance, des lieux enfin — si chers au cœur du sauvage — où leur mère en chantant les endormaït dans leur berceau d'écorce, suspendu aux branches fleuries des myrtoïdes.

Pour comble d'infortune, si la malheureuse dans ces courses folles, dans ces pérégrinations interminables, devient enceinte, elle n'en est pas moins obligée de suivre son vainqueur et se voit forcément soumise à des fatigues excessives, aux époques où le repos du corps est de nécessité absolue.

En raison de ces circonstances, les enfantements avant terme sont très-nombreux chez les femmes du *Buisson*, et les plus belles, les plus fraîches années d'une Australienne se passent presque toujours sans qu'elle ait pu élever un seul enfant.

Les indigènes se montrent toujours plus joyeux de la naissance d'un fils que d'une fille.

Si l'un ou l'autre néanmoins vient au monde affligé d'une difformité quelconque, il est bien rare qu'il ne soit pas mis à mort sur-le-champ.

Un jour, dans une de mes visites aux N'gotaks, me trouvant dans la cabane d'un chef, sa mère vint l'avertir qu'une de ses femmes venait de donner le jour à un enfant du sexe masculin.

Celui-ci, par une de ces incompréhensibles bizarreries de la nature, était né boiteux, la jambe droite ayant plus d'un pouce de moins que la jambe gauche.

Le père sans prononcer un mot, sans demander conseil à personne, mit son héritier sous son bras et sans plus de cérémonie alla le jeter dans un marais voisin, où le pauvret fut dévoré en quelques heures, par les innombrables légions de salamandres, de crabes et de reptiles batraciens qui pullulent dans ces eaux.

Ici, je placerai un trait de mœurs locales.

Les indigènes, à certaines époques de l'année, font une chasse énergique aux chiens sauvages (Dangous), dont ils recherchent surtout alors les petits. Car les petits chiens rôtis ou cuits au four constituent la plus riche friandise de leur cuisine, le joyau culinaire le plus estimé de tout festin.

Mais ce n'est pas toujours pour s'en nourrir que les natifs se mettent en quête de ces animaux; parfois, bridant leur gourmandise, ils leur laissent la vie sauve et les élèvent dans le but d'en faire plus tard des compagnons domestiques, qu'ils emploient comme défenseurs, comme aides de chasse et comme gardes.

Dans ce cas, ces petits chiens sauvés de la broche sont confiés aux femmes, qui, sans montrer trop de répugnance pour cette besogne antinaturelle, les nourrissent de leur lait, et, sentiment étrange, après quelques semaines de soins, ces mères nourrices semblent éprouver pour ces petits monstres une affection tout aussi tendre que pour leurs propres enfants. Elles les appellent, les cherchent dans la forêt, les caressent et jouent avec eux, comme si c'étaient véritablement les fruits chéris de leurs entrailles.

La veille de l'accouchement dont j'ai parlé plus haut, le chef N'gotak s'était emparé — trouvaille précieuse — de trois petits chiens dangous, qu'il ne voulait voir périr à aucun prix.

Je n'affirmerai donc pas que son violent désir de conserver ces quadrupèdes, ne fût pas pour quelque chose dans son action coupable et ne lui fît pas trouver, en cette circonstance, la jambe de son fils plus courte qu'elle ne l'était réellement.

La polygamie pratiquée par les naturels de la Nouvelle-Hollande et l'inégale distribution des femmes parmi eux, sont les deux sources vives d'où découlent toutes les querelles, toutes les vengeances, toutes les passions mauvaises qui agitent et enfiellent leur cœur.

Les travaux les plus pénibles, la réparation des armes, la construction des huttes, la recherche et la cuisson des végétaux, se trouvant être le partage exclusif des femmes, on comprend de quelle valeur deviennent ces ménagères pour la paresse des natifs et de quels murs de précautions ils les entourent pour les préserver de toute fâcheuse connaissance.

Chaque homme marié dans la forêt se meut dans des alertes continuelles et si la vie errante qu'il est obligé de suivre l'empêche de mettre ses épouses sous les chefs d'un sérail, il s'est montré très-ingénieux du moins à élever autour d'elles de véritables barrières — lois de bienséance et d'étiquette, palissades morales — qui se laissent difficilement franchir.

Quand une tribu se trouve réunie sur un même point de la forêt, chaque famille a sa hutte isolée où se réunissent le père, ses femmes, les jeunes filles qui n'ont pas encore rejoint leurs maris et quelquefois une parente voyageuse, qui se trouve momentanément privée de protecteur.

Les garçons, même âgés de dix ans, sont éloignés de cette cabane principale et choisissent dans le voisinage un autre endroit où, aidés de leur mère, ils élèvent la hutte de branches qui doit les abriter.

Dans ces campements fixes ou provisoires, il n'est permis sous aucun prétexte à un natif adulte et célibataire d'approcher de la demeure d'un homme marié.

Pendant le jour, il chasse, il pêche, court la plaine et la montagne; mais, la nuit venue, il ne peut, sans s'exposer au fer aigu des lances jalouses, quitter les rayons lumineux que projettent les flammes de son foyer.

Toutes ces cabanes se trouvant placées à une assez grande distance les unes des autres et rôder dans leur ombre devenant promenade dangereuse, on pourrait croire que de tels arrangements annulent tout rapport, toute communication, tout esprit de convivialité.

Il n'en est rien cependant et les indigènes ont triomphé de cet obstacle en mettant en usage, le soleil couché, plusieurs sortes de chants ou récitatifs au moyen desquels — à l'aide de certaines conventions de mots, de sons, de cris — ils se parlent de loin, s'interrogent et se répondent.

Les jeunes femmes qui ne rêvent qu'intrigues et qui, dix fois sur douze, ont en haine mortelle le vieillard qu'on leur a donné pour époux, trouvent toujours dans ces occasions une seconde propice pour quitter sa hutte, échanger une parole, une note brève, un regard d'intelligence avec le préféré. Mais malheur à elle si l'œil alerte du mari saisit cet éclair au passage; l'épouse légère reçoit à l'instant même la lance conjugale dans le mollet, et si l'époux outragé se sent assez fort, assez soutenu pour infliger un châtiment sommaire à son rival, il le fait aussitôt en lui jetant rapidement aux bras et aux jambes toutes les zagaies qu'il porte à la main.

Les amis communs alors se précipitent, la mêlée devient générale et, après avoir pendant quelques minutes entendu les cris furieux de tous les animaux à poil et à plume de la forêt, on sépare les combattants et la toile tombe sur une réconciliation mensongère.

Quant à la femme blessée, qui s'est enfuie à la hâte avec son javelot dans le mollet, personne ne s'en occupe.

Innocente ou coupable, personne ne prend son parti.

Quelquefois néanmoins le hasard — cet ami de la jeunesse — arrange mieux les choses; il fait naître en souriant un épisode imprévu, qui met en défaut toutes les surveillances et fait luire, dans le ciel toujours sombre de la femme indigène, une fugitive étoile de bonheur.

L'occasion, alors, est saisie par sa tresse, que c'est merveille!

Le lendemain de la mort de Wal-luk et de Bulbaliko, l'incident suivant se produisit dans le village.

Un vieux guerrier Nagarnook, célèbre dans toute la tribu par son courage et son adresse, s'étant mis ce jour-là même à parcourir son domaine, s'aperçut qu'une bande de maraudeurs avait la veille dépouillé ses arbres à gomme, pêché les tortues de ses criques et décimé ses kangurous.

Rentré le soir dans sa hutte, fou de colère, il avait appelé ses femmes et, d'une voix terrible, leur avait ordonné de lui apporter ses haches et ses zagaies.

Assis à son feu, les jambes croisées sous le corps, il s'était aussitôt mis à les aiguiser.

Et, pour s'exciter à ce travail, il chantait :

Demain, demain,
(*Baramba, baramba,*)
Je percerai le foie de ces misérables,
J'éteindrai la lumière de leurs yeux,
Je boirai le sang de leurs poumons...

Alors, s'arrêtant, il examinait et tâtait du doigt la pointe de ses lances. Comme les quartz en étaient bien affilés, il faisait entendre un grognement de plaisir.

Ses épouses partageant sa fureur et profitant du moment qu'il reprenait haleine, apostrophaient à leur tour les ennemis communs.

Toutes ensemble se prenaient à chanter :

O les vagabonds à tête plate,
Aux pieds tors,
Au torse vacillant,
Aux joues creuses.
Demain, demain
Verra leur agonie.

Le vieux sauvage, heureux de ces invectives et de cette prédiction glorieuse, roulait des prunelles furibondes.

Secouant la tête en signe d'assentiment, il se remettait à dire, aiguisant une troisième lance :

Je leur percerai le foie,
Je leur percerai les yeux,
Je leur percerai les poumons.

Puis, le souvenir des dégâts et des pertes dont il était victime lui revenant plus vif à la mémoire, voyant la pâle disette lui apparaître pour les mois d'hiver, sa violence redoubla.

Il se leva, brandit son casse-tête, interpella ses antagonistes et, se livrant à mille clameurs confuses, imita toutes les différentes péripéties de la bataille qui devait avoir lieu le lendemain.

Ses quatre femmes faisaient chorus. Le tapage était à son comble.

Les enfants et les jeunes hommes du village, attirés par ces cris, accoururent.

Le vieil indigène devint de plus en plus bruyant et, pour donner plus de force à sa parole, se jeta dans une pantomime énergique, frappant de la zagaie, insultant du tomahawk, terrassant, foulant aux pieds toute une légion imaginaire d'ennemis vaincus.

Les jeunes femmes du kraos, qui jusqu'à ce moment s'étaient tenues éloignées de ce tumulte, quittèrent alors les grandes cabanes et, comme des biches curieuses sortant du bois, vinrent tendre l'oreille à ce qui se passait.

Elles se mêlèrent bientôt aux groupes et circulèrent de l'un à l'autre. Les vieux maris cependant, dont la dignité serait compromise s'ils paraissaient s'émouvoir de quoi que ce soit, et qui pour ce motif étaient restés assis impassibles sous leur toit d'écorce, commencèrent à s'inquiéter des bruits confus qu'ils entendaient au dehors.

Ils envoyèrent leur mère et leurs épouses les plus âgées pour surveiller les plus jeunes et les ramener au bercail.

Mais celles-ci, heureuses d'échapper un moment à la réclusion, se mirent à fuir dans les broussailles et à jouer à cligne-musette derrière les buissons.

La scène alors prit un aspect vraiment féerique.

Comme une fois la nuit tombée, toutes ces vénérables matrones ont un effroi mortel des « méchants esprits, » *Boyl-yas* et *karakuls*, et qu'aucune d'elles n'oserait marcher dans l'obscurité sans avoir aux mains une torche de bois résineux, un paquet de fougères sèches ou une botte de joncs allumés, la forêt en un clin d'œil se trouva sillonnée de feux mouvants.

Des étoiles rouges, des flammes blanches, des éclairs, des follets, se mirent à courir au milieu des arbres, à danser dans l'air, à se croiser dans tous les sens.

Après plus ou moins de courbes et de conversions, de tours et de détours, ces lueurs diverses finirent toutes par se diriger vers un centre commun — point de réunion général — où les belles échappées se trouvèrent enfin parquées et réunies.

Une pluie de quolibets profanes accueillit ce succès des belles-mères, des rires et des applaudissements moqueurs firent cortége aux vieilles épouses essoufflées, on applaudit le vieux brave, cause première de tout ce galant tapage ; puis, comme la lune, qui s'était prudemment tenue jusqu'alors cachée sous l'horizon, se dégageait des ombres, apparaissait au sommet des grands arbres et montait impassible dans le ciel pur, inondant la plaine de ses clartés indiscrètes, les jeunes femmes, ne pouvant sans péril prolonger plus longtemps leur absence du Wigwham marital, disparurent enfin une à une derrière les lourds battants grossièrement sculptés, qui, chez les Nagarnooks, ferment la porte des huttes.

CHAPITRE XIX

Amour des naturels pour les chants et la danse. — Instruments de musique indigènes.— Danger pour les virtuoses de ne pas bien battre la mesure. Poésie sauvage. — Chant funèbre. — Chant des jeunes filles, des jeunes hommes. — Imprécations d'une mère excitant les hommes de sa tribu à la vengeance.

A l'instar de toutes les races primitives, les aborigènes de l'Australie sont passionnément amoureux des chants et de la danse.

Les joies et les douleurs de la vie se traduisent pour eux en chansons. Un refrain les console de leurs maux, comme un refrain double le plaisir qu'ils éprouvent.

Sont-ils de bonne ou de mauvaise humeur, tristes ou joyeux? Ils chantent. Ont-ils faim? Ils chantent. Sont-ils largement repus? Ils chantent avec plus de force que jamais. Et ces chants qui les soulagent et les réjouissent ainsi dans toutes les circonstances, ne doivent en quelque sorte cette propriété heureuse qu'à l'harmonie particulière qui les distingue.

Les chansons des tribus australiennes sont simples et courtes, elles ne possèdent en général qu'une ou deux idées et l'air qui les accompagne, sourd et monotone, est dit et redit par le chanteur pendant des heures entières.

Cette musique, qui presque toujours paraît rude et ennuyeuse aux oreilles européennes, peu faites à ces modulations gutturales, à ces notes éternellement répétées, devient au contraire pleine dé grâce et de charme pour l'homme de la forêt, qu'elle berce pour ainsi dire dans l'uniformité de ses cadences et qu'elle assoupit à la longue, comme fait le doux chant d'une mère sur le petit enfant qu'elle endort.

« L'Australie, dit le docteur Trelberg dans sa « *Grammaire raisonnée* de la langue native, possède des « poètes indigènes qui composent des chansons, les« quelles sont d'abord dites et dansées autour des feux « de leurs propres tribus ; puis, plus tard, d'autres tribus « les apprennent et les dansent à leur tour : de sorte « que de clans en clans, de montagnes en plaines, de « collines en vallées, ces chansons finissent par tra« verser et faire sauter tout le continent. »

Une famille australienne fait rarement une visite d'amitié ou de parentage à quelque tribu voisine, sans en rapporter deux ou trois nouveaux chants, lesquels, pendant une certaine période, font rage sous les tentes et y sont autant à la mode que l'est à Paris ou à Londres un nouvel opéra de Verdi.

Quelquefois, ces chants portent le nom de celui qui les a composés, quoique le plus souvent l'auteur en reste à jamais inconnu.

Il existe, du reste, trois ou quatre poètes qui jouissent parmi les indigènes d'une grande célébrité; mais ces Lamartine d'un autre monde, ces Victor Hugo des forêts australes sont-ils vivants et contemporains de notre époque, ou appartiennent-ils aux âges qui ne sont plus? C'est ce qu'il ne m'a jamais été permis de savoir d'une façon certaine.

Quoique la plupart des chants australiens paraissent dénués de toute science harmonique et peu susceptibles de produire sur le cœur la moindre émotion, ils contiennent cependant à n'en pouvoir douter des raffinements et des perfections qui nous échappent.

Durs et discordants comme ils nous semblent, ces airs à deux temps sont, pour les sauvages qui les écoutent, la quintescence du sublime, l'idéal de la mélodie.

Jamais, je crois, un plus frappant exemple de ce que peuvent l'habitude et la diversité des goûts chez les hommes ne s'est encore présenté.

Un natif parfois se livrait à mes côtés à des notes tellement aiguës, aigres et barbares que, si je ne pouvais m'échapper, j'éprouvais véritablement un supplice intolérable.

L'auditoire indigène, au contraire, paraissait se fondre en extase, applaudissait à tout rompre et priait le ténor de recommencer son morceau, dès que celui-ci avait fini.

Si, retournant la médaille, je me mettais à mon tour à vouloir charmer ces idolâtres et à les initier aux beautés véritables de l'harmonie, si, prenant une physionomie de circonstance, je leur roucoulais ma ballade la plus gracieuse, ces noirs enfants des bois m'accablaient aussitôt des moqueries les plus acerbes et riaient à se tordre les côtes de cette musique fade, de ces sons essoufflés, de ces notes qui pleuraient, baillaient, et qui, dans leur plus grand fracas, disaient-ils, n'auraient pas réveillé un opossum.

Et semaines après semaines, ils amusaient leurs amis, les autres sauvages, dans leur rencontre accidentelle au milieu des forêts, en imitant à outrance l'accent, l'attitude et les gestes du pauvre *Chanteur blanc*, y ajoutant de leur propre crû, bien entendu, des ronds de bras, des roulements d'yeux, des battements de gosier et des hoquets convulsifs, qui redoublaient l'hilarité.

Exhibition comique qui jamais ne manquait son effet

et attirait sur la tête du *mime* des tonnerres d'applaudissements.

Les instruments avec lesquels les natifs soutiennent la voix et l'accompagnent sont des plus simples.

Ils consistent d'abord en battements de mains, ils frappent aussi avec un petit bâton qu'ils portent généralement passé dans leur chevelure, soit sur le bois de leurs lances, soit sur une espèce de tambourin grossier, formé de la carapace d'une tortue recouverte d'une peau de kangurou.

Les courges vides et sèches, sur lesquelles les bons nègres frappent avec tant de bonheur en suivant la retraite, chaque soir, à la Havane, peuvent donner une idée approximative des sons harmonieux que rendent ces tam-tams australiens.

Le jeu du petit bâton sur cette boîte vide n'est pas cependant aussi facile qu'on pourrait le croire et donne souvent lieu à des scènes tragiques.

De forme ronde et de bois très-dur, ayant de 30 à 35 centimètres de longueur, il doit être saisi au milieu par le pouce et le premier doigt, et ses deux extrémités, qui frappent la mesure à temps égaux, doivent venir alternativement tomber, suivant le mode, le crescendo et les modulations du chant, soit sur l'ourlet sec et criard de la carapace, soit sur la peau sourde et tendue de l'animal.

Cet accompagnement qui paraît des plus élémentaires demande néanmoins une certaine habitude; et les jeunes gens qui veulent acquérir près des belles une réputation d'élégance, qui désirent être considérés comme la *fleur des pois* du *Buisson*, ne peuvent se dispenser d'y être passés maîtres.

Mais, si marquer la mesure et tourmenter le tambourin d'une manière parfaite pose un homme près des femmes indigènes et lui vaut leurs plus doux sourires, ce talent, s'il est médiocre et si l'oreille de l'accompagnateur est défectueuse, expose celui-ci à de graves dangers.

Dans une fête musicale par exemple, dans une lutte de voix et sous l'ardent regard de ces brunes *Circés* de la forêt, s'il se trompe, perd la tête, manque le rhythme et bat faux, l'enragé chanteur ou chef d'orchestre le rappelle aussitôt à la cadence, en lui logeant sa meilleure javeline dans l'épaule.

Les naturels ont aussi comme instrument de musique le *Boorla*, dont j'ai déjà parlé et dont les sons graves, qui ressemblent au bruit du vent dans les eucalyptes, font sortir les bikals des roseaux.

Presque toutes les danses natives possèdent comme en Europe des airs qui leur sont propres et sur lesquels se règlent les mouvements des danseurs.

Quelques-unes de ces danses, qui ne s'exécutent qu'à certaines époques de l'année, au fond des cavernes ou dans les parties les plus sombres des bois, possèdent dans leurs attitudes, dans le chant, les incantations et le claquement de dents qui les accompagnent, un caractère mystique et religieux parfaitement marqué.

Aussi n'était-ce qu'avec la plus grande répugnance que les indigènes me permettaient d'assister à ces évolutions chorégraphiques.

Ayant ainsi profilé la physionomie générale des chants des tribus australiennes, je vais en choisir quelques-unes dans ma mémoire et les présenter au lecteur, afin que, sur ces échantillons, il puisse se faire par lui-même une idée correcte de la manière, de la forme et du cachet de leur poésie.

La pièce suivante est un chant bref, en grande faveur parmi les naturels de l'ouest ; il se module sur un air sauvage et a trait à un acte de vengeance commis à une date éloignée, par un natif du nom de *Warbunga* :

Kad-ju bar dook,
War bunga loo.
War bunga la,
Kad-ju bar dook,
War bunga loo,
Narra dau-na,
War bunga la, etc.

Ta hache de guerre est là,
O Warbunga,
O Warbunga.
Ta hache de guerre est là,
O Warbunga.
Prends-la et frappe,
O Warbunga, etc.

Une petite strophe favorite, chantée par les mères et les jeunes femmes, quand un frère, un fils ou un amant s'est éloigné, est celle-ci.

Kavro-yol, tagol ya,
Wal but kyle sin doll boula?
Yol tagol, kavro ya.

Reviens ici, chéri, viens vite,
Reviens ici, chéri, viens vile.
Que peux-tu faire si loin de moi ?

J'ai souvent entendu chez les Nagarnooks, de railleuses jeunes filles, voulant se moquer d'un adorateur dont les formes et la constitution générale ne leur paraissaient pas assez robustes, lui chanter en décision :

O Matta, Matta byas?
Kaïpoone byas,
O Matta, Matta byas,
Kaïpoone byas.
Kan-dé ma naar, kan-dé ma narlo?
J-Saïl o marra la byas?
Ka-ar dol gut, ka-ar dol ga-nyo,
Kondi wat, ta-al mil yas, etc.

O quelles jambes, quelles maigres jambes !
Jambes de devant de kangurou.
O quelles jambes, quelles maigres jambes !
Jambes de devant de kangurou.

Où peuvent aller de pareilles jambes?
Qui voudrait suivre de pareilles jambes?
Au premier choc, au premier saut,
Elles vont casser comme du bois sec, etc.

Dans un second couplet, on conseille au malheureux jeune homme de se servir de ses jambes, comme de bûchettes, pour allumer son feu.

Cette chanson est considérée par les natifs comme la fleur des chansons comiques.

Rien ne peut éveiller dans l'âme humaine des sentiments d'une tristesse plus profonde que les chants funèbres des indigènes exécutés par tout un chœur de femmes, qui se lamentent et se déchirent les chairs du visage avec des os pointus et tranchants.

L'effet qu'ils produisent sur les spectateurs est indescriptible.

Voici une strophe d'un des plus courts, fort en vogue dans les forêts de l'Illawara :

Entourant le cadavre.

LES VIEILLES FEMMES *chantent* :
Mam-Mul, Mam-Mul,

LES JEUNES :
Kardang, Kardang,

ENSEMBLE :

Garro a lo.
Me-la Nadjo
Nunk a broo?

Mon fils, mon fils,
Mon frère, mon frère,
Chéri de tous.
Ne te reverrai-je,
Ne t'embrasserai-je jamais?

Les guerriers des tribus ont aussi leurs chants de guerre, qu'ils se récitent à eux-mêmes en marchant et brandissant leurs lances, pour s'exciter au combat.

Mais si dans tous les pays du monde les héros du ceinturon ne brillent pas par une surabondance d'idées fines, les guerriers de la Nouvelle-Hollande en sont encore plus dépourvus que partout ailleurs.

Leurs chants du glaive et leurs appels à la bataille, qui ne contiennent pas un atome d'idées saines, ne sont remarquables que par une concision d'une brutalité extra sauvage. Les bouledogues des abattoirs ne trouveraient pas mieux. Ecoutez plutôt !

Prêts d'en venir aux mains, plusieurs grands chefs, le visage, le cou et le haut des épaules tatoués de raies blanches, roulant des yeux effroyables et grinçant les dents, vont, viennent, gesticulent et frappent le sol du talon.

Ils chantent :

Tid-na danna,	Perçons la tête,
Yudou danna,	Perçons le front,
Diglio danna,	Perçons la poitrine,
Myeri danna,	Perçons le cœur,
Goordus youla,	Coupons les oreilles,
Gonogos Tila,	Ouvrons les entrailles,
Marras Miarla,	Fendons les côtes,
Bolgalas bida, etc.	Abattons les bras, etc.
Etc., etc., etc., etc.	Etc., etc., etc., etc.

Enumérant ainsi rapidement toutes les parties du corps qu'ils ont l'intention de frapper.

En général, quand un événement remarquable arrive sous les tentes, il est bien rare que des chansons ne soient pas aussitôt créées pour en perpétuer le souvenir.

Ainsi, quand *Miago*, le premier noir qui quitta l'Australie pour visiter l'Europe, fut emmené par *le Beagle*, frégate anglaise de la marine Royale, les vers suivants, composés par un natif témoin du départ, furent constamment chantés par la mère de Miago (ainsi du moins l'affirme la chronique) jusqu'au retour de celui-ci.

Ces vers sont restés dans la mémoire des femmes indigènes, qui se plaisent à les répéter.

Ship dal win-jo balo?
Tar dal kio dola gul?
Mela nad-jo,
Nunc a broo,
O Mam-Mul, O Mam-Mul?

Où court ce bateau géant?
Où l'emportent ses ailes blanches?
O mon fils, O mon fils,
Te reverrai-je,
T'embrasserai-je jamais?

Chant des jeunes filles, le soir, quand s'allument les étoiles.

UNE VOIX.

D'jal-lo lya lana?
D'jal-lo lya lana?

Irons-nous à la danse?
Irons-nous à la danse?

CHŒUR.

Mongada. Mongada.
Mongada. Mongada.

Allons. Allons.
Allons. Allons

UNE VOIX.

D'jal-lo iouls lana?
D'jal-lo iouls lana?

A la danse et aux chansons?
A la danse et aux chansons?

CHŒUR.

Wonga-da. Wonga-da.
Wonga-da. Wonga-da.

Courons. Courons,
Courons. Courons.

Et toutes en même temps frappent des mains pour marquer la mesure, ce qui produit un très-bon effet.

Chant des jeunes hommes au lever de la lune :

Ka-ta, garo	La belle, au bois
Monga,	Allons,
Gwab-ba rino	Fleurs et baisers
Boola.	Y sont.
Yar-dig lio ?	Si cœur avez?
Monga,	Allons,
Gwab-ba rino	Fleurs et baisers
Boola.	Y sont.
Ka-ta garo	La belle, au bois
Monga, etc.	Allons, etc.
Etc., etc.	Etc., etc.

Ce nocturne, bien certainement un des plus jolis chants de leur répertoire et qui finit par mettre en scène les feuilles, la mousse, la nature, la brise, les *Bu-taa-las* et les *Karipos* (rossignols et colombes), pourrait pour le nombre de ses couplets rivaliser d'*iné-puisabilité* avec la fameuse bouteille de Robert Houdin. Cette chanson donnerait une stance pour chaque petit verre et finirait par tarir la fiole magique.

Une fois commencée, elle ne finit plus.

La traduction suivante, avec laquelle je fermerai ce chapitre, est celle d'un chant sauvage improvisé en ma présence par une femme d'un grand âge, dans le but de pousser un groupe de natifs à venger la mort d'un jeune homme, son petit-fils, mort d'une cause naturelle, mais dont elle attribuait la fin subite à des actes de sorcellerie et de vampirisme.

Les natifs qui l'entouraient et l'écoutaient avec la plus sévère attention, s'écriaient de temps à autre : *Goran-win, Goran-win.* « Bien dit, bien dit. »

Debout sur ses jambes écartées, brandissant un long bâton et se balançant de droite à gauche, comme un ours polaire fascinant sa proie ; les cheveux épars, les yeux sombres, le front tatoué de blanc et le corps — des hanches aux genoux — enveloppé dans un pagne rouge, cette femme, ainsi posée, offrait le plus beau type de sorcière que l'on pût voir.

Sur un ton lugube et regardant avec effroi devant elle, comme si elle eût réellement vu des apparitions hideuses se promener dans l'air, elle commença :

Golam-Biddies, Ek Kan, Oil.

Jeunes hommes, je parle, écoutez [1].

Les magiciens du Nord, aux paupières chassieuses,
Tissent leurs enchantements la nuit.
Sans ombre dans la lune, ils nous amènent
L'horrible tribu des mangeurs d'hommes —
Des mangeurs d'hommes,
Qui se nourrissent de ceux que nous aimons.

Voyez ! avec des dents qui grincent
Les maudits ont quitté leurs cavernes.
Ils s'accroupissent autour du lit de mousse,
Et mordent au flanc
Leur victime liée dans le sommeil.

Pendant que, sans défiance, il dort,
Les vils *Boyl-yas* banquettent
Sur le malheureux, qu'ils ont plongé d'un signe
Dans une mort passagère.

O Warburg, Warburg, mon cher jeune fils !
Où trouverai-je ton pareil?
Tendrement aimé de ta vieille mère,
Nous ne te reverrons jamais,
O Warburg, mon cher jeune fils.

Golam-Biddies, qui avez toujours été braves,
Vos courts javelots sont-ils bien aiguisés?
Le quartz de vos haches est-il assez tranchant ?
Que les blessures alors tombent comme pluie d'orage,
Sur les boyl-yas.

Que les Boomérangs partent en sifflant,
Coupant l'air de leurs contorsions étranges.
Que les lourds *Dow-uks* écrasent les boyl-yas.
Que les lances soient en fête et boivent le sang,

[1] Je ne donnerai pas ici le texte australien, pour ne pas fatiguer le lecteur.

Vieille femme haranguant des natifs.

L'immonde sang des boyl-yas.
Poussez ce hurlement d'attaque
Qu'ils ne peuvent entendre sans frémir..
En chasse, guerre à mort à ces ennemis des mères,
A ces démons de la nuit.

O Warburg, Warburg, mon cher enfant,
Les cruels boyl-yas t'ont pris à ma tendresse.
Je ne te verrai plus jamais
Warburg, mon bien-aimé!

Suivez-moi, vengeance !
Les hommes de ma tribu sont forts.
Honte et malheur à celui qui recule.
Honte et malheur à qui ne saura pas frapper.

Quand une de ces mégères s'est lancée dans un chant de ce genre, aucun motif au monde, si ce n'est le manque absolu d'haleine, ne peut la décider à s'arrêter, et, du moment où faute de souffle elle cesse de faire rouler sur la tête de ses ennemis des flots de menaces et d'invectives, une autre vieille furie s'empare aussitôt du discours et pousse de plus belle au combat.

L'effet produit par l'éloquence de quelques-unes de ces femmes sur une troupe d'hommes assemblés est vraiment prodigieux ; et la moitié de toutes les querelles, de tous les meurtres et représailles qui ont lieu dans les familles ou de tribus à tribus, n'ont la plupart du temps d'autre raison d'être que ces allocutions farouches, demandant toujours la mort ou du sang.

Comme toutes ces apostrophes en plein air sont pour ainsi dire d'une éclosion spontanée, qu'elles sont prononcées d'un jet, sous l'ardeur, l'ivresse, le coup de fouet du moment, toutes portent dans un pli de leur manteau sauvage une fleur de passion furieuse qu'il est difficile de bien rendre; car aucune plume, aucune phrase ne pourra jamais reproduire d'une manière parfaite ces intrépidités du regard, ces turbulences du geste, ces éclats métalliques de la voix mis en usage dans ces occasions. Moyens oratoires qui ne manquent jamais leur effet sur ces natures primitives, coups d'éperon qui les poussent à la bataille avec la même ardeur que le feraient sur un soldat de France la charge des tambours de son régiment ou la crépitation lointaine de la fusillade.

Je pourrais multiplier à l'infini ces chants et ces improvisations indigènes, mais je pense que ces quelques échantillons suffiront amplement pour donner au lecteur une idée à peu près correcte de ce que sont les poésies comique, tendre et agressive des races noires du continent australien.

CHAPITRE XX

Physionomie générale des forêts de la Nouvelle-Hollande. — Ses arbres.

Pendant mes longues chasses et promenades à travers les bois en compagnie de Koawur, Wollogong et Mulligo, je n'oubliais jamais à l'heure du départ de recommander à ce trio d'indigènes de toujours me désigner les arbres, herbes ou arbustes qui, d'après leurs traditions ou remarques particulières, étaient doués de beautés, de vertus ou de vices exceptionnels.

Ce sont ces connaissances acquises *de visu* qui feront le sujet de ce chapitre.

Les forêts australiennes, que les Anglais émigrants et chercheurs d'or appellent communément *the Bush* (le Buisson), n'ont aucune analogie de ressemblance, aucun lien de parenté avec ce que l'on est convenu d'appeler *forêt* dans toutes les autres parties du monde.

Elles ne possèdent ni la suprême grandeur des forêts américaines, ni les sauvages labyrinthes de bambous des forêts de l'Inde, ni les gigantesques fouillis d'arbres entrelacés et d'avenues colossales — champs de courses séculaires des lions et des éléphants — des forêts du Cap.

Elles ne possèdent pas même les ombres profondes

et les périls à l'eau de rose des grands bois d'Europe.

Rien de farouche, de grandiose, d'énergique ne sort des plis monotones de leurs horizons ; toutes ont la physionomie honnête et bienveillante, l'aspect froid et régulier d'un parc impérial. C'est le même calme, le même ordre, les mêmes gazons verts, le même éternel tapis de fleurs et de clochettes roses qui se déroule à l'infini ; les mêmes terrains accidentés de collines, de ravins, de roches grises pleurant des sources, les mêmes arbres bien plantés, bien séparés les uns des autres.

Partout enfin la même placidité de paysage, les mêmes larges espaces où l'air et la vue courent, le même imposant silence, la même absence de tout danger.

Ni jaguars, ni pumas, ni panthères noires sous les feuilles ; point de serpents crotales dans les broussailles, nul amphibie à dents aiguës dans les roseaux, et, sauf la chauve-souris vampire, le chien sauvage ou *dangou*, quelques scorpions et vipères, — bagage d'animaux malfaisants qui se rencontrent sous toutes les latitudes, — l'Australie entière n'abrite pas une seule bête féroce dans la boue jaune de ses marécages, dans la solitude de ses taillis.

Si toutes les autres forêts du globe qui secouent leurs panaches de verdure dans le bleu du ciel, sont d'odieux champs de carnage et de gigantesques abattoirs, si toutes représentent la guerre active et la lutte éternelle, les forêts australiennes — quand les hommes n'en troublent pas les échos par leurs sottes querelles — sont de véritables sanctuaires de repos et de paix.

Jamais une plainte lugubre, jamais un sifflement d'attaque, jamais un rugissement de colère ne viennent troubler le calme de la nuit ; et si ce n'était le chant des rainettes bleues au sommet des grands arbres, le cri des opossums qui, la lune levée, courent et se poursuivent le long des branches, le roucoulement des palombes dans les massifs de mimosas et le coup de trompette aiguë que jettent à la hâte, aux vents du soir, les kakatoès attardés : on se croirait plongé au fond du puits de la Grande-Pyramide et séparé de tous les bruits vivants.

Le silence des heures sombres, dans ces forêts profondes, a quelque chose de tellement solennel et l'ouïe, grâce à la limpidité de l'atmosphère, y acquiert une telle puissance, que les souffles les plus légers qui passent — agitant leurs ailes — vous arrivent avec une netteté incomparable.

Enveloppée d'un fluide plus transparent et plus sonore que le cristal, l'oreille perçoit les vibrations les plus faibles : penchée, elle entend le vol des phalènes, la marche des scarabées sur les tiges, le trot des fourmis bouledogues dans les mousses, — le brin d'herbe courbé soulevant la feuille qui l'écrase.

La plupart des arbres qui composent les forêts de la Nouvelle-Hollande, l'emportent généralement du double en hauteur sur ceux les plus élevés de nos climats.

Parmi les plus beaux et les plus utiles, il faut compter en première ligne les Eucalyptes, myrtes gigantesques, répandant une odeur agréable, donnant une ample moisson de fleurs et produisant une gomme d'un grand usage dans l'industrie.

Leur bois de couleur rouge sombre, très-dur, très-pesant, incorruptible, peut être employé avec succès dans toutes les constructions de terre et de mer.

Les Eucalyptes se classent et se divisent en espèces nombreuses, chacune d'elles possédant un cachet d'utilité qui lui est propre.

L'*Eucalyptus globulosus*, par exemple, dont j'ai déjà parlé, a des racines pleines d'une eau agréable, qui sauve souvent de la mort les malheureux exténués de soif et perdus dans la forêt.

L'*Eucalyptus robusta* fournit en abondance des vivres aux marsupiaux. Cet arbre, dont la première branche se trouve parfois à cinquante pieds du sol, produit un fruit pareil pour la forme à une pipe de terre commune, dont se délectent et s'engraissent les kangurous.

D'autres, par l'ampleur et l'épaisseur de leur feuillage, couvrent d'ombres bienfaisantes et de senteurs balsamiques des lieues entières de terrain. Tel est l'*Eucalyptus media*, qui atteint fréquemment 250 pieds et grandit avec une rapidité prodigieuse [1].

Mais le plus imposant, le plus majestueux de toute cette superbe famille, est l'*Eucalyptus amygdalia* (l'arbre à menthe poivrée) dont les cimes vertes montent jusqu'à 400 pieds dans la nue.

Il n'y a dans l'univers entier que le *Wellingtonia gigantea* de la Californie, — dont on connaît un exemplaire de 450 pieds de hauteur, — qui puisse disputer la palme à ce géant de la Nouvelle-Hollande [2].

En raison de ses qualités vraiment souveraines, l'Eucalypte a toujours joui d'une grande popularité en Australie, où il est regardé comme l'arbre national, l'arbre roi, l'arbre par excellence.

C'est au point que les premiers colons qui s'établirent à Sydney (Nouvelle-Galles du Sud), choisirent tout

[1] Ce sont les Eucalyptes de cette espèce qui bordent aujourd'hui certaines routes des environs d'Alger.

Plantés en décembre 1863, ayant 1 m, 20 de hauteur, ils atteignent, au moment où j'écris ces lignes (1867), 22 mètres d'élévation.

[2] Lors de l'exposition anglaise (1862), le palais de Cristal contenait des troncs énormes de l'*amygdalia*, et des planches de cet arbre, amenées de Van Diémen par le capitaine Mac Dougall, mesuraient 40 mètres de long, sur 4 m, 50 de large.

Une planche monstre de 60 mètres de hauteur, sur 1 m, 80 d'épaisseur, avait même été préparée. Mais elle resta sur place, aucun navire sur rade n'ayant été reconnu assez fort pour la transporter en Europe.

d'abord pour leur *Emblème* l'Eucalypte à feuilles rugueuses, *the rough leaved Eucalyptus*, le *Verri-Barri* des indigènes.

Après les Eucalyptes, qui n'ont point d'égaux, viennent les Pins de la baie de Moreton, l'*Araucania imbricata*, de Cunningham.

L'*Araucania* vient à peine d'être acclimaté chez nous, qu'il est déjà fort à la mode, bien que Paris n'en possède que des sujets nains.

Placé comme plante d'ornement dans l'avenue de l'Impératrice, au Pré Catelan et dans divers autres endroits du Bois de Boulogne, l'*Araucania* n'acquiert pas en France plus de 15 mètres ; tandis que j'en ai rencontré sur toute une longue étendue de côtes — au nord de la rivière Campbell surtout — des multitudes qui formaient des pyramides grandioses.

Plantés dans un terrain vierge et chauffés par un soleil tropical, les *Araucanias* atteignent de 200 à 250 pieds d'élévation.

L'arbre le mieux connu du continent austral est le *Cedrella australis* ou Cèdre rouge, dont le tronc atteint dix pieds de diamètre. Son bois de teinte pourpre a l'aspect de l'acajou, mais il est plus chargé de veines et plus richement dessiné. C'est le seul que les Européens aient employé jusqu'à ce jour dans leurs travaux d'ébénisterie.

Après le *Cedrella*, vient en raison de son importance le bois de Rose, *Rose Wood*, dont la hauteur est de cent pieds. Ce bois est beau, de grande durée et très-propre à faire des ouvrages d'ornementation.

Comme il possède une forte odeur de romarin, due à une essence huileuse qu'il renferme, il rendrait pour ce motif de grands services dans nos pays pendant l'été, un lit fabriqué avec ce bois ne contenant jamais d'insectes.

Au genre Acacia (les acacias sont tous originaires

des contrées extratropicales de la Nouvelle-Hollande) appartiennent les bois odorants de l'Australie, parmi lesquels se remarque au premier rang l'arbre gracieux connu sous le nom de *Myall*.

Ce bois aux senteurs délicieuses — le *Myall* exhale un parfum de violettes des plus prononcés — deviendra sans aucun doute dans un temps prochain fort à la mode en Europe pour les meubles d'art et de luxe. D'un brun olive, tout veiné de bandes sanguines, il est d'un grain très-fin.

Très-dur et très-élastique, c'est avec le bois du *Myall* que les indigènes construisent leurs *Boomérangs*, leurs *Dowuks*, leurs *Wammeras* ou massues et les petits bâtons qu'ils portent dans les cheveux et dont ils se servent pour battre la mesure dans les danses publiques et les fêtes musicales.

Les Lilas australiens se rencontrent dans les forêts en nombre considérable. Le vert de leurs feuilles est celui qui, par la finesse et la délicate transparence des couleurs, se rapproche le plus du vert des arbres de nos climats.

Leurs fleurs blanches, rouges, jaunes, qui tombent en lourdes grappes comme celles de nos jardins, sont comme elles douées de senteurs exquises.

Deux de ces lilas, en raison d'une particularité curieuse, méritent d'être signalés.

L'un, le *Melia australis*, ou Lilas blanc, ne commence à exhaler ses senteurs qu'au moment où le soleil se lève. Puis il cesse d'émettre tout parfum au moment précis où cet astre se couche.

Le second, au contraire, appelé par les Anglais *Night Scented* (qui sent la nuit), n'a d'autre odeur pendant le jour que celle d'une botte d'herbes communes. Il n'exhale pas le plus léger arome tant que Phébus brille dans le bleu; mais aussitôt que le crépuscule tombe, il ouvre ses cassolettes et imprègne l'air des effluves les plus suaves. Et ainsi fait-il tant que flamboient les étoiles et que la nuit couvre la terre des longs pans de son manteau brun.

Aux premières lueurs argentées de l'aube, son pouvoir odorant disparaît comme par enchantement, la fée des fleurs ferme ses encensoirs et ses odeurs pénétrantes cessent de flotter dans les brises.

Heureusement alors que le Melia se réveille et recommence à son tour à embaumer la forêt.

J'ai souvent regretté de n'avoir pas apporté en Europe, dans mon chapeau, à l'instar d'un botaniste célèbre, un échantillon de chacun de ces charmants arbrisseaux.

Parmi les arbres bizarres de la Nouvelle-Hollande, on remarque les *Casuarinas*, nommés aussi Chênes blancs, bien qu'ils n'aient rien de commun avec les chênes de Bretagne.

Ces arbres pittoresques et surtout aquatiques poussent tous dans les fleuves en pleine rivière, au milieu des courants.

Arrêtant alors ce qui passe, bambous et branches cassés, feuilles, troncs et bruyères roulant au gré des eaux, ils deviennent en peu d'années le centre d'une île fleurie où viennent pondre les grands cygnes noirs à bec rose, où s'ébattent et se donnent rendez-vous les Mooruks et les Pélicans.

Une autre espèce, dit *Chêne boudeur* (Gruff oak) parce qu'il est constamment seul, sortant toujours de terre près d'une roche isolée, dans quelque coin désert du paysage, est un arbre morose, bas et branchu, qui n'a été utilisé jusqu'à ce jour par les émigrants que pour faire des lattes et des planches pour la toiture et le parquet des habitations. Le bois de cet arbre, qui se fend avec une régularité et une facilité prodigieuses est sous sa rude enveloppe un des plus beaux de la Colonie. De couleur d'ambre pâle, il est tout pointillé de mouches brunes et zébré de bandes roses.

Vient ensuite le *Palmier-chou*, haut de cent pieds. On ne le rencontre guère en dehors de la région tropicale.

Ses palmes servent à la fabrication des chapeaux.

Il existe aussi un autre palmier, doté de la forme la plus originale. Ne s'élevant pas à plus de six mètres et allant toujours en s'évasant de la base au sommet, cet arbre presque sans rameaux ressemble de loin à un énorme verre de champagne.

Ce palmier, que les natifs nomment *Mun-duna*, possède suivant eux de grandes vertus médicinales.

Sont-ils pris de courbatures, affectés de crampes, sentent-ils un rhumatisme filer sa toile dans leurs genoux, ils recueillent aussitôt une grande quantité de moelle de cet arbre, y ajoutent des feuilles et des écorces sèches, font du tout un gros tas, y mettent le feu; puis, se suspendant au-dessus à une branche, ils restent ainsi dans le plus épais de la fumée — suant et toussant — jusqu'au moment où, à moitié asphyxiés et boucanés, ils tombent de leur perchoir, se déclarant complétement guéris.

Baissons le rideau maintenant sur ces descriptions individuelles, qui nous mèneraient trop loin.

Parlons en bloc de la forêt superbe.

Partout des fleurs, partout des arbres d'une beauté bizarre, qui forcent chacun à se retourner en passant.

C'est d'abord, à chaque pas, l'immense tribu des gommiers dont on ne peut se lasser d'admirer les proportions élégantes, les troncs polis, blancs et satinés comme des marbres. Puis, le *Shea-oak*, l'arbre à foin des indigènes, dont les branches pleines de grâce, plus longues, plus fines et plus flexibles que les tiges de nos saules, balayent le sol dans tous les sens.

C'est encore le *Figuier de Bass* qui donne la cire; le *Paluka* qui donne la manne; le *Pommier de la rivière des*

Cygnes qui, outre ses pepins savoureux, aimés des perruches et des iguanes, montre aux regards émerveillés, se balançant à dix mètres de hauteur, toute une multitude de grandes roses amarantes de la grosseur des choux.

Et les dominant de son panache noir, comme un chef suprême, le robuste *Iron bark tree* (l'arbre à écorce de fer) qui peut aisément cacher un homme dans chacune des rides profondes de sa rude écorce.

Vivant sous la protection de ces princes de la forêt et se plaisant dans leur ombre, se montre ensuite toute une gracieuse famille de fleurs charmantes, toute une svelte phalange de bruyères roses, toute une adorable légion de mimosas, dont chaque feuille brisée donne une odeur d'héliotrope et dont chaque calice, véritable grelot d'or, est un vase de parfum.

Puis vient l'innombrable armée des cactus à la cuirasse épineuse et aux tiges semées d'étoiles pourpres, qui ressemblent à des taches de sang. Les *Doryanthes*, qui ont l'aspect d'immenses buissons formés d'épées romaines, la pointe en l'air; le *Sabal*, dont les feuilles curieusement glissées donnent des éventails de quatre mètres de tour, que des géants allant à la noce seraient heureux, j'en suis sûr, d'offrir à leurs commères; et au milieu des débris des périodes primitives, plongeant ses racines dans les laves éteintes et se dressant comme une fleur de paix et d'amour sur les ruines désertes des anciens volcans, — l'orgueilleux *Lis des rochers*, haut de cinq mètres.

Ce lis magnifique, inconnu de nos serres, se plaît le soir à faire voyager dans les brises ses divins aromes, et sa fleur, plus blanche, plus veloutée que la fleur des camélias, mesure un mètre de circonférence.

Nommons encore, pour mettre un terme à cet aperçu de la flore australienne, l'amie fidèle des sources vives, la simple et modeste *Salsaparilla* qui jaillit de toutes les fentes du sol, se glisse dans toutes les broussailles, traverse en ponts de liane les torrents fougueux, se penche aux lèvres des abîmes, grimpe et s'enroule au tronc des arbres, et, retombant de branche en branche, ou de rocher en rocher comme une cascade de feuillage, forme d'admirables rideaux de verdure, étoilés de millions de petites fleurs bleues qui, par leur douce nuance et leur senteur pénétrante, semblent être les sœurs de nos violettes et les cousines germaines de nos muguets.

La salsepareille, dont tout le monde connait le prix et les vertus médicinales, est une des plantes favorites et des mieux aimées des femmes indigènes. Mettant à profit l'incomparable flexibilité de ses tiges, elles s'en façonnent avec beaucoup de coquetterie des colliers et des couronnes, s'en couvrent également les hanches, le sein, s'en font des voiles; et plus d'un malade de notre froid hémisphère serait, sans aucun doute, fort étonné, si on lui disait que cette racine jaune, sèche et hideuse, dont il se compose aujourd'hui une décoction salutaire, était autrefois une glycine verte et charmante, pleine de fleurs, et avait pendant tout un jour servi de tunique, de tablier végétal à quelque belle Ève aux yeux de charbon, des tribus sauvages du Darling ou de l'Illawara.

Un arbre funeste, l'effroi des natifs et des émigrants d'Europe, me reste à faire connaître.

Cet arbre, appellé *Wi-Waga* par les indigènes, mérite, en raison de son importance dans la forêt, des pouvoirs dangereux qu'il possède, et des légendes qui se rattachent à sa naissance, les honneurs d'un chapitre à part.

CHAPITRE XXI

Le Wi-Waga ou l'arbre de l'Oiseau.

Les indigènes possèdent d'innombrables légendes sur leur origine, la formation des contrées qu'ils habitent et le *Wi-Waga*, fléau de leurs forêts.

Voici quelques-unes de ces légendes, telles à peu près qu'elles m'ont été contées, sous les frais rameaux du *Loddon*, quelques années après ma visite chez les Nargarnooks.

La Nature, fille aînée du Grand-Esprit, ayant eu un jour la haute fantaisie de se créer à elle-même un jardin de plaisance, fit sortir de la mer tout un Continent.

Elle le couvrit d'un dôme d'azur toujours bleu, le dota d'un printemps éternel, et, ayant étendu sur le sol son manteau de velours vert, tissé des gazons les plus fins, elle ordonna aux brises bienfaisantes de souffler sur cette Terre nouvelle, sema sur les collines les gommiers touffus qui donnent l'ombre, secoua dans les vallées les fleurs les plus merveilleuses de sa couronne, et jeta dans les bois tout un monde d'enchantements, tout un peuple d'oiseaux chanteurs.

La Terre australienne ainsi éclose et tirée des profondeurs de la mer se mit à flotter à sa surface — souriante et fleurie — comme un Lotus des grandes eaux.

Et la Nature fut satisfaite.

Alors *Moo-to-Ony* lui demanda quelle race humaine habiterait ce paradis ?

La Nature et le Grand-Esprit délibérèrent, puis ils créèrent, comme étant seule digne de peupler ce jardin de beauté, la *Race noire aux longs cheveux*.

— Et voilà comment, me disait en se cambrant dans la majesté de ses cinq pieds cinq pouces, *Tom-Borro-Ya* (chef de l'une des tribus du Loddon), cette terre superbe appartient à ma race, la grande *Race noire aux longs cheveux*.

Mon ami *Tom-Borro-Ya* (celui qui mord), chef très-fin, très-subtil et le plus effronté voleur de chevaux de tout son clan, prétendait également que chaque soir, quand tombe le crépuscule, la Nature, toujours satisfaite de son Australie, venait, suivie de ses nymphes, danser des pas d'un autre monde sur le sommet des montagnes ; lui-même, ajoutait-il, dans ses courses nocturnes, avait souvent vu les blancs fantômes sauter en rond dans les taillis.

Une tradition courante parmi les natifs dit également que, pour maintenir les forêts dans leur état d'ordre et de beauté parfaite, la nature — bonne mère — envoie chaque nuit une bande de jardiniers invisibles, qui, à la lueur des étoiles, peignent les collines, ratissent les clairières, relèvent les arbres abattus, soufflent des senteurs célestes sur les plantes qui dorment, et écrasent soigneusement de leurs lourds talons les œufs visqueux des boas et des crocodiles, que des Génies malfaisants et jaloux, revenant de la Chine ou de l'Inde, laissent parfois et à dessein tomber dans les herbes, en passant dans les airs.

— Mais, disais-je alors à *celui qui mord*, tes jardiniers invisibles qui écrasent ainsi tous les mauvais germes, n'arrachent donc pas les mauvaises plantes ?

Pourquoi laissent-ils verdir et grandir le wi-waga dans les forêts ?

Et Tom-Borro-Ya me raconta cette autre légende.

Un jour vint où les Enfants de la race noire commirent des fautes et irritèrent le Grand-Esprit. Celui-ci, pour les punir, leur envoya un oiseau gigantesque qui, après s'être mis à planer au-dessus de leur tête et avoir causé dans la forêt des orages épouvantables par le battement de ses ailes, alla enfin s'abattre, vers le soir, dans les sombres jungles de l'*Illawara* (partie du continent australien d'où l'on suppose que l'*Arbre-ortie* est venu), et là, ayant fait en terre d'un coup de bec un trou profond, il y déposa soigneusement une grosse graine rouge qu'il tenait cachée sous sa langue; puis, ayant recouvert le dépôt et marqué le sol de ses griffes, comme il en avait reçu l'ordre, il reprit le chemin des Palais étoilés et se perdit dans la nuit.

La graine rouge, pleine de force et de pouvoirs surnaturels, germa vite; des milliers de pousses vertes, armées de pointes aiguës plus dangereuses que la blessure des *Ka-as* [1], jaillirent du milieu des herbes et s'étendirent comme de l'eau courante.

Jamais on ne put extirper cette plante maudite, et les myriades d'arbres géants qui sortirent de ses racines, plus nombreuses aujourd'hui dans les bois que les fils de la race noire dans les villages, empoisonnèrent la forêt.

Cette graine était le germe du terrible wi-waga (l'arbre de l'oiseau des indigènes), et le *Nettle-tree* (l'arbre-ortie des colons anglais).

Cet arbre-vipère, la punition et l'ennemi de la race noire, se penche sur le versant des collines, disent les natifs, pour piquer ceux qui l'approchent; il tend ses feuilles et ses branches vers ceux qui passent, et il ne

[1] Couteaux de justice, servant à tuer les coupables.

les a pas plutôt touchés, qu'en vertu de sa puissance mortelle que lui a transmise l'*Oiseau*, il les jette paralysés sur les gazons.

— Comment supposer, en effet, me disait toujours Tom-Borro-ya, que le simple contact d'une feuille commune puisse produire de tels ravages, si cette feuille de feu, sortie des jardins de *Vi-ami* (Enfer), n'était pas un instrument de vengeance, une verge de châtiment dans les mains du Grand Juge?

Quittons maintenant, lecteur, le palais enchanté de la fiction pour le cottage sans arabesques de la vérité, et disons ce qu'est véritablement le *Wi-Waga*, tel que nous l'avons vu nous-même, défiant les vents, craint de tous, fort et immobile comme une tour de verdure au milieu des forêts australiennes.

Avant cependant de formuler d'une manière précise les dimensions de cet arbre, que messieurs les naturalistes nous affirment être une *Urtica* (ortie), expliquons en quelques mots ce que sont les orties principales des autres parties du monde. Cette simple comparaison fera comprendre mieux que tout ce qui pourrait être ajouté l'immense différence qui existe entre ces dernières et le wi-waga.

La famille des *Urticacées* (orties) se compose de végétaux herbacés, disséminés sur presque toute la surface du globe, mais se plaisant principalement dans les régions tropicales et surtout en Asie ; leurs feuilles, d'une nature particulière, sont recouvertes de poils fins et aigus remplis d'un fluide âcre et brûlant, qu'ils introduisent sous la peau par la piqûre.

Nos espèces indigènes sont au nombre de trois.

L'*Urtica urens*, ou ortie brûlante, appelée aussi petite ortie, et haute seulement de quelques centimètres;

L'*Urtica dioïque*, ou grande ortie, haute souvent d'un mètre;

Et l'*Urtica pilulifère* à feuilles hérissées, commune dans nos départements méditerranéens.

Les fibres corticales de plusieurs orties vivaces ont une ténacité et une finesse qui permettent de les utiliser comme d'excellentes matières textiles.

Notre ortie *diorique*, par exemple, donne de fort bonne toile et est cultivée en Suède sur une grande échelle; il en est de même pour l'ortie du Canada, qui, introduite en Angleterre, y jouit d'une faveur méritée.

Mais les plus importantes et les plus remarquables à cet égard sont les orties étrangères.

L'*Urtica nivea* (l'ortie neigeuse) de Chine, et l'*urtica utilis* (l'ortie utile) des îles Malaises.

L'*Urtica nivea*, que les Chinois appellent *Tchou-ma*, atteint quelquefois deux mètres de hauteur. Cette ortie a de grandes feuilles presque rondes, dentelées et couvertes en dessous de poils abondants d'un beau blanc de neige. Elle est originaire de la Mantchourie, où on la cultive par milliers d'hectares.

L'*Urtica utilis* des Indes hollandaises, que les Javanais nomment *Ramie*, atteint un mètre quatre-vingts centimètres; ses feuilles rappellent celles de l'*Urtica nivea*, mais elles sont plus grandes, plus longuement acuminées et grisâtres en dessous.

La base des tiges égale la grosseur du pouce et ressemble à la tige du chanvre d'Europe. Cette ortie, comme celle de la Chine, donne d'excellents fils.

Le *Ramie* est cultivé dans les Moluques, aux Célèbes et dans toutes les îles de l'archipel Indien. Sa filasse est d'un beau blanc de nacre, très-douce au toucher, tandis que celle du *Tchou-ma*, au contraire, est rude et de couleur verdâtre.

A Java, à Mindanao, à Timor et à Sumatra, les naturels préfèrent les fibres de cette ortie à celles de toute autre plante textile pour la fabrication de leurs filets, de leurs hamacs et de leurs cordes à piége.

Les Urticacées les plus remarquables et les plus puissantes atteignent donc rarement, on le voit, la taille même des arbrisseaux; elles sont également peu dangereuses, et quelques minutes suffisent, d'ordinaire, pour faire disparaître l'ampoule et les démangeaisons violentes qui résultent de leur piqûre.

Comment alors, à moins d'être un savant naturaliste, reconnaître pour ortie un arbre dont le tronc mesure de sept à huit mètres de contour, dont la dernière feuille se balance quelquefois à quarante mètres de hauteur, et dont le simple contact, à moins de secours les plus prompts, est presque toujours mortel?

Dans la plupart des forêts de l'Australie orientale. l'*Urtica gigas*, telle qu'elle se présente aux yeux, est un arbre d'une rare beauté : il possède la force et la grâce, et ses branches puissantes jettent avec hardiesse leurs ramures dans toutes les directions; sa feuille est large, massive, presque ronde et paraît sœur, pour la ressemblance, de celle de l'héliante tournesol (ou grand soleil).

Hérissées en dessus, ces feuilles sont recouvertes en dessous d'un nombre incalculable de poils déliés, d'une finesse extrême, sorte d'aiguilles végétales dont chaque pointe, en pénétrant dans la chair, verse un caustique d'une telle violence, que des chevaux galopant sans guide à travers la forêt, s'ils viennent à se heurter au tronc de cet arbre ou à donner de la tête dans ses feuilles, chancellent aussitôt comme des hommes ivres, tournent sur eux-mêmes et tombent en convulsions.

Quant aux conséquences de sa piqûre sur notre espèce, voici un fait dont j'ai été témoin.

Parcourant à cheval en 1859, en compagnie de quelques Européens, les forêts de l'Illawara à la recherche de nouvelles essences forestières, un des nôtres, un botaniste lyonnais — nouveau débarqué — que nous avions cependant convenablement averti, eut la folle pensée de se saisir d'une des feuilles du wi-waga, comptant sans aucun doute en enrichir son herbier; mais le wi-waga lui ménageait une leçon de botanique expérimentale à laquelle il était loin de s'attendre ; car à peine l'eut-il touché du bout du pouce, que bras et mains furent comme frappés de mort.

L'effet eut lieu avec le foudroiement d'un choc électrique ; les doigts, convulsivement pressés les uns contre les autres, et devenus instantanément livides, refusaient d'agir, et le bras, qui pendait le long du corps, comme cassé, avait la froideur et la rigidité d'un bras de marbre.

Dire le chaos de notes lamentables qui jaillirent alors des lèvres du malheureux Lyonnais serait impossible.

Notre guide-chef, *Ta-Via-Ya* (l'Opossum noir), vieux sauvage des plus actifs et des plus expérimentés, ayant d'un coup d'œil compris l'imprudence et la punition, se jeta à bas de sa monture, et, avec une agilité merveilleuse, se mit à courir çà et là, cueillant à la hâte des touffes de feuilles de forme bizarre, rondes et plissées, que donnait en abondance une sorte d'*Arum* qui rampait dans les herbes tout aux environs.

La bouche pleine de ces feuilles qu'il mâchait et remâchait à la manière des bœufs qui ruminent, Ta-Via-Ya se saisit du blessé, le mit nu jusqu'à la ceinture, et, tout en poussant du nez et de la gorge des sons étranges, — bouffées de plaintes intraduisibles, notes prises aux vents d'orage, chant de mort et d'évocation des races noires, — il se mit à frotter, frotter sans relâche, le bras, l'épaule et la main malades, les humectant sans cesse de ce baume tiède et vert de feuilles d'arum hachées par ses dents.

Après vingt minutes de frictions ardentes et de mélopées sauvages, dont la mélancolie lugubrement monotone semblait être la musique naturelle de ces solitudes, notre joie fut vive de voir les doigts, blancs et morts jusque-là, renaître à la vie, se couvrir d'une teinte vermeille, s'étendre, se mouvoir, briser petit à petit les liens de glace du poison, et reprendre enfin leur jeu facile et leur souplesse ordinaire.

Le cri de joie que poussa Lazare, lorsqu'il vit se lever la pierre de son sépulcre, ne fut ni plus profond ni plus rempli de reconnaissance que celui que jeta notre imprudent camarade, quand il sentit que son bras et ses cinq doigts lui étaient rendus; il se mit à faire le moulinet avec le bras gauche, le moulinet avec le bras droit; puis, après avoir fait craquer ses phalanges et s'être livré des deux mains, pendant dix minutes, à toutes les extravagances des doigts napolitains jouant à la *morra*, il s'élança, se pendit au cou de « l'Opossum » et l'embrassa six fois, quoique ce cher guide — les deux yeux entourés de cercles jaunes — eût bien certainement la plus vilaine tête de chat-huant qui se pût voir et que le jus de son affreux remède, qui lui coulait encore en mousse verdâtre le long des lèvres, lui couvrît la bouche et le menton.

La nature, on le voit, place presque toujours à côté de la tige qui tue, la plante qui sauve ; mais elle laisse à la sagacité humaine le soin de la découvrir, et dans cette chasse aux antidotes, les sauvages, rôdeurs de la forêt, sont nos maîtres.

Ce mode de guérison du vieux *Ta-Via-Ya*, du reste, est exactement le même que celui mis en usage en Angleterre par les petits enfants, qui, dès qu'ils se sentent mordus (*bitten*) par une ortie, cueillent aussitôt une feuille d'oseille, l'écrasent entre leurs doigts et s'en frottent la partie malade, disant pendant tout le temps :

Nettle, nettle, go out, and thou, dock, get in.
Ortie, ortie, va-t'en, et toi, baume d'oseille, entre.

Ces paroles, du moins, sont honnêtes et intelligibles; on comprend ce que chantent cès doux chérubins aux lèvres roses; mais qui jamais saura ce que chantait le nez du vieux chef, et qui me redira les vocables lugubres et les cantilènes de tristesse que râlait sa gorge ?

CHAPITRE XXII

Les Koon-nats. — Récolte des gommes. — Grands festivals dans la forêt. — Perturbation profonde apportée dans l'existence des natifs par la venue des Européens.

Depuis mon arrivée chez les Nagarnooks au mois d'avril, — mois de novembre du calendrier australien, — sept mois s'étaient écoulés.

Nous touchions à l'automne et un changement notable se manifestait chaque jour dans l'atmosphère.

La température, qui jusqu'alors s'était maintenue entre 37, 40 et 45 degrés centigrades, se mit graduellement à descendre jusqu'à 24, 30 et 35 degrés.

Les grandes chaleurs avaient vécu, le bonhomme soleil, fatigué, ne tourmentait plus son brasier que d'un bras affaibli.

La douce influence des brises automnales se faisait sentir, tout semblait renaître.

Le chant des perruches à tête d'or redoublait sous les feuilles, et la forêt plus verte, plus active, moins affaissée, s'échevelait joyeuse dans les vents.

Les poumons de l'homme aussi se sentaient plus à l'aise, et ses jambes, prises de mouvements fébriles, ne demandaient qu'à s'agiter.

Cette époque de transition entre les feux ardents de

la canicule et les pluies froides de la saison mauvaise, est toujours attendue avec impatience par les indigènes et choisie par eux pour les longs voyages et les expéditions importantes.

Ils se battent alors, règlent les querelles laissées en arrière, ou se rendent des visites amicales et s'en vont au loin recueillir les plantes et les racines destinées à leur servir de provisions d'hiver.

Parmi ces productions de réserve que recherchent avec soin les natifs, il est une substance nutritive qu'ils préfèrent à toutes les autres.

Cette substance, c'est la gomme.

Les Nagarnooks, de moitié avec les N'gotaks leurs voisins, possédaient depuis longues années, à quelques jours de marche de leurs villages, un pays nommé *Vérula*.

Pays de plaines immenses, où les *Koon-nats* couvraient les deux tiers du terrain.

Le koon-nat ou tragucenthum est, de tous les acacias et mimeuses de l'Australie, celui qui produit la gomme la plus fine, la meilleure et la plus abondante.

Ces petits arbres épineux, qui dans certaines parties du Vérula croissaient serrés les uns contre les autres comme dans une pépinière, avaient, au premier mois du printemps (octobre) et aux derniers jours de l'automne (juillet), leurs branches littéralement chargées à rompre de ce comestible précieux.

N'gotaks et Nagarnooks saisissaient donc toujours avec empressement ces deux dates, pour se réunir en assez grand nombre et vivre ensemble pendant quelque temps de ce végétal favori.

Le mois de juillet australien qui s'achevait, était précisément une des deux époques où le fruit des koon-nats se trouve être en pleine maturité. Aussi depuis quelques jours des préparatifs de départ se faisaient activement dans le kraos.

Koawur et Wollogong, qui faisaient partie de l'expédition, — Mulligo, dont une des femmes était alors assez sérieusement malade, restait sous sa tente, — me proposèrent de me joindre à eux, me promettant des spectacles curieux, tout un panorama de scènes nouvelles.

J'acceptai leur offre, me joignis à la colonne et le lendemain même, au coucher du soleil, nous nous mettions en route avec le contingent voyageur de la tribu, conduits par un vieux coradji de première classe, qui lui-même se guidait sur les étoiles : car nous ne marchions que la nuit, nous reposant et dormant le jour dans l'herbe des sources, à l'ombre noire des massifs épais.

Le passage de la région des bois fut splendide, et après avoir cheminé de cette façon toute une semaine, du sud au nord , au milieu de sites ravissants, bleuis la nuit par les pâles reflets de la lune et traversés par des courants, de parfums ; nous arrivâmes enfin dans les vallées profondes du Vérula.

Une vingtaine de N'gotaks nous y avaient déjà précédés.

D'autres natifs, faisant partie des tribus étrangères, mais amis, vinrent également nous y rejoindre, et huit jours ne s'étaient pas écoulés que plus de cent cinquante indigènes des deux sexes se trouvaient réunis sur ce point, — disséminés dans un rayon de deux à trois kilomètres.

Les cabanes construites et chaque famille s'étant isolée suivant l'usage, on procéda tout d'abord à la récolte des gommes.

L'incalculable abondance qu'en donnaient les koonnats permit aux femmes d'en amasser en quelques jours des quantités prodigieuses, qu'elles disposèrent en tas énormes tout le long du frais et gentil ruisseau sur les bords duquel nous étions campés.

Les tragucenthums dépouillés de leur ambre nutritif, une opération plus difficile restait à parfaire, car les gommes sèches, friables, divisées en un nombre incalculable de boules et de morceaux, ne pouvaient être ainsi transportées dans les villages.

Un matin, je vis une troupe de natives, armées de gros marteaux de bambou, se diriger en chantant vers la forêt voisine, où je me permis de les suivre.

Là, après avoir choisi une certaine quantité de *korals*, bouleaux de trois à quatre mètres de circonférence, elles se mirent à en frapper vigoureusement les tiges avec un marteau dans chaque main. Puis, après les avoir de la sorte bien battus, bien meurtris, elles leur enlevèrent avec une dextérité remarquable leurs écorces, de la base du tronc jusqu'à deux mètres de hauteur.

Ces écorces furent ensuite placées sur les épaules et chaque travailleuse s'en revint au logis.

Qu'allaient-elles faire de ces écorces ?

Elles les plongèrent tout d'abord dans l'eau courante, les maintinrent au fond à l'aide de grosses pierres et, quand elles furent devenues flexibles, elles commencèrent à les travailler.

Les deux bouts de chaque écorce ayant été soigneusement joints, liés, puis cousus et chaque trou, chaque interstice, hermétiquement bouchés avec des glus natives, je vis bientôt, sous les mains industrieuses de ces femmes, se former de véritables pirogues.

Je riais déjà en moi-même à l'idée d'une navigation sur un fleuve de huit pieds de large, sur trois de profondeur, quand je m'aperçus que je me fourvoyais grossièrement dans mes conjectures.

Ce n'étaient ni des canots ni des pirogues que ces pauvres femmes construisaient avec leur adresse ordinaire, mais des auges, de véritables auges destinées à recevoir et à faire dissoudre les gommes.

Et quand celles-ci, après un bain prolongé, furent

devenues malléables, les femmes les pétrirent, les épurèrent, les façonnèrent en lingots, en tourtes, en pains et percèrent chacune de ces pièces d'un trou, afin que, quand elles seraient suffisamment durcies par le grand air, elles pussent être traversées d'un bâton et transportées de la sorte dans les kraos.

Ces gâteaux de gomme ainsi préparés constituent la substance alimentaire principale des tribus de l'intérieur, lorsque arrive le démon des orages et que gronde dans la forêt le mauvais génie des averses et des inondations.

Que faisaient les hommes pendant tous ces travaux?

Les hommes dormaient, se baignaient, se contaient des histoires, joutaient de force et de vitesse, ne tournant qu'une tête indifférente aux manipulations culinaires qui s'exécutaient autour d'eux.

Le nombre des natifs cependant augmentait toujours, et la vallée principale où abondaient les koon-nats était devenue un champ de foire, un véritable marché.

Là se faisaient les trocs et se concluaient les échanges.

Deux boomérangs pour un tomahawk, une couverture de peau d'opossum pour trois lances, des ceintures de poil de chauves-souris pour des manteaux d'écorce, des colliers de griffes pour des wahnas sculptés, cinq boules de vermillon pour un diadème de plumes, des clous et des aiguilles (os et épines) pour un boorla ou un couteau de silex.

Spectacles curieux, scènes véritablement réjouissantes, qui me montraient sous une physionomie toute nouvelle le caractère, la ruse, l'effronterie et la fourberie des indigènes.

L'heure du négoce passée et les ventres repus, venaient les chants et les danses, les intrigues amoureuses, les jeunes femmes qui disparaissaient (jamais seules) dans l'obscur labyrinthe des taillis. Les époux qui couraient et cherchaient, les mères qui se désolaient, les frères qui se faisaient de longs discours et s'excitaient à la vengeance.

Puis les disputes, les combats furieux, les mêlées, les hurlements d'attaque, le sang qui coulait. — Une femme infidèle qui fuyait avec la lance conjugale dans l'épaule, le galant qui sortait du bosquet adultère avec un bras rompu.

Ajoutez à ce tumulte les cris de douleur et d'appel, les allées et les venues des curieux, les exorcismes des boyl-yas, les paroles de paix des coradjis, et vous aurez un tableau parfait des plaisirs du jour de messieurs les sauvages.

Au coucher du soleil, les feux de bivac s'allumaient aux flancs des collines, les torches s'agitaient et se poursuivaient au fond des ravins, les tatouages les plus monstrueux se montraient sortant de toutes les cabanes.

Ceux-ci, la tête et les côtes blanchies de raies horizontales, avaient l'aspect repoussant des squelettes; ceux-là, rouges des cheveux aux talons, ressemblaient à des vaincus que l'on aurait écorchés.

D'autres enfin, couverts de plumes, affublés de peaux, imitaient à s'y méprendre le bavardage des kakatoès, les bonds des émus, les gestes extravagants des kangurous.

Et descendant des arbres, sortant des broussailles, venant des marais, le sifflement des vipères, le cri des aigles, le chant moqueur de la pie rieuse, le râlement des grenouilles, le kou-lou-lou lugubre des renards-volants.

Imitation parfaite de tous les bruits de la forêt, dans laquelle excellent les indigènes.

Toutes ces scènes enfin, toutes ces péripéties terribles, grotesques — charmantes quelquefois — font de ces journées et de ces nuits comme autant de clous de fer ou d'or qui, plantés dans la table de chêne de votre mémoire, ne peuvent plus s'en arracher.

Le sauvage de la Nouvelle-Hollande, on le voit, passe sa vie à parcourir la forêt; mais s'il rayonne ainsi constamment du centre à la circonférence et de la circonférence au centre, ce n'est pas, comme beaucoup se plaisent encore à le croire, pour le seul plaisir de changer d'air et de lieu.

Arriver à propos pour la récolte d'un fruit, bénéficier des plantes et des racines mûres, voilà l'éperon qui le pique, le vent qui le pousse, le ressort majeur qui le met en mouvement.

Ces habitudes errantes des hommes se traduisent de la même manière chez les animaux. Moruks et kolias, émus et kangurous quittent également chaque année les plaines pour les collines, les montagnes pour les vallées.

Mais qu'ils visitent les hauts sommets, descendent au creux des gorges, ou s'agglomèrent au bord des marécages, ces courses vagabondes et alternatives ont toujours pour but la même recherche : des herbes nouvelles, des bourgeons fraichement éclos, des serpolets aromatiques et des gazons fins.

Ces allées et ces venues de l'est à l'ouest, ces promenades du sud au nord des indigènes, ne sont après tout que l'image en miniature de ce qui s'exécute en grand sur les hauts plateaux de notre globe et au fond des océans.

Les émigrations de ces innombrables troupeaux d'antilopes, qui, comme un flux de mer, montent et descendent les pentes abruptes de l'Afrique centrale; ces immenses mouvements de cétacés qui s'exécutent de Pacifique à Pacifique; ces passages de pigeons voyageurs, qui traversent la Louisiane comme des nuées d'orage; ces bancs de harengs, épais quelquefois de cent pieds et larges de plusieurs kilomètres, qui tour à pour passent d'un pôle à l'autre, ne sont que la représentation sur une vaste échelle du besoin qui travaille le sauvage et le kangurou.

Tous ces animaux terrestres et aquatiques n'ont qu'un objet en vue, qu'un désir ; tous, gazelles et colombes, sardines et baleines, ne demandent que ce que demande le petit oiseau des bois et le grillon des prés : de nouveaux champs de pâture, de nouveaux banquets de feuilles fraîches et de brins d'herbes verts.

Et admirez un peu, je vous prie, la suprême prévoyance de celui qui a ordonné ces choses. Il a dit aux animaux :

— Vous aurez faim !

Et ces trois mots magiques ont suffi. Poussée par la faim, toute la création animale se met en marche et commence autour de notre globe une ronde éternelle.

Comment, en effet, aurions-nous jamais connu ces incomptables phalanges de poissons, d'oiseaux et de quadrupèdes de toutes espèces qui nous sont familières aujourd'hui, si la faim ne les avait chassées de leurs solitudes, de leurs déserts, de leurs forêts vierges, des insondables abîmes de leurs océans et ne les avait, pour notre bénéfice, fait passer à nos portes, sous la proue de nos vaisseaux, à la portée de nos filets, de nos balles et de nos harpons?

A la Nouvelle-Hollande, ce cercle, ce champ de course à parcourir est immuable.

Rien ne change dans la forêt, quand la forêt est laissée à elle-même.

Où le sauvage aujourd'hui récolte et mange des yams, le père de son bisaïeul récoltait et mangeait des yams.

Dans un coin de pâturage où les wombats broutent à cette heure certaines espèces de graminées à aigrettes, les wombats du temps de Cook broutaient aux mêmes époques les mêmes graminées à plumet.

Le soleil des quatre différentes saisons varie peu dans les bois, il a toujours la même chaleur et les mêmes influences. Il donne la vie depuis plus de mille ans aux mêmes productions végétales, les fait sortir de terre pour le profit de ceux qui s'en nourrissent presqu'à la même heure, comme il dessèche et tue dans le sol, à jour fixe, les plantes qui doivent mourir.

Cette connaissance des lieux, des terrains et des récoltes successives que donnent les plaines et les bois, passe de génération en génération chez les hommes de race sauvage, constitue leur science principale et explique ce besoin de mouvements continus qui les tourmente, leur existence dépendant entièrement de leur exactitude à se rendre sous telle ou telle zone, dont les produits annuels et gradués ne leur ont jamais fait défaut.

Jugez alors, ô bon lecteur ! de la perturbation violente que la présence des hommes d'Europe apporte dans les habitudes séculaires de ces êtres qui, ne connaissant pas la sagesse des grains semés et ignorant la valeur des cultures, vivent au jour le jour, n'ayant pour guides dans cette vie de hasard que la mémoire et la tradition.

Où le civilisé plante aujourd'hui sa ferme et se taille un jardin, croissaient les meilleures ignames du pays ; les mille arpents de haute futaie qui deviennent son parc, produisaient les plus succulentes goyaves de la province ; le pied de la colline où il s'est fait bâtir un belvédère, pour mieux voir ce qui se passe au loin, était baigné de ruisseaux profonds, où les tribus voisines pêchaient les tortues, récoltaient les iris et les nénuphars.

Les herbes que broutent maintenant ses bœufs Durham et ses moutons à tête noire, engraissaient des centaines de marsupiaux. Les gommiers qu'il coupe comme des brins de bruyères, les mimosas qu'il brûle, les eucalyptes qu'il abat pour se faire des palissades, regorgeaient d'opossums, d'hoccos et de rosalbins, étaient le garde-manger toujours ouvert et bien garni des *Balaroks* et des *Namiungs*.

Multipliez maintenant ce colon par cent, par mille, par dix mille avançant toujours dans l'intérieur, agrandissant leurs parcs, créant des réserves, augmentant sans cesse le nombre de leurs troupeaux : et dites-moi ce que l'indigène, refoulé des pays où il a pris naissance, chassé des lieux qui étaient sa maison, affamé, fusillé s'il se plaint ou s'il se révolte, doit penser de la loyauté des Européens.

On lui offre, il est vrai, de lui lire la Bible, de lui enseigner les saints mystères, de le marier gratis à une seule femme, de le baptiser lui et ses enfants. On lui vante les merveilles incomparables de la religion chrétienne, les préceptes d'amour et de charité que commande l'Évangile.

Préceptes qui disent à tous : « Tu ne prendras pas le bien d'autrui, tu ne convoiteras pas la femme de ton voisin, tu rendras à César ce qui est à César. »

Et on lui prend sa forêt, on lui vole ses filles, on le bat s'il réclame, on le pend haut et court s'il ne se montre pas satisfait.

L'homme des bois alors saisit sa lance, décroche son casse-tête, empoisonne la pointe de ses zagaies, la source où viennent boire les envahisseurs, se met au cou son fétiche de guerre et fait la chasse au blanc.

Tué en tous lieux sans miséricorde, il en tue aussi quelques-uns, et les deux races, tournant dans un cercle fatal, marchent dans une voie d'injustice, de haine et de sang.

La récolte des gommes faite et tous les objets d'échange avantageusemt placés, nous revînmes au kraos, où de mauvaises nouvelles nous attendaient.

CHAPITRE XXIII

Mort de Mulligo. — *Djun-Yup* et *Ben-i-Youl*. — Cérémonie des funérailles. — Le tatouage de la tombe. — *Djikok* le sorcier. — Le Scarabée noir. — Célébration des mariages. — Bataille entre *Djun-Yup* et *Ben-i-Youl*.

Rentré au village au milieu de la nuit, et dans un grand état de fatigue, je remis au jour suivant ma visite à la tente de Mulligo.

Car Mulligo n'était plus mon voisin; devenu malade pendant notre absence, et voulant mourir, avait-il dit, où il était né, Mulligo occupait à cette heure avec ses femmes la hutte de sa mère, située à l'autre extrémité du kraos, à trois kilomètres au moins de mon ancienne cabane, dont je venais de reprendre possession.

Le lendemain, au moment où je tirais mon rideau d'écorce pour saluer les premiers rayons du soleil, je trouvai Wollogong silencieusement assis sur mon seuil. Wollogong était venu à la hâte pour m'apprendre que Mulligo baissait de plus en plus, qu'il m'avait pendant la nuit demandé à plusieurs reprises, voulant me voir une dernière fois et me faire ses adieux.

Quinze jours auparavant, Mulligo, poursuivant un phalanger sur un eucalypte, était tombé du haut d'une branche et, dans sa chute, s'était si fortement endommagé l'épine dorsale que, quelques heures après, une violente attaque de paralysie le privait de l'usage de ses membres inférieurs. Depuis lors, son état maladif n'ayant fait que s'aggraver, il en était venu, me dit Wollogong, à n'avoir plus que l'apparence d'un squelette.

Je renvoyai Wollogong, qui partit en courant annonnoncer mon arrivée et, après mes ablutions ordinaires, je m'empressai de me rendre près de Mulligo.

La coutume passée à l'état de loi chez les tribus indigènes voulant que, trois jours après la mort de l'époux, ses femmes soient livrées à son frère ou faute de frères à son plus proche parent, je pensais tout en marchant que deux jeunes veuves aussi attrayantes que l'étaient Kaola et T'Sadda, « deux baies charnues, deux baies savoureuses, » comme se plaisait à les appeler Mulligo lui-même dans ses jours de bonne humeur, pourvues toutes les deux d'embonpoint raisonnable, et de narines bien percées pour recevoir les anneaux, ne seraient point abandonnées sans conteste à *Djun-Yup*, frère aîné de Mulligo, homme déjà mûr; et que de l'est ou de l'ouest souffleraient une brise d'amour, un vent d'opposition qui pourraient bien amener des orages.

En approchant de la cabane où le pauvre 'Ligo pouvait à peine crier sa douleur, je vis que mes suppositions étaient fondées.

Je tombai au milieu d'un parti de natifs, une douzaine environ, amis d'un certain *Ben-i-Youl*, lequel, prétendant avoir des droits à la possession de Kaola, avouait hautement ses intentions de la réclamer et de l'obtenir à tout prix, même par le sang (les armes) s'il en était besoin.

Ce terrible Ben-i-Youl n'était pas présent, il s'était rendu avec cinq autres chevaliers, partisans de sa cause, à la rivière Neer-Gabby pour y couper des bois de lance.

Ses amis toutefois avaient déjà construit leurs huttes à une centaine de mètres de celle de Mulligo, ayant l'œil sur ce qui s'y faisait et n'attendant selon toute apparence que sa mort pour agir, ou tout au moins pour s'opposer à la prise de possession de la jeune veuve.

Comme je passais, ils m'arrêtèrent et s'efforcèrent de me convaincre qu'une seule des deux femmes était plus qu'il n'en fallait à Djun-Yup. « Un vieux qui mesure plus de cinquante ans, disaient-ils, un fruit sans séve, prêt à tomber de la branche. Qu'il prenne T'Sadda, qu'il livre la belle Kaola au grand Ben-i-Youl et nous nous déclarons ses amis. »

Ne voulant en aucune façon me trouver mêlé à cette affaire, je leur déclarai ma volonté de rester neutre et je passai outre, me rendant à la hutte de Mulligo.

Je trouvai le pauvre sous-chef dans un état d'affaissement qui annonçait un départ prochain pour le pays, hélas! d'où l'on ne revient plus.

Sa mère et ses deux femmes, assises à ses côtés, surveillaient tous ses mouvements.

'Ligo me reconnut, son œil noir laissa passer comme un dernier éclair et il me dit : *Val dyke, boola-ganya* (Maître, je suis perdu).

Sa mère témoignait une grande alarme, parce que, saisi d'une soif ardente, Mulligo ne pouvait plus boire.

Kaola, par son ordre, lui versait lentement de l'eau dans l'oreille.

Les derniers grains du sablier de vie de Mulligo tombaient en ce moment. Après lui avoir tâté le pouls, humecté le front et les lèvres, et adressé quelques paroles d'espérance, petites attentions qui réjouissent toujours le cœur des mourants, je sortis pour voir ce qui se passait au dehors.

La cabane de Djun-Yup n'était qu'à une vingtaine de mètres de distance.

Djun-Yup aiguisait ses lances.

Évidemment, Djun-Yup se préparait à maintenir ses droits sur les femmes de son frère. Il avait su, du reste, mettre dans son parti un grand nombre de natifs, car sa hutte était entourée d'un fort détachement de Nagarnooks.

Koawur, frère de Kaola, se trouvait également avec lui et favorisait sa cause. Tous se montraient impatients de voir venir le lendemain, bien décidés à balayer cette partie de la forêt de Ben-i-Youl et de ses amis, à la première provocation de leur part.

Pendant toutes ces visites et ces pourparlers, ces allées et ces venues, la nuit s'était faite.

Et comme le grand artiste qui chaque soir allume les étoiles, était passé depuis longtemps, que la voûte sombre resplendissait des clartés célestes, que les deux camps ennemis allaient s'endormir et qu'en supposant même que Mulligo ne passât pas la nuit, rien ne pouvait surgir de part et d'autre avant l'aube, je fis, au premières clartés de la lune qui argentait les sentiers, les trois kilomètres qui me séparaient de ma cabane et me jetai tout habillé sur mon lit de mousse.

15 juillet.

Ce matin, à l'heure joyeuse où des frémissements de bien-être courent au sommet des gommiers, à l'heure où le soleil qui s'éparpille sur le feuillage plonge ses lames d'or au plus profond des taillis, mon pied touchait le seuil de la cabane de Mulligo.

'Ligo vivait encore, mais sa respiration était à peine sensible. Sa tête reposait sur les genoux d'*Yass-Dulla*, sa mère, qui, penchée sur lui, pleurait en silence. Kaola et T'Sadda tenaient dans les leurs chacune de ses mains.

D'autres femmes se trouvaient aussi présentes. Assises en rond tout autour du mourant, les yeux fixés sur sa face amaigrie, les cheveux épars et tombant jusqu'à terre, elles poussaient des gémissements et se déchiraient les joues, le front et la poitrine de leurs ongles.

Les hommes rassemblés au dehors, devant la cabane, étaient activement occupés à polir et à aiguiser leurs lances.

Immobile et debout, dans un coin obscur, je restai quelques minutes à contempler cette triste scène.

Bientôt, des groupes de femmes natives commencèrent à se montrer. Elles arrivaient par trois, marchant lentement appuyées sur de longs bâtons. A quatre ou cinq mètres de la hutte, elles s'arrêtaient, se mettaient à pousser des cris et, pressant l'allure, venaient presque en courant se ranger autour du moribond.

Quelques-unes, en passant devant la cabane d'écorce, en faisaient le tour et, avant d'y pénétrer, la frappaient violemment de leur wahnas, ce qui produisait à l'intérieur un son grave et lugubre, qui faisait tressaillir les assistants.

Une fois entrées, elles prenaient place dans le cercle des femmes assises, se lacéraient comme elles la figure et mêlaient leurs voix aux chants funèbres, dont celui que j'ai déjà fait connaître était le plus souvent répété.

LES PLUS VIEILLES FEMMES *disaient* :

Mam-mul, Mam-mul !

LES PLUS JEUNES :

Kardang, kardang !
Garro-a-lo.

ET TOUTES ENSEMBLE :

Mirgana Go-rang?
Nunk a broo,
Me-la nadjo ?

Mon fils, mon fils !
Mon frère, mon frère !
Chéri de tous.

Pourquoi nous quitter?
Ne te reverrons-nous,
Ne t'embrasserons-nous jamais?

Aucun son de la voix humaine, pas même le fameux *Hurlement de mort* irlandais, ne peut être comparé comme expression d'une douleur profonde à ces lamentations indigènes.

De temps à autre une de ces femmes, arrivée au dernier paroxysme de la douleur, se levait du milieu de l'assemblée, sortait de la tente, la face et la poitrine rouges de sang et, agitant avec violence son wahna dans les airs, lançait des volées d'imprécations contre certain boyl-ya, qui, suivant ses idées, était la cause première des souffrances de Mulligo.

Les yeux dans les nuages, elle injuriait et apostrophait ainsi pendant quelques minutes cet être imaginaire. Puis, se tournant vers les natifs groupés en grand nombre autour de la hutte, elle leur parlait avec énergie.

La puissance qu'exerçaient ces harangues sur l'esprit de ces hommes sauvages, se traduisait aussitôt par des clameurs de guerre et des cris de vengeance.

Ils brandissaient leurs armes avec rage, et des *Kohi! Kohi!* répétés éclataient comme des *bravos* en signe d'approbation.

A l'approche de onze heures, Mulligo, qui râlait depuis le lever du soleil, expira. Son dernier souffle prit son vol vers les hautes voûtes et son corps tomba dans le repos éternel.

Yass-Dulla, sa mère, le prit aussitôt dans ses bras et l'emporta hors de la tente, tandis que les autres vieilles femmes, paraissant agir sous une impulsion de colère et de désespoir, abattirent en quelques minutes, sous le choc de leurs lourds bâtons, la hutte elle-même, disant :

« Ceci maintenant ne vaut plus rien! »

La hutte anéantie, mise en miettes, nivelée à hauteur du sol, toutes ensemble se mirent à lancer de nouvelles imprécations à l'adresse des boyl-yas.

Les hommes, à la vue du cadavre et le cœur fouetté par la violence et l'amertume des discours, devinrent de plus en plus difficiles à contenir, et Wollogong, le plus jeune frère de Mulligo, saisi tout à coup d'un accès de frénésie furieuse, s'élança d'un bond vers les jeunes veuves, qui, penchées sur le corps, s'apprêtaient à le revêtir de sa dernière parure — le tatouage de la tombe — et il avait déjà levé sa lance sur Kaola, dans le dessein de la percer de part en part, quand heureusement son bras fut retenu par les autres femmes qui l'entourèrent et l'empêchèrent d'exécuter son projet.

Pas un des indigènes présents n'avaient fait un pas, remué une phalange, prononcé une parole pour le retenir.

Cette conduite de Wollogong me parut d'abord inexplicable, j'attribuai à un moment de folie passagère cette pensée de meurtre; mais ce que je regardais comme une énigme me fut bientôt expliqué.

Un mois avant cette catastrophe, un rôdeur de la tribu des *Grands-Cygnes*, ayant trouvé moyen de voler à Mulligo un tapis de peaux de wombats, avait donné ce tapis — par motif de haine et de malice — à un des sorciers de sa famille nommé *Djikok*, lequel avait aussitôt acquis par la possession de cet objet un pouvoir mystérieux sur la vie de Mulligo.

Résolu à le faire périr, il lui avait alors tendu un piége.

C'était ce sorcier, ce Djikok lui-même, assuraient les natifs, qui avait pris la forme d'un phalanger, avait attiré Mulligo sur un eucalypte, avait brisé la branche sur laquelle il se tenait et, par cet acte perfide, causé sa chute et sa mort.

Un autre boyl-ya, appelé dès les premiers jours de

l'accident et consulté, avait à plusieurs reprises appliqué le feu aux reins de Mulligo : mais l'excellence de ce remède ne produisant aucun effet, et le malade devenant de plus en plus étique, ses proches devinrent également convaincus que le sorcier ennemi, se rendant invisible, se repaissait chaque nuit de sa chair et de son sang.

C'était donc pour punir Kaola de n'avoir pas été plus vigilante, de n'avoir pas mieux gardé le sommeil de son époux et de n'avoir pas chassé de sa hutte, par ses cris, le boyl-ya de la tribu des Cygnes, que Wollogong voulait la percer de sa zagaie.

Ce motif parfaitement compris de tout le monde et approuvé, Wollogong fut absous et les deux jeunes femmes, tremblantes d'effroi, s'empressèrent de déposer sur l'herbe leurs pinceaux à tatouage, leurs coquilles à couleurs et, redoutant une nouvelle attaque, se réfugièrent au plus vite dans une tente voisine et amie.

Après leur départ, hommes et femmes continuèrent à se livrer à des vociférations véhémentes. La vieille mère couvrit elle-même son fils de la livrée de la mort, puis, étendu sur une claie de joncs entrelacés, le cadavre fut couvert de branches fleuries, porté à l'ombre d'un épais massif de nopals et le repas des funérailles, dans lequel on ne mange que des racines, eut lieu à ses côtés.

Cette collation, qui se fait en silence et qui se termine par des discours à la louange du mort, était interrompue par Yass-Dulla et les autres femmes, criant de temps à autre : *Kho-ho! Kho-ho!* (Malheur!).

Vinrent ensuite les préparatifs de l'enterrement. Hommes et femmes marchant en file, un à un, se dirigèrent vers un point convenu de la forêt.

Koawur et Wollogong portaient le corps. Pendant cette marche qui dura près d'une demi-heure, la mère de Mulligo seule éleva la voix et fit entendre des refrains funèbres.

Arrivés au pied d'un cédrella gigantesque, qui avait été choisi comme lieu de sépulture, Koawur et Wollogong, après avoir déposé leur fardeau, se mirent à creuser une fosse dans la direction de l'est à l'ouest.

Un boyl-ya du nom de *Nar-Randji*, proche parent du défunt et qui par conséquent ne pouvait avoir participé en quoi que ce soit à sa mort, surveillait l'opération.

Koawur et Wollogong commencèrent par attaquer et creuser le sol à l'aide des longs bâtons pointus des femmes indigènes; puis, retirant avec précaution la terre du trou, ils la partageaient en quatre tas, jetant aux pieds et à la tête le sable blanc qu'ils rencontraient et sur les côtés le sable rouge, les pierres et la terre commune.

La fosse, très-étroite, n'avait juste que la largeur nécessaire pour recevoir un corps.

Le vieux Nar-Randji, qui ne perdait pas un seul instant de vue ce travail, s'attachait d'une manière toute spéciale à ce que la direction de l'est à l'ouest, donnée à la fosse, fût surtout religieusement observée, rectifiant lui-même la moindre déviation.

Comme personne, hormis les plus proches parents, ne doit prêter son concours à ce dernier service rendu au mort, les autres natifs, rangés en silence autour de l'ouverture, attendaient immobiles que la tombe fût achevée.

Or, il advint pendant cette opération qu'un gros scarabée noir fut jeté hors du trou pêle-mêle avec la terre. Tombé sur le dos et agitant les pattes avec fureur pour se remettre en équilibre, les moindres mouvements de l'animal furent aussitôt suivis et surveillés par les naturels avec le plus vif intérêt.

A force de secousses, s'étant enfin retourné, le hasard

voulut que l'insecte, dans sa fuite, prît la direction de la rivière des Cygnes : cet incident fournit aux indigènes une preuve nouvelle de la culpabilité des boyl-yas de cet endroit.

La fosse se trouvant achevée, — elle pouvait avoir deux mètres de long sur un mètre cinquante de profondeur, — ils y jetèrent une assez grande quantité de branches et de feuilles sèches auxquelles ils mirent le feu.

Le vieux Nar-Randji à ce moment s'agenouilla sur le bord, les épaules tournés à l'ouest et la tête penchée vers la terre.

Son attitude, ses regards et ses moindres gestes témoignaient de la plus solennelle attention.

Le devoir qui lui incombait alors, en effet, devenait de la plus haute importance, n'étant rien moins que de s'assurer vers quel point de l'horizon fuiraient les boyl-yas ennemis, quand, atteints par les flammes, ils allaient être chassés du trou. Le bruit de leur fuite ne pouvait être entendu par des oreilles ordinaires, mais le pouvoir que lui conférait son grade de Boyl-ya Gaduk (sorcier supérieur) lui permettait de voir et d'ouïr ce qui était invisible et inaudible pour les autres hommes.

Pendant quelques minutes, le feu se mit à gronder dans la fosse d'une façon magistrale et tous les yeux tournés vers Nar-Randji étaient pleins d'anxiété.

Ces mugissements sourds et ces sifflements mystérieux, causés par les flammes s'échappant de l'étroite ouverture, éveillaient dans le cœur des natifs, à n'en pouvoir douter, tout un monde de craintes superstitieuses.

Mais quand le « sorcier supérieur » se releva calme et qu'après quelques passes maçonniques de la main gauche, il fit prendre à sa lance une position horizontale, la pointe tournée vers le sud, — direction dans laquelle se trouvait la tribu des *Grands-Cygnes*, — plus un seul doute ne subsista dans l'esprit des indigènes et un farouche sourire de satisfaction se dessina sur leurs lèvres.

Chacun maintenant savait où étaient les meurtriers et où devait aller se cueillir le fruit pourpre de la vengeance.

Les hommes se rendirent alors près des femmes, qui, accroupies comme des cariatides et dans les poses presque tumulaires que prend la désolation sauvage, se lamentaient toujours ; et ils leur prirent des mains le corps de Mulligo.

Yass-Dulla, la vieille mère, ne fit aucun effort pour le retenir, mais avec grande passion et ferveur déposa plusieurs longs baisers sur les lèvres froides de ce fils qu'elle ne devait plus revoir.

Le cadavre fut aussitôt enveloppé dans un manteau neuf, fait d'écorce incorruptible, et on le descendit dans la tombe, où, la tête tournée vers l'est, il fut couché sur un lit de feuilles et de plantes aromatiques qu'on y avait jetées dès que le feu s'était éteint.

Les femmes, réunies en groupe, continuèrent plus que jamais leurs cris et leurs chants funèbres ; tandis que les indigènes, les mains pleines de branches vertes, qu'ils couraient cueillir çà et là, les jetaient à l'envi sur le cadavre.

— Dors en paix, disait Wollogong, nous savons qui t'a fait mourir.

— Nous te vengerons, hurlait Koawur.

— Les Nagarnooks valent les Cygnes, ajoutait Djun-Yup.

— Et nous connaissons le chemin de leurs cabanes, achevait Yen-na.

Tous ensemble alors répétaient :

— Dors en paix, nous te vengerons !

Lorsque la fosse fut presque à moitié remplie de ces branches, de lourdes pièces de bois furent descendues sur le corps, un lit de grosses pierres vint ensuite; puis enfin, la terre et le sable rouge qui se trouvaient sur les côtés.

Alors Nar-Randji, avec le bois de sa lance, égalisa les deux tas de sable blanc qui avaient été mis à part et en forma comme deux autres fosses, à la tête et au pied de celle où se trouvait Mulligo, de sorte que, cette opération finie, trois tombes de la même longueur et largeur paraissaient avoir été creusées dans le sol à la suite l'une de l'autre.

Les hommes ayant ainsi achevé l'ouvrage qui les concertait, les femmes vinrent à leur tour, portant aux mains d'épaisses touffes de *d'jokuls* (sorte d'aubépine rose qui croît en abondance dans le Buisson), et elles les jetèrent sur la fosse centrale, lui donnant ainsi une apparence fraîche et fleurie.

Les lances et autres armes de Mulligo furent brisées par Djun-Yup, abandonnées sur la tombe et, les cérémonies des funérailles se trouvant ainsi terminées, hommes et femmes retournèrent au village, mais par un chemin différent de celui par lequel nous étions venus.

16 juillet.

Le lendemain, je me rendis vers le soir à la tombe de Mulligo. J'y trouvai sa vieille mère, les yeux toujours en larmes, le cœur toujours plein de regrets.

Elle était venue renouveler les fleurs d'aubépine et jeter d'autres branches vertes sur la tombe de son fils. Assise sur une des couches de sable blanc, elle parlait à Mulligo, lui faisait mille questions curieuses, lui rappelait son enfance, les soins qu'elle lui avait toujours prodigués. Elle lui demandait si, dans le pays qu'il habitait à cette heure, « il y avait de l'ombre, des eaux courantes, du gibier ; s'il était heureux et s'il se souvenait de sa mère... »

Ce monologue plaintif, auquel l'harmonieuse langue des tribus ajoutait un suprême cachet de mélancolie, la brise nocturne qui se levait et chantait dans les eucalyptes, donnaient à l'oreille un concert d'une tristesse inimaginable.

Yass-Dulla, me voyant à ses côtés, se leva et pendant la longue conversation que j'eus avec la vieille femme en la ramenant au kraos, je pus me convaincre que si l'ignorance de l'esprit, les habitudes brutales, les superstitions grossières sont, il est vrai, le partage et l'infériorité des races sauvages, ces races ne le cèdent à aucune autre pour les richesses du cœur, la tendresse des sentiments, et que dans les clairières des forêts australiennes, comme dans les salons des grandes capitales, l'amour et le dévoûment maternels étaient faits du même or fin.

O amour maternel ! amour que nul autre ne peut remplacer; bonheur qu'on ne commence à comprendre que quand il est évanoui ; diamant pur, enchâssé par Dieu dans le cœur de toutes les femmes, rien ne peut ternir ton radieux éclat.

Au milieu de toutes les souillures, tu te conserves sans tache ; bouclier de force, la dent du vice se brise sur ton airain.

Toute femme qui pense à son enfant ne peut faillir. Les tentations et les entraînements de la chair s'émoussent devant le berceau ; les fatigues, les dangers s'y oublient ; l'avarice, l'orgueil, l'ambition, toute l'armée des passions mauvaises se taisent à sa vue.

Quelle couronne de perles, quel diadème de rubis, quel château, quelle coffre-fort plein de richesses, vaudront jamais pour la mère ce petit être rose et chétif qui la mord et la fait souffrir?

Quelque lourd que soit le bagage d'imperfections que chaque femme traîne à sa suite, la balance divine sera légère pour ses fautes, en faveur de son amour pour son enfant.

17 juillet.

Suivant la coutume indigène, Djun-Yup aurait dû laisser passer trois jours entiers avant que les femmes de son frère entrassent dans sa hutte. Mais comme Ben-i-Youl paraissait plus résolu que jamais à obtenir Kaola, que lui et les siens rôdaient nuit et jour dans le voisinage de la tente où se tenaient enfermées les deux veuves, les parents de Djun-Yup jugèrent qu'il fallait en finir et précipiter l'événement.

Je fus donc prévenu que le mariage aurait lieu le jour même, trois heures avant la nuit.

Comme j'arrivais au lieu et temps indiqués, les premiers préliminaires de la cérémonie nuptiale commençaient en présence d'un grand concours de natifs.

Kaola et T'Sadda, couronnées d'un diadème de plumes d'ému, et amenées par les femmes qui leur avaient donné refuge, juraient que, depuis leur sortie de la hutte de Mulligo et leur fuite après la brutale attaque de Wollogong, elles étaient restées enfermées seules, étrangères à tout ce qui se passait au dehors et que pas un homme ne pouvait dire leur avoir parlé, ou même les avoir vues.

Ce fait, qui paraissait d'une grande importance, fut confirmé par les amies. Djun-Yup se déclara satisfait.

Les jeunes veuves alors s'étant prises par les mains, Nar-Randji, le premier boyl-ya de la tribu, s'avança et traça autour d'elles, avec la pointe d'une lance sacrée, un grand rond, cercle qu'elles ne devaient plus franchir que femmes de Djun-Yup ou de tout autre qui prouverait avoir sur leurs personnes des droits supérieurs.

Le moment critique était arrivé.

Dès l'apparition des jeunes femmes, Ben-i-Youl suivi de ses amis était accouru et s'était placé au premier rang. Quelques mètres seulement le séparaient des *baies savoureuses* du pauvre Mulligo.

Ben-i-Youl ne parlait pas, mais ses lèvres et ses poings crispés, son attitude menaçante, les regards de feu dont il brûlait Kaola, disaient assez quelle tempête de passions tropicales grondait dans sa poitrine.

Le sang-froid de Djun-Yup au contraire était remarquable et me charmait.

Il y eut un moment de grand silence. Ce silence allait devenir de l'anxiété, quand Djun-Yup, s'avançant jusqu'à trois pas du cercle, dit d'une voix claire :

— Kaola et T'Sadda, femmes de mon frère mort, allez préparer la hutte nouvelle, où j'irai vous rejoindre le soleil couché.

Ben-i-Youl à son tour s'étant approché :

— Kaola, cria-t-il, par les droits que je possède et que ma lance fera valoir, n'obéissez qu'à moi. Allez m'attendre dans mon *Ta-al* (cabane d'écorce).

Kaola sans daigner répondre à Ben-i-Youl, sans souci de ses droits et de son *Ta-al*, sortit alors du cercle avec T'Sadda. Puis toutes les deux, prenant de la poussière dans leur main droite, s'avancèrent vers Djun-Yup, se courbèrent devant lui et se versèrent cette poussière sur le sommet de la tête; ce qui signifiait qu'obéissant à la loi des tribus et regardant comme nulles les prétentions de Bei-i-Youl, elles le choisissaient pour maître et étaient prêtes à lui obéir.

Ben-i-Youl, voyant cet acte qui tuait son plus doux espoir (la libre acceptation des femmes, en pareil cas, mettant fin d'ordinaire à tout litige), poussa un rugissement de bête féroce, s'élança sur Kaola et, avant que personne eût pu prévenir son action, lui traversa la cuisse d'un grand coup de lance.

Djun-Yup aussitôt saisit sa hache de pierre et, la lançant avec force, atteignit son rival en pleine poitrine et le renversa.

Ses amis le relevèrent et un engagement général allait s'ensuivre, quand le vieux sorcier Nar-Randji, Yass-Dulla la mère de Mulligo et toutes les autres femmes présentes, se jetèrent au milieu des deux partis et les empêchèrent d'en venir aux mains.

Ben-i-Youl crachant rouge, toussant, chancelant et pouvant à peine se tenir debout (Ben-i-Youl avait deux côtes cassées), profita des pourparlers et de la confusion qui suivirent cette scène, pour quitter le champ de bataille, soutenu par deux amis.

Il s'en alla, suivi des huées, des injures, des rires railleurs des partisans de Djun-Yup et des malédictions de Kaola qui, prenant des poignées du sang qui coulait de sa blessure, le jetait en signe de mépris et d'insulte dans la direction du fuyard.

Ben-i-Youl et sa suite ayant disparu, et Nar-Randji ayant placé un premier appareil sur la blessure de Kaola, Yass-Dulla et T'Sadda s'empressèrent de construire pour Djun-Yup la hutte demandée. Elles en couvrirent le sol de petites branches de myrte odorant, en tapissèrent l'intérieur de pans d'écorce flexible, suspendirent au dehors quatre gros bouquets de fleurs rouges (fleurs des Dongarals) apportées par Wollogong, et, tout se trouvant ainsi correctement arrangé, la vieille mère elle-même étendit à l'intérieur un épais tapis de peaux d'opossums, sur lequel vinrent aussitôt prendre place les nouvelles épousées.

Puis, voyant que tout était bien, que tous les arrangements pour la nuit étaient complets et conformes aux habitudes et traditions des Nagarnooks, qu'une nombreuse garde d'amis préparait ses feux dans le voisinage, Yass-Dulla quitta le Ta-al des épousailles et, laissant la joie aux autres, alla s'enfermer seule dans sa cabane avec sa douleur.

Les cérémonies funèbres sont en général les mêmes sur toute la vaste étendue du continent australien. Dans certaines localités cependant et chez certaines tribus, elles diffèrent par quelques légers détails.

Sur les bords du Murray et du Morumbidgee, par exemple, les femmes du décédé, au moment où le corps disparaît dans la fosse, se lacèrent la peau du crâne et des joues avec des os tranchants, qui leur font des blessures profondes, dont les cicatrices ne s'en vont plus.

Le long du Darling et du Macquerie, le cadavre n'est pas confié à la terre dans la position horizontale comme le fut Mulligo.

Le mort au contraire est placé dans la tombe, accroupi, la plante des pieds sur le sol, les bras croisés sur la poitrine, les genoux pliés et lui touchant le menton.

Chez ces mêmes tribus, une fois la fosse remplie de blocs de bois, de pierres et recouverte de sable, on construit sur l'ouverture même du tombeau une petite loge faite de grosses branches entrelacées, et lorsqu'elle est achevée, le plus proche parent mâle du défunt y entre et dit : *Qoor gwab-ba mir Ta-al wurt* (Je m'asseois le premier dans sa dernière demeure).

Cette hutte sert aux membres de la famille quand ils veulent venir converser avec le mort.

Chez les *Bong-Bong*, indigènes les plus féroces de la Nouvelle-Hollande et qui habitent les hautes chaînes du Marulo, les hommes, avant d'enrouler le cadavre dans une écorce de *Souis* (sorte de liége) qui l'enserre comme un linceul, s'ouvrent les chairs des bras et des cuisses avec la feuille tranchante de certains roseaux et, lorsque le sang commence à couler avec abondance, ils entourent le cadavre et tous lui disent : « Je t'apporte du sang. »

Poussant alors des cris horribles, ils se battent vio-

Sépulture au désert.

lemment dans les mains les uns les autres, frappent la terre du pied et font, à chaque coup de paume et de talon, jaillir tout autour d'eux une pluie de sang.

La figure des natifs de cette partie de l'Australie est, pour ces circonstances, tatouée, sur le front et les joues, de gros points blancs, signes de deuil, qu'ils portent et conservent pendant plusieurs semaines.

Les arbres qui avoisinent la fosse sont aussi tatoués, c'est-à-dire que chaque tronc porte à cinq pieds de hauteur un grand cercle découpé dans l'écorce, au milieu duquel se voit le *Kobong* de la tribu du décédé.

Ces cercles, pour les cas de meurtre, sont teints en rouge.

Enfin les *Gwerrinjoks*, qui habitent les plaines marécageuses du Lachlan, lorsqu'ils assistent à des funérailles, se coupent de longues mèches de barbe et de cheveux qu'ils jettent sur le cadavre. Ils coupent également à l'aide de coquillages à fil aigu les cheveux et la barbe du mort, se partagent ces dépouilles capillaires, les brûlent et avec la cendre se frottent violemment la figure et la poitrine.

Plus au loin dans l'intérieur, dans ces régions inconnues où les Européens n'ont pas encore pénétré, les aborigènes, me fut-il affirmé, n'enfouissent pas leurs morts dans le sol : ils les buchent au contraire dans les airs sur des échafaudages, les enveloppent de peaux de bêtes et les laissent ainsi devenir la pâture des dangous et des vautours.

CHAPITRE XXIV

Le Viami ou enfer des indigènes. — Création du monde. — Caverne mystérieuse dans laquelle demeurait autrefois la Lune. — Ce que sont les étoiles. — Les natifs morts reviennent visiter la forêt. — Sous quelle forme ils apparaissent. — Portraits des naturels. — Appréciation de leurs qualités physiques et morales par les meilleurs juges.

Pour compléter l'esquisse rapide que je viens de donner des habitudes, des chasses, des superstitions et de la manière de vivre des aborigènes, il me faudrait en bonne justice offrir au lecteur — en finissant ce livre — un aperçu des différents systèmes qui constituent leurs dogmes religieux.

Mais outre que je n'ai jamais trouvé leurs idées bien nettes à ce sujet, qu'il y a des nuages dans leurs doctrines, des contradictions dans leur Genèse et des dissentiments de tribu à tribu, la plupart de leurs croyances sont tellement excentriques, leurs cérémonies sacrées si souverainement obscènes et leurs objets d'adoration, comme chez certaines sectes de l'Inde, si totalement en dehors des sujets qui se vénèrent ostensiblement en Europe, qu'il vaut mieux, j'imagine, laisser dormir l'article « Théologie » de ces peuples et couvrir d'un voile de silence les bizarres écarts d'imagination que je me verrais forcé de signaler.

La tradition toutefois est leur grande règle.

Un philosophe, un illuminé, sans aucun doute, a jadis ordonné les fêtes, proclamé les rites, rédigé la table des lois auxquelles ils obéissent à cette heure; mais la cause première de ces instructions, le secret de ces commandements, le sens caché de ces cérémonies religieuses et orgiastiques, sont en partie perdus.

Les disciples expliquent difficilement aujourd'hui les raisons du Maître et ne donnent que des définitions boiteuses aux demandes qui leur sont faites à ce sujet.

Les Australiens modernes, en un mot, à l'instar de la majorité des nations du vieux monde, font ce qu'ils font parce que leurs ancêtres l'ont fait avant eux; et ils se courbent sous la coutume — non par conviction personnelle — mais parce que leurs pères et les pères de leurs pères s'y sont courbés.

Au milieu de ces traditions grossières, sensuelles et souvent ridicules qui sont devenues leur culte, se trouvent mêlés çà et là néanmoins quelques charmantes légendes, quelques frais apologues, quelques purs principes de morale et des données sur la vie future qui étonneraient plus d'un docteur en robe noire de notre continent.

Ainsi, les natifs sont tous unanimes pour croire à une existence d'outre-tombe, à des récompenses et à des châtiments après la mort.

A cet effet, ils ont inventé un lieu de douleur, un enfer, le *Viami*, qui donne une haute idée de leur puissance imaginative.

Ce Viami est un immense désert de sable, sans eau, sans ombre, sans un brin d'herbe — sans rosée, sans nuit rafraîchissante et où trois globes de feu, trois soleils d'une puissance terrible, flamboient en triangle et brûlent éternellement sur la tête de ceux qui ont insulté des prêtres, assassiné des chefs, enlevé des jeunes filles, frappé des vieillards.

Les coradjis enseignent aussi la création du monde. Dans leur naïve croyance sur l'origine des choses, ils racontent que l'*Auteur du bien*, un homme très-fort, très-sage, très-juste, très-haut de taille, de la même couleur qu'eux et qu'ils appellent *Moo-to-Ony*, tira d'abord du néant le kangurou et les herbes savoureuses qui le nourrissent, puis le soleil qui éclaire et chauffe la forêt.

Etant ensuite monté sur *Warra-Gong* (coiffé de blanc), le plus haut sommet de l'Australie [1], il se mit à cracher au hasard dans toutes les directions et créa de cette façon les *Grands Lacs*, d'où s'échappent les rivières.

Ce que fit alors Moo-to-Ony pour donner naissance à la mer salée, la légende native nous l'apprend en termes non équivoques... mais je demande la permission de ne pas les répéter.

La Terre australe se trouvant ainsi couverte de verdure, arrosée de sources, peuplée de Kaïpoones et défendue par un désert d'eaux mugissantes et infranchissables, Moo-to-Ony descendit dans la plaine et consacra tout un jour et tous ses soins à la confection de l'homme et de la femme — types magnifiques — père et mère de la *Race noire aux longs cheveux*.

Ce travail achevé et ces deux êtres nouveaux marchant, pensant et agissant, le Grand Esprit, pour leur être agréable, ordonna aux arbres de quitter les entrailles du sol, de se propager sur les collines, et de couvrir d'ombre les vallées immenses.

S'étant ensuite arraché un poil de la barbe, il le jeta dans les sables.

Ce poil flexible et long prit aussitôt racine, grandit vite et devint la *Marra* (mère) des lianes qui, se mettant à pousser avec fureur, s'en allèrent tapisser le

[1] Aujourd'hui les Alpes australiennes.

fond des ravins, s'enrouler aux branches et porter, jusqu'aux fronts des cèdres et des gommiers, des millions de couronnes de fleurs bleues et blanches.

Ayant enfin complété son œuvre par la mise au monde de tous les autres animaux et végétaux qui servent à la nourriture du corps et à la joie des yeux, Moo-to-Ony, voyant que tout était bien, frappa le roc d'un coup de pied formidable (la trace profonde de ce coup de talon se voit encore sur la plus haute cime du *Warra-Gong*), s'élança dans l'espace et se perdit dans le bleu, où il réside aujourd'hui.

Assis derrière le soleil, son occupation favorite pendant le jour est de faire tourner cet astre avec son doigt.

Les coradjis donnent également comme un fait certain qu'aux premiers jours du monde la Lune, qui était une très-belle femme, vivait heureuse au milieu des forêts de leur continent.

Le chef d'une puissante tribu du nord-est me montra même une fois, sur son territoire, une caverne sombre et sans issue, pleine à certaines époques de bruits violents et souterrains [1], et de laquelle natifs et natives n'approchaient qu'en tremblant et rampant sur les genoux.

Car c'est dans cette cave mugissante, à ce qu'il paraît, que la lune autrefois vivait de préférence.

Par quelle suite d'aventures scandaleuses avec les *Enfants du sol* la lune fut chassée de la terre, clouée dans le vide et condamnée à vivre dans la nuit : comment les étoiles, gouttes de pur cristal, sont les larmes de regret que verse la lune dans les ennuis de son veuvage et de son isolement, serait une Odyssée céleste trop longue à raconter ici.

[1] Bruits sourds causés, sans aucun doute, par le fracas des hautes marées y pénétrant par quelques ouvertures.

Certes, quand les coradjis, le soir, autour des feux nocturnes, me narraient, dans un langage cadencé à la manière des anciens Rapsodes, l'histoire des planètes et des divinités invisibles, jamais il ne me vint à l'esprit de les contredire et de leur crier que ce qu'ils me donnaient comme des vérités incontestables n'était que des fables, filles du mensonge et de l'ignorance.

Ces fictions, ces révélations nouvelles me paraissaient au contraire aussi bien dites, aussi bien trouvées que beaucoup d'autres; je les écoutais avec plaisir et les discutais avec chaleur.

Il est permis, je pense, à celui qui a visité tous les groupes de l'Océanie, qui a vu les idoles vertes à corne de boucs des Gyascas, les magots à trois têtes et à queues rouges des *Endamènes*, qui a gravement écouté les explications de brahmes sur les *Védas* et assisté à l'adoration de la *Pierre noire cylindrique*, que les Hindous appèlent *Mahâdéva* (le Grand Dieu); il est permis, dis-je, à celui qui a vu ces choses, d'être un peu blasé sur les incomptables religions de la terre et d'avoir un grand fond d'indulgence pour les opinions théologiques d'autrui?

Je n'ajouterai donc plus un mot sur la synthèse religieuse des indigènes de la Nouvelle-Hollande; tout ce que je désire faire connaître ici, c'est une croyance singulière concernant la transmutation des corps, en grande faveur parmi les différentes peuplades de la forêt.

Car ces braves Australiens croient sérieusement à la *métensomatose* (pardon!) et tous sont convaincus que, morts dans la couleur ardoise qui leur est propre, ils reviennent à la vie et se promènent de nouveau parmi les sentiers verts de leurs belles vallées, dans la couleur blanche des Européens.

Ayant été moi-même très-sérieusement pris pour un natif ressuscité, pour un membre de la grande tribu

Caverne où demeurait autrefois la Lune.

des *Don-Darups*[1] et ayant, au moment où certes je m'y attendais le moins, retrouvé parmi cette illustre peuplade un père, une mère, une sœur, deux frères, cinq femmes et trois enfants, je crois que la relation de cette aventure, unique dans ma vie, aura pour le lecteur certain grain d'intérêt.

Avant d'entamer les détails et d'ouvrir la porte au récit, je ne puis cependant résister au plaisir de mettre une foule de voyageurs anglais en contradiction avec eux-mêmes.

Ces messieurs, en effet, admettent tous l'exactitude de ce que je viens d'avancer, c'est-à-dire que, les indigènes voyant des Européens venir à eux pour la première fois, les prennent invariablement pour des noirs ressuscités.

D'autre part, ces historiens s'accordent — se copiant les uns les autres — à présenter les natifs comme des hommes d'une laideur affreuse, petits, sales, avec de grosses lèvres, des pommettes saillantes, des yeux hagards et endormis, de véritables brutes en un mot, cherchant partout et en toute occasion à satisfaire aux besoins de l'animalité.

Comment alors, si ce portrait était réel, — et jamais portrait n'a été plus faux, — ces êtres dégradés pourraient-ils reconnaître comme un des leurs un spécimen des races franco ou anglo-saxonne?

Pour que les indigènes puissent s'imaginer que les Européens sont des hommes de leur famille et de leur sang, il faut bien qu'il y ait une certaine ressemblance, une certaine analogie de tournure entre eux !

Jamais une gracieuse antilope de l'Indus ne prendra pour frère un hideux chéropotame du Gabbon (porc rouge, à collier blanc, de la côte d'Afrique). De même qu'une vieille poule de basse-cour n'appellera

[1] Puissante agglomération de familles, vivant dans des villages fixes tout autour des sources profondes du *Ko-ro-rd*.

jamais une élégante tourterelle de la forêt, ma sœur!

Je saisis cette occasion avec empressement, du reste, pour affirmer que les naturels de l'Australie sont un des plus beaux types de race sauvage qu'il soit possible de rencontrer.

Leurs cheveux sont longs, flexibles ; un peu gros peut-être, mais d'une séve, d'une abondance dont nos pauvres misérables crânes d'Europe — chauves à trente ans — ne peuvent donner une idée. Et, bizarrerie bien digne de la Nouvelle-Hollande, quelques-uns de ces *noirs* sont *blonds*.

De haute taille en général, parfaitement proportionnés et doués d'une grande force physique, ils ont la tête grosse, les épaules larges, les traits rudement ciselés.

Leur parole est douce et mélodieuse, leurs gestes sobres et expressifs, leur maintien grave et viril.

Les plus célèbres ethnographes de l'époque n'ont pu s'entendre encore pour classer d'une manière satisfaisante et définitive cette race monogène qui échappe à l'analyse.

Car de même qu'on ignore l'époque et le mode de formation du grand continent austral (terre récemment émergée, comparativement aux autres parties du globe), de même on ignore comment il a été peuplé et d'où sont venus les naturels qui l'habitent aujourd'hui.

Le natif australien a la peau noire, mais bien moins foncée de couleur que celle des Papous qui occupent la Nouvelle-Guinée, au nord du détroit de Torrès.

Il est noir, mais il n'a pas les cheveux crépus et laineux comme ceux des nègres océano-africains.

Ses lèvres sont moyennes, peu charnues; sa barbe est épaisse et ses jambes, — beauté qui ne se rencontre dans aucune autre race de l'Océanie, — ses jambes possèdent des mollets.

Son crâne, examiné par les anatomistes les plus com-

Indigènes australiens.

pétents, offre un angle facial de 80 à 90°, c'est-à-dire la plus grande analogie possible avec celui des hommes de la race causasienne.

A la dernière exposition de Londres, on avait placé dans l'annexe deux tableaux peints à l'huile et sur nature, donnant l'*exacte ressemblance* de deux de ces sauvages.

Dans le premier, c'était un homme à moitié couvert d'une peau de *mé-nù-âh* (costume de la saison des pluies) et tenant en main plusieurs lances. Sa couleur était comme ardoisée, il avait le nez aquilin et les yeux intelligents. L'ensemble de son visage était énergique et ses traits pleins de caractère. Il portait une barbe bien fournie, ses cheveux étaient longs et flottants.

Le deuxième portrait était celui d'une jeune femme ayant aussi la peau nuance ardoise; son visage était plutôt rond qu'ovale, son nez bien fait et sa bouche petite. Elle avait des mains d'enfant et ses yeux noirs, qui vous regardaient fixement, étincelaient de malice et d'effronterie.

Cette peinture de femme se rapporte en tout point à la description que M. George Eyre fait des Australiennes dans son voyage intitulé : *Journals of two expeditions in Western Australia.*

« Leur taille, dit-il, est de cinq pieds, la partie an-
« térieure du cerveau est moins développée que chez
« les hommes, leurs extrémités sont des plus fines.

« Toutes ont des chevelures abondantes, de couleur
« noire, quelquefois blonde, qui, lorsqu'elles sont la-
« vées et peignées, égalent le lustre et la souplesse de
« la plus belle soie.

« Ces chevelures, qui leur descendent en général
« jusqu'aux genoux et qu'elles ramènent comme un
« voile sur la poitrine, sont maintenues à la taille par
« des torsades de lianes, des guirlandes de salsepareil-
« les en fleurs ou des ceintures de roseaux odorants. »

Quant aux hommes, voici comment les peint monseigneur Prudesindo Salvado, évêque de Port-Victoria et fondateur de la colonie de la Nouvelle-Nursie, près de Perth.

« Les indigènes ont d'ordinaire la poitrine belle, large « et profonde, ce qui est l'indice d'une grande force « et ils sont remarquablement droits avec un port « plein de dignité.

« L'œil est toujours noir, grand et expressif.

« *Souvent*, ajoute l'excellent prélat, j'ai trouvé des « sauvages qui, par la grâce des formes, la noblesse « du maintien, aussi bien que par la *ressemblance de la* « *physionomie*, me rappelaient beaucoup d'*honorables* « *personnes* que j'avais autrefois connues à Londres, etc. »

Voilà pour le caractère physique de l'Australien, de cet être qu'on s'est longtemps plu à peindre si chétif, si contrefait, se misérable, si penché vers le mal par ses instincts, si proche parent de la brute par la forme, que quelques-uns n'ont pas craint de l'assimiler à l'orang-outang.

Il en est de ses qualités morales comme de ses qualités physiques.

« Les natifs de l'Australie, écrivait l'illustre et regretté Leichardt à son ami Lynd, dans leur état naturel et non encore souillés ou irrités par le contact des hommes d'Europe, sont hospitaliers, généreux et bienveillants. Ils chérissent leur mère, respectent les vieillards, écoutent leurs conseils avec déférence et sont dévoués jusqu'à la mort à ceux qui les aiment et leur font du bien. »

On a donc calomnié et faussement représenté le caractère moral et la forme physique de ces lords de la forêt, en prenant pour leur véritable type quelques individus dégénérés ou abrutis par l'abus des liqueurs fortes, qui fréquentent les centres européens, rôdent autour des tavernes et vivent d'aumônes.

« Ce ne sont pas là les aborigènes pur sang (*tho-*
« *roughbread aboriginals*), s'écrie M. Dawlson ; pour « les connaître et les apprécier à leur juste valeur, il « faut pénétrer dans le cœur du pays, s'enfoncer dans « le Buisson, loin, bien loin des lieux où campent les « chercheurs d'or, des lieux où s'enivrent les squatters « et où vivent dans la débauche et dans la violence « les établissements britanniques. »

M. Dawlson a dit vrai.

C'est dans l'intérieur du pays qu'il faut plonger, loin, bien loin des sentiers battus par les colonnes émigrantes.

Là-bas, au pays des *Sept-Montagnes*, dans le secret des solitudes, dans le profond labyrinthe des taillis ignorés.

Là-bas, où le *Ko-ro-ro* fait chanter ses cascades et déroule au milieu de prairies élyséennes le bleu ruban de ses ondes joyeuses.

Là-bas enfin, au centre de ces forêts vierges, de ces océans de verdure où le *Don-Darup* est encore maître, et où s'élève — parmi les fougères gigantesques et les gommiers à la robe d'argent — sa hutte primitive.

Et c'est là, cher lecteur — dernière étape de ce volume — que nous allons porter nos pas.

CHAPITRE XXV

Voyage au pays des Don-Darups. — Triste rencontre. — Koawur et Wollogong en tatouage de cérémonie. — Le grand vieillard *Nirro-ba.* — Aventure extraordinaire dont je me trouve le héros. — Ma nouvelle famille. — Curieuse croyance des indigènes. — Grande battue. — Miroirs des femmes sauvages. — Je quitte les tribus natives et vais rejoindre mes amis.

Peu de temps après la mort de Mulligo, Koawur et Wollogong, revenus de leur expédition vengeresse contre le boyl-ya de la rivière des Cygnes, m'apprirent qu'il existait au nord, à quelques jours de marche seulement de leur propre kraos, une grande famille indigène, les *Don-Darups*, chez lesquels jamais l'homme pâle n'avait encore été vu.

Koawur et Wollogong, tous les deux jeunes, ardents et amoureux des voyages, se proposèrent pour m'y conduire, jurant par Moo-to-Ony que cette excursion serait des plus agréables et m'affirmant — pour mieux allumer ma curiosité sans doute — que les femmes Don-Darups passaient à bon droit pour les plus beaux types, les perles noires les plus fines de la forêt.

M'étant assuré que nul sujet de représailles, nul enlèvement de Sabines, nulle mort violente à venger n'existaient entre cette tribu et les Nagarnooks, j'acceptai

Le lac Moo-You-Loo.

l'offre des deux beaux-frères et un matin, un peu avant le lever du soleil, je me mis en route avec eux, enchanté de l'occasion qui se présentait de visiter une tribu vierge encore de tout contact avec les Européens.

Vers le milieu du jour, nous atteignîmes une rivière nommée *Nor-gop* et vers le soir, à l'heure où les natifs en voyage commencent à étudier le vol des oiseaux [1], à ramasser le bois mort qu'ils rencontrent et à regarder autour d'eux avec soin, cherchant un lieu propice au campement, nous arrivâmes à un lac appelé *Moo-yoo-lo*.

Là, nous passâmes la nuit, après nous être rafraîchis d'un excellent bain et restaurés de l'épais râble d'un Mè-nû-âh, tué dans la journée par Wollogong.

Pendant ce repas, je fis mettre le feu par Koawur au sommet de deux vieux pins, qui croissaient solitaires sur les bords du lac et dont les branches supérieures, noires et sèches, se mirent à flamber comme des épines.

Ces deux conifères, par leurs grandes flammes blanches qui s'allongeaient en pyramides et par leurs tourbillons d'étincelles qui pétillaient dans le vent, nous fournirent pour nous éclairer deux candélabres grandioses et d'une physionomie peu commune, tandis que la douce odeur qui s'exhalait de leurs troncs et de leurs écorces saturait l'atmosphère de parfums exquis.

Alors, un incident heureux, sur lequel nous ne comptions pas, se produisit. A quelques mètres de distance seulement du lieu où nous étions assis, nous vîmes tout à coup les herbes marines et les grands nénuphars s'agiter avec violence et l'eau comme bouillonner dans les joncs.

[1] Une heure avant le coucher du soleil, tous les oiseaux de la forêt se dirigent invariablement vers les sources et les trous d'eau qui leur sont connus.

C'était tout un banc de *ta-guls* (grosse et excellente carpe de la Nouvelle-Hollande), qui, attirées par ces lueurs vives, venaient se rendre compte de ce qui se passait.

Wollogong et Koawur sautèrent aussitôt sur leurs lances, et en moins de cinq minutes une douzaine de ces trop curieux aquatiques étaient mis de côté pour notre déjeuner du lendemain.

Les deuxième, troisième et quatrième journées se passèrent comme la première : la forêt toujours belle, les eaux suffisantes, le gibier à profusion.

Le cinquième jour au matin, comme nous venions de franchir un épais taillis de muscadiers sauvages et que nous allions déboucher dans une clairière, Wollogong, qui marchait en tête et qui, suivant l'habitude des natifs quittant un fourré, venait de s'arrêter et de jeter avant d'aller plus loin un coup d'œil rapide et circonspect tout autour de lui, poussa un *kho-ho!* qui m'arrêta net.

Cette exclamation rude et gutturale, que les naturels ne lancent que dans les cas graves, annonçait qu'il venait de faire une découverte fâcheuse et imprévue.

Koawur, l'ayant rejoint d'un bond, se mit à son tour à pousser un *kho-ho* sourd et plaintif.

Pour moi, qui cherchais de tous côtés quelle pouvait être la cause de ces cris lugubres, je ne voyais rien, si ce n'est que, dans un des angles de la clairière, à gauche, au loin, perdu dans les *acménas* [1] et les minosées, il me semblait apercevoir comme un gros amas de branchages ayant la forme arrondie d'une hutte indienne.

Les deux Nagarnooks, abaissant leurs cheveux sur

[1] L'*acména* est une espèce de myrte dont les feuilles sont couvertes de petites glandes qui contiennent une huile essentielle du parfum le plus délicieux.

leurs épaules en signe de deuil et donnant à leur physionomie toute l'apparence d'une profonde tristesse, se dirigèrent alors vers ce massif d'un pas lent et solennel.

Comme j'interrogeais Koawur du regard :

— Un chef de notre tribu a été assassiné ici même, dit-il.

— La vengeance a suivi de près le meurtre, ajouta Wollogong.

— Où voyez-vous ces histoires? demandai-je.

Ils me firent avancer davantage dans l'espace libre et bientôt j'aperçus distinctement ce que leurs yeux, qui portaient à des distances énormes, avaient découvert avant moi.

L'amas de branches, l'espèce d'*ajoupa* que j'avais remarqué, n'était autre chose en effet qu'une grande cabane mortuaire régulièrement construite à la mode indigène, « afin, me dit Koawur, de protéger des pluies et des orages celui qui maintenant y dormait d'un sommeil paisible. »

La tombe que renfermait cette hutte était entièrement couverte de *wilgey* (ocre rouge), et trois beaux gommiers blancs, qui lui faisaient face, avaient leurs écorces rayées de barres, marquées de cercles et au milieu de ces cercles se voyait, grossièrement rendue, une épaisse araignée.

Ces hiéroglyphes du Buisson disaient aux passants qui savaient les lire que trois existences humaines avaient été prises pour venger la mort du chef à l'araignée (kobong des Nagarnooks), qui gisait en cet endroit.

Après avoir suivant la coutume payé son hommage à cette sépulture, Wollogong dit : « Quittons au plus vite ce lieu funèbre, plein de boyl-yas qui écoutent, et reprenons le vert écheveau des sentiers. »

Koawur, qui lui-même avait l'air fort peu rassuré, s'empressa d'appuyer cette demande et nous nous remîmes en forêt.

La journée fut triste, les deux Nagarnooks ne soufflaient mot, répondaient du bout des lèvres et regardaient constamment en arrière comme pour voir s'ils n'étaient pas suivis.

Vers le soir, arrivés au centre d'une vaste plaine, nous reconnûmes qu'un bon nombre de natifs y avaient campé quelques jours auparavant; nous y rencontrâmes en effet huit à neuf grandes places de forme circulaire, entourées de légères palissades et séparées les unes des autres par une distance de près de vingt pieds.

Au milieu de ces enceintes, dont chacune avait été le campement particulier d'une famille, se voyaient encore des restes de cendre et de bois brûlé.

Quelques grosses pierres plates, ainsi que d'autres plus petites, ayant servi à broyer des racines, se remarquaient également près des foyers éteints.

Cette vue sembla ranimer l'esprit abattu de mes deux guides, et les pensées mélancoliques qui nous faisaient cortége depuis le matin, prirent leur vol et disparurent. Car ces vestiges annonçaient d'une façon certaine le voisinage des Don-Darups, et l'espoir de se trouver bientôt, le lendemain peut-être, au milieu des femmes de cette tribu, les remplit d'allégresse.

Le mort et les Boyl-yas invisibles de la clairière furent oubliés en un instant et, avec la suprême versalité de leur race, tirant un voile épais sur la triste rencontre du matin, ils se mirent à me raconter leurs projets de conquêtes, les victimes qu'ils espéraient faire, les bons tours qu'ils avaient en sac à l'adresse des vieux maris, et ces deux don Juan des futaies, tenus en éveil par le doux chuchottement des espérances amoureuses, au lieu de dormir comme un couple d'opossums,

Camp d'indigènes australiens.

suivant leur habitude, passèrent une bonne partie de la nuit à répéter les pas de caractère, les danses et les chansons nouvelles, qui devaient les faire réussir dans leurs coupables projets.

Le lendemain, qui était le sixième jour de notre voyage, nous foulions bien véritablement le territoire des Don-Darups. Et un peu après-midi, Wollogong ayant relevé sur la pente sablonneuse d'un gros ruisseau que nous suivions des vestiges de pas récents, — vestiges parmi lesquels se voyaient distinctement les traces effilées de pieds de femmes, — les deux Nagarnooks s'arrêtèrent net d'un commun accord et refusèrent d'aller plus loin, s'efforçant de me prouver qu'il leur fallait au moins une heure pour se parer la poitrine, se peindre la figure et se rendre dignes par leur élégance et leur bonne tenue du bouquet de jolis visages qu'ils ne pouvaient bientôt manquer de rencontrer.

Force me fut de m'asseoir et d'attendre.

Koawur alors, qui avait emprunté à sa sœur Kaola sa besace de voyage, en retira divers petits paquets de couleur, des gommes, des plumes, des bandelettes de joncs fins, des bracelets, des colliers, et s'étant mis à la recherche d'un lieu où l'eau calme et profonde pût leur renvoyer leur image, les deux jeunes hommes procédèrent sérieusement à une toilette des grands jours.

La cérémonie du tatouage achevée, ils revinrent tellement transfigurés, chargés de plumes et enluminés de couleurs, qué leurs mères elles-mêmes eussent eu de la peine à les reconnaître.

Fiers de cette apparence irréprochable, ils se remirent alors en marche, le jarret tendu, le cœur en fête, sondant de leur vue perçante — afin d'y découvrir une silhouette féminine — toutes les échancrures, toutes les éclaircies, tous les hauts sommets des environs.

Or, tandis qu'ils s'en allaient ainsi l'œil sur le sommet des collines, la plume à l'oreille et la lance en arrêt, un véritable Don-Darup qui pêchait près de là, caché dans un bouquet de roseaux, venant à m'apercevoir, se mit à fuir à toutes jambes.

Et trois autres Don-Darups entièrement nus, placés à quelque distance du premier, se levant également du milieu des herbes, suivirent son exemple, détalant droit devant eux sans retourner la tête, comme autant de kangurous effarouchés.

Wollogong, les deux mains en porte-voix, se mit aussitôt à héler les fuyards, criant : « Que j'étais venu de chez le peuple pâle pour les visiter et leur apporter des présents. Que j'étais un grand chef, etc. »

Les Don-Darups n'en couraient que plus vite.

Koawur, prenant à son tour la parole, les apostropha d'une façon plus virile :

« Quels sont ces hommes qui fuient ainsi, disait-il. A quelle race timide appartiennent-ils?

« Depuis quand les Don-Darups tournent-ils le dos à la vue des étrangers? »

L'Ajax australien allait sans doute continuer son speech homérique, quand un de ceux auxquels il s'adressait s'arrêta court et nous attendit. Puis il appela ses compagnons, qui, après avoir beaucoup gesticulé et s'être consultés pendant quelques minutes, se décidèrent enfin à le rejoindre.

Lorsque deux partis d'indigènes se rencontrent par hasard dans la forêt et se reconnaissent pour amis, ils font halte à vingt pas de distance l'un de l'autre et s'asseoient dans l'herbe, gardant tout d'abord un profond silence et restant les yeux baissés vers la terre.

Après quelques instants de recueillement, un des natifs commence un chant, dans lequel il raconte les mérites de sa tribu, ses hauts faits personnels, sa source illustre.

Le chef du parti opposé lui répond.

Alors ils se lèvent et se rapprochent. S'ils ont la mort d'un des leurs à se communiquer, avant de prononcer aucune parole, ils se donnent le salut funèbre : c'est-à-dire que, se pressant la poitrine contre la poitrine, ils restent ainsi plusieurs secondes regardant le ciel, les yeux comme perdus dans des pensées de douleur.

Une conversation vive et générale suit ces préliminaires obligés de toute entrevue.

Ces formalités remplies, j'allai à la rencontre de celui qui me faisait face et lui serrai cordialement les deux mains. Cette politesse à l'européenne ne parut lui plaire que d'une façon médiocre, mais m'ayant entendu parler sa langue, son cœur se raffermit.

Parmi les trois autres Don-Darups se trouvait un grand vieillard, qui, sous aucun prétexte, ne voulut me permettre de l'approcher.

Il me considérait avec des yeux pleins d'épouvante et sa bouche ouverte, ses regards fixes, la rigidité de sa pose me rappelaient involontairement le grand tragique Charles Kean, dans le rôle de Macbeth, alors qu'il voit s'asseoir à sa table, près de lui, invisible à tous, le spectre de Banquo.

Mon costume de toile blanche, ma face pâle, mon grand chapeau, ma barbe de bison, qui paraissaient soulever autant de crainte que de curieux étonnement chez ses compagnons ne produisaient sur lui aucun effet.

Il paraissait ne rien voir, ne rien entendre, ne répondait à aucune question.

Son esprit, comme plongé dans un problème insoluble, semblait ne plus habiter la terre et ses prunelles effarées, immobiles, lumineuses, ne pouvaient un seul instant se détacher de moi.

Très-bien disposés pour nous à cette heure, les Don-Darups voyant le soleil se rapprocher de la cime des montagnes, proposèrent de nous conduire à une vallée voisine, pleine de grands arbres et d'eaux courantes.

Cette offre acceptée, nous allions nous mettre en marche quand le vieillard, qui jusqu'à ce moment m'avait regardé avec une attention si profonde, sembla sortir de sa rêverie, murmura quelques paroles incohérentes, se frappa les cuisses des deux mains et partit au galop dans la direction d'une longue chaîne de collines, qui, comme un immense paravent dentelé, se dressait à notre droite et fermait l'horizon.

— *Birro-ba* court vous annoncer au kraos, nous dirent les autres indigènes.

Ces mots nous apprirent que derrière ces monticules toute la tribu se trouvait campée.

Wollogong et Koawur auraient bien voulu suivre le grand vieillard; mais, dissimulés comme des diplomates qui sentent qu'on les épie, ils ne firent pas un geste, ne prononcèrent pas une parole qui pût faire soupçonner leurs fauves espérances et leurs brûlants désirs.

Après avoir marché près de deux kilomètres, nous arrivâmes enfin sur les bords d'une large rivière, brillante comme un miroir et appelée par les natifs *Ko-ro-ro.*

Là, nous établîmes notre bivac sous les épais rameaux d'un balanifère au tronc prodigieux. Cet arbre mesurait bien vingt mètres du sol à sa première branche; mais tout cet espace, tout ce vide était rempli par la foule tumultueuse des lianes, qui formait au colosse comme un large manteau de verdure, dans les draperies duquel les Don-Darups se hâtèrent de me bâtir une hutte et de me composer un lit.

Leur promptitude, leur adresse à agir, ainsi que la rapidité avec laquelle ils comprenaient d'un signe tous mes besoins, témoignaient véritablement d'une intelligence remarquable.

Comme nous nous préparions à allumer nos feux et à confier aux premières braises deux grands cygnes que Koawur venait d'abattre dans les joncs du *Ko-ro-ro*, nous entendîmes tout à coup des appels répétés, paraissant provenir de la cime chevelue des collines.

L'effet de ces voix confuses, qui semblaient tomber des nuages et auxquelles des échos éloignés répondaient sourdement du fond des ravins, formait une harmonie plaintive, qui s'alliait d'une manière parfaite aux dernières rumeurs du jour et aux premières ombres de la nuit.

Les femmes natives qui poussaient ces cris, ignorantes du lieu que nous avions choisi, interrogeaient ainsi la vallée, la rivière et la plaine, leur demandant, les priant de leur dire où nous étions campés.

Les Don-Darups, quoique évidemment surpris de ces appels et de cette hâte à venir nous voir, s'empressèrent néanmoins d'y répondre et les voix, se rapprochant de plus en plus, devinrent bientôt parfaitement distinctes.

Certes, depuis mon entrée dans le Buisson, les excentricités de messieurs les sauvages ne m'avaient pas fait défaut, hommes et femmes m'avaient à l'envi comblé de surprises.

J'en avais vu et entendu de toutes les couleurs.

Mais quoique désormais, l'esprit bronzé à tous les étonnements, je fusse pour ainsi dire prêt à tout, j'avoue néanmoins que j'étais loin de m'attendre à la scène de haute fantaisie qui se préparait.

Une espèce de procession composée d'une douzaine de femmes, dont les deux qui se trouvaient en tête — une jeune et une vieille — pleuraient en marchant, se montra bientôt descendant les derniers gradins de la colline.

Toutes ces femmes, les cheveux épars et leur tombant jusqu'à la ceinture, s'avancèrent lentement vers moi et, comme obéissant à un ordre donné, formèrent un cercle dont je me trouvai le centre.

La plus vieille, celle qui conduisait la troupe, s'approchant alors et me plaçant les deux mains sur les épaules, se mit à me jeter de longs regards, à me fixer dans les yeux, à me considérer en détail avec toute la scrupuleuse attention d'un marchand d'esclaves.

Après quelques secondes de cet examen et après avoir à plusieurs reprises secoué la tête en signe d'assentiment, elle se tourna vers sa suite et s'écria : — *Gwa, gwa, bundo bal Yee-Bar* (Oui, oui, c'est lui, c'est Yee-Bar).

Et toutes les autres femmes aussitôt se mirent à répéter avec l'ensemble d'un chœur de Sophocle : — *Gwa, ywa, bundo bal Yee-Bar.*

La vieille alors me jeta ses deux bras autour du cou et, le front sur ma poitrine, se remit à pousser des sanglots.

Quoique ne comprenant ni la cause de ces larmes, ni la raison de ce désespoir, cette pauvre vieille avait l'air si sûre de son fait, agissait avec tant de confiance, et paraissait si heureuse des marques d'attachements qu'elle me prodiguait que, par simple motif de compassion, je ne mis aucun obstacle à ses caresses.

Pendant toute cette scène, l'autre femme, la jeune — elle pouvait avoir quinze ans et était blonde comme Kaola — s'était jetée à mes genoux, qu'elle étreignait de ses deux bras.

Plus un mot ne se prononçait.

Je mettais mon esprit à la torture pour deviner quel était le motif de cette douleur et quel pouvait être le sens mystérieux de ces paroles : — *Gwa, ywa, bundo bal Yee-Bar.*

Lorsque la vieille dame, enhardie sans doute par

mon silence et dans toute la foi de sa conviction, m'embrassa sur les deux joues comme aurait pu le faire une Lutécienne et, poussant de nouveaux soupirs, me dévoila toute la vérité : m'apprenant que j'étais *Yee-Bar*, son fils aîné, mort un mois auparavant d'un coup de lance dans les côtes.

La jeune fille qui gémissait à mes pieds était ma sœur, et s'appelait A-Ella.

Ceci bien établi et mon identité reconnue par tous, je relevai A-Ella, lui donnai le baiser fraternel et m'efforçai de faire comprendre à la troupe affligée que, puisque j'étais Yee-Bar, — Yee-Bar bien vivant, il devenait inutile de me pleurer davantage ; qu'il était au contraire plus convenable de se montrer joyeux de ma présence et de chanter ma résurrection.

Cette proposition ayant été reconnue sensée, la tristesse fut dès lors priée d'aller promener ses yeux rouges dans les bosquets voisins.

A dater de cette heure, ma nouvelle mère témoigna une joie aussi vive et certainement aussi tendre de mon retour dans ma famille, que ma mère véritable eut pu en montrer, la chère âme ! si, par la puissance d'une baguette magique, il m'avait été possible de me trouver près d'elle en ce moment.

Mes frères, au nombre de deux, et mon père, — le grand vieillard qui, dans le principe, avait témoigné tant d'effarement à ma vue, — s'approchèrent à leur tour et m'embrassèrent à la mode du pays, c'est-à-dire que, jetant leur bras autour de ma taille, plaçant leur genou droit contre mon genou droit, ils me pressèrent avec force et me tinrent ainsi serré pendant toute une bonne minute, s'écriant à plusieurs reprises : — *Banella, Yee-Bar, banella!* « Salut, Yé-bar, salut! »

Pendant tout le temps que dura cette cérémonie, il me fallut — suivant le décorum indigène — conserver un maintien grave et triste.

Et comme, pris d'une certaine inquiétude, je regardais autour de moi pour voir si je n'étais pas menacé par d'autres accolades, ma mère, qui saisit ce coup d'œil circulaire, me prit à part et voulut bien m'annoncer que mes cinq femmes — car, dans son opinion, c'étaient elles sans aucun doute que je cherchais dans la foule — étaient absentes, qu'elles étaient allées pour se distraire de ma mort visiter une tribu voisine, mais qu'elles seraient bientôt de retour.

Quant à mes trois fils, restés dans la famille, elle promit de me les amener le lendemain matin.

Cette ferme croyance qu'ont les natifs de l'Australie, qu'un des leurs, mort, revient au monde sous la forme d'un blanc, est une des croyances qui a le plus de cours, une des erreurs qui a poussé la racine la plus vivace dans leur esprit.

Et cette conviction profonde, cet écart de raison se comprennent de leur part jusqu'à un certain point.

N'ayant pas la moindre idée que d'autres royaumes et d'autres peuples existent sur la surface de notre planète, privés des moyens de traverser la mer, croyant même la tentative aussi impossible qu'insensée ; plus ignorants de la configuration du globe, de l'usage et de l'existence d'un vaisseau, qu'un rat de Norwége ne l'est de l'usage et de l'utilité des trous d'une cornemuse ; n'ayant jamais pour un seul instant nourri la pensée de quitter leurs forêts, l'univers pour eux finit à l'horizon, là où l'azur du ciel se confond avec le bleu sombre de l'Océan.

Ces malheureux sauvages se trouvent donc forcément obligés d'attribuer à des causes occultes, des faits que leurs yeux voient, mais que leur manque complet de toutes connaissances nautiques et géographiques les empêche de saisir.

Leur île, suivant les légendes indigènes, se trouvant être la seule fleur terrestre qui, sous les baisers du

Mon père *Birro-Ba* et ma sœur *Á-Ello.*

soleil, s'épanouit à la surface des flots, et la « Race noire aux longs cheveux, » la seule race humaine que *Moo-to-Ony* ait daigné créer.

A quel miracle alors, à quel accident surnaturel peuvent-ils attribuer la présence d'hommes blancs parmi eux ?

De quelle étoile, de quel point du ciel ont pu tomber ces êtres bizarres au langage inconnu, qui cependant marchent et parlent comme eux, ont des bras et des dents comme eux, sont en quête des mêmes jouissances, se désaltèrent aux mêmes fontaines et dont la chair est soumise aux mêmes plaisirs et aux mêmes douleurs ?

Bien évidemment, ce ne peut être que des noirs ressuscités, revenus pâles du pays des morts.

Cette couleur de la lune, cette teinte livide et blafarde, disent-ils, c'est la nuance que prennent le visage et le corps des hommes en passant par la tombe.

Ces idiomes aux intonations dures, ces phrases baroques, ces éclats de voix qui ressemblent à des aboiements de dangous, c'est l'agonie, c'est le dernier râle qui les leur a mis dans la gorge.

Cet étrange oubli des anciens usages, c'est *Oua-Oua* (un certain officier du Grand-Esprit) qui a soufflé sur leur mémoire et l'a ternie. .

Ces carabines, ces revolvers qui lancent la foudre, ces grands couteaux dont les lames brillent et tuent, ce sont les armes des tribus nouvelles, que *Ba-longa* (la mort) leur a fait connaître et visiter.

Leur foi crédule accepte toutes ces hypothèses, prêchées et enseignées dans les clairières par ces grands docteurs en mensonge, les Coradjis.

Aussi, dès qu'un Anglais ou qu'un étranger quelconque s'établit dans la forêt, dès qu'il s'empare de l'oasis le plus charmant pour y planter sa tente, des terres les plus riches pour y semer ses moissons, des herbages les plus savoureux pour y faire paître ses troupeaux, les naturels affirment à l'instant même que ce nouveau venu, ce squatter est un des leurs, lequel, ressuscité et se souvenant de la beauté des sites, de la fraîcheur des lacs et de la fertilité des vallées, est venu les revoir et s'y établir.

Que maintenant le hasard fasse qu'une similitude d'âge ou de taille, qu'une ressemblance fugitive de traits ou de tournure, de gestes ou de son de voix, se rencontrent entre ceux-ci et les noirs décédés, ces Européens deviennent aussitôt pour les femmes indigènes des fils, des frères, des époux.

Et si les blancs se montraient moins cruels, moins égoïstes et moins despotes, les deux races vivraient toujours amies.

L'origine de cette croyance a été souvent et divertissement racontée.

La suivante, je crois, est la véritable et la seule correcte.

Lorsque les Anglais, en 1787, prirent possession de la Nouvelle-Hollande, ils ne la trouvèrent bonne d'abord qu'à servir de lieu de déportation aux criminels dont ils voulaient purger le sol de leur pays.

En conséquence, le 20 janvier 1788, le commodore Philipp entrait dans la rade de Botany-Bay avec une petite escadre de neuf voiles, ayant à bord 1,027 personnes, sur lesquelles 757 déportés (595 hommes et 162 femmes).

Les *convicts* ne furent pas plutôt à terre qu'ils revinrent avec amour à leurs anciennes habitudes. Le vol, le meurtre et les actes les plus barbares devinrent pour eux des faits journaliers.

Les châtiments les plus sévères, la mort sous toutes les formes ne suffirent pas pour arrêter le mal. Bientôt même, ils s'enfuirent des lieux qui leur avaient été assignés pour prison et, se livrant dès lors à tous les genres d'excès, de rapines et de brigandages, devinrent en peu de temps la terreur des colons et des aborigènes, dont ils pillaient les cultures, brûlaient les habitations et dévastaient les forêts.

Non contents de ces exploits terrestres et s'étant emparés par ruse de quelques grands bateaux pontés, ils prirent la mer, se firent pirates, ravagèrent les côtes et, ne connaissant plus ni loi, ni pavillon, ni amis, ni ennemis, portèrent à plus de cent lieues à la ronde le deuil, la ruine et l'épouvante.

Cette guerre au couteau, faite par les criminels aux hommes et au commerce d'Europe, ne pouvant se tolérer plus longtemps sous peine de porter un coup fatal au développement de la nouvelle colonie, le gouvernement anglais se mit à les traquer et à les pourchasser de la bonne manière, fusillant sans miséricorde, jetant aux requins, pendant aux mâts des vaisseaux et aux branches des *Globulus* et des *Amygdales* tous ceux qui lui tombaient sous la main.

Les déportés qui purent se soustraire à cette vigilance et échapper aux effets mortels de cette justice expéditive, s'enfuirent au plus profond des bois et changèrent de tactique.

Pour se rendre méconnaissables, échapper aux recherches et s'approcher plus facilement des lieux habités, afin d'y commettre des vols et surtout des vengeances, plusieurs se colorèrent la peau et se tatouèrent la figure comme les guerriers indigènes ; d'autres allaient nus par les sentiers, les épaules seulement couvertes d'une peau de kangurou, à la manière des *Maléoks ;* beaucoup enfin se firent accompagner et servir par des femmes natives, qu'ils appelaient *Ou-ni-nis* ou épouses et qui leur étaient très-dévouées.

Ce fut à cette époque désagréable de leur histoire, dit la chronique, que ces criminels errants et poursuivis à outrance imaginèrent, pour vivre avec sécurité au milieu des aborigènes, — non encore au fait de la malice européenne, — de se faire passer pour leurs ancêtres et de leur faire accroire qu'ils étaient leurs parents morts, mis en terre, mais revenus à la vie sous la forme blanche, par une combinaison chimique et mystérieuse, analogue à celle de la chenille et du papillon.

Cette mystification de haute allure eut un plein succès et rendit pour quelque temps à ces *Outlaws* les grands jours d'Auvergne; car en qualité de père, d'époux et d'aïeul, la place d'honneur dans les noces et dans les réjouissances publiques leur revint de droit; la meilleure part dans les produits de la chasse et de la pêche, dans la récolte des fruits et des légumes, leur appartint de même. Ils surent à ces titres se créer des affections solides qui les défendaient au besoin, et, parmi les jeunes filles, c'était à qui bâtirait pour eux, sous la fraîche verdure des myrtoïdes, la charmante hutte des épousailles.

Cette fourberie de grand style, que les natifs acceptèrent de suite comme une perle de vérité, se mit à grandir, à s'étendre, à se communiquer de proche en proche, de tribus à tribus, avec la perversité d'une tache d'huile sur une pièce d'étoffe.

Cette révélation qui leur plaisait par son côté merveilleux et qui flattait leur amour-propre, fit son chemin dans les kraos et se trouve aujourd'hui devenue parmi les deux tiers de la grande famille des noirs de la Nouvelle-Hollande, un article de foi tellement accrédité, qu'il aurait ses défenseurs et ses martyrs s'il venait à être mis en doute, comme les prodiges du sang de saint Janvier auraient à Naples ses combattants fanatiques, si l'existence de ce sacro-saint mystère venait à y être discutée.

Les tribus barbares de l'Asie, comme les nations civilisées de l'Europe, ont le même amour pour le breuvage des superstitions grossières, la même croyance aveugle dans les choses impossibles.

Tous les peuples — grands enfants — se laissent avec docilité emmaillotter d'erreurs, endormir de fables, et tous, de la Nouvelle-Zélande à la baie d'Hudson, du pays des Kamtchatkdales à la Terre-de-Feu, se prosternent devant les faux prophètes et n'adorent que des vérités boiteuses.

Si le berceau de mensonges, toutefois, dans lequel les habiles ont couché l'humanité, plaît à la grande masse de l'humanité ; si les contes bleus de nourrice normande qu'on lui débite depuis des siècles du haut des chaires et des mosquées, dans les pagodes et dans les synagogues sont doux à son oreille : qu'importe après tout cet aveuglement général au petit nombre de ceux qui croient voir clair?

Pourquoi vouloir détruire les fétiches, les images de bois, les idoles de plâtre, si les pauvres humains s'en contentent ? Pourquoi vouloir briser ces hochets garnis de grelots creux qui s'appellent les religions s'ils font la joie du plus grand nombre?

A quoi bon lever un petit coin du voile, pour laisser le reste de la scène obscure, et pourquoi surtout chercher à renverser, quand on n'a pas soi-même sur les lèvres la vérité pure, la parole nouvelle, l'Evangile qui ne changera pas, le nom du *Verbe* qui n'éprouvera pas de défaillance ?

Aussi, ne me vint-il jamais à la pensée de discuter avec ma mère *Nirro-Ba*, de lui dire son erreur, de lui prouver que je n'étais pas son fils.

Car la manière d'agir de la vieille femme, ses attentions délicates, ses larmes sincères, ses caresses, ses regards d'ardente affection, — le cœur des mères n'est-il pas partout le même? — me convainquirent de la façon la plus positive qu'elle croyait fermement et sans l'ombre d'un doute que j'étais bien son fils, mort, enseveli par elle et dont le premier mouvement au sortir de la tombe avait été de lui rendre visite et de lui apporter un présent.

« Laissons à cette pauvre femme, pensai-je, une erreur qui fait sa joie et éloignons d'elle une vérité qui ne lui laisserait que désenchantement et tristesse. »

Des danses s'étaient organisées sur la rive droite du *Ko-ro-ro* et mes deux guides, Wollogong et Koawur, au comble du délire, piqués de la tarentule australienne et comme mordus par la salacité des Faunes, se livraient sur les pelouses à des gambades désordonnées, à des poses plastiques inimaginables, à des entrechats inédits, comme les Gorilles seuls doivent en battre dans les forêts du Gabon.

Bientôt, cependant, les femmes et les jeunes filles, après un chœur final d'un délicieux effet, se retirèrent et une partie des hommes les suivirent.

Le lendemain matin, je n'avais pas encore les yeux éveillés et le soleil ne montrait pas encore au sommet des collines l'aigrette étincelante de son turban de feu, que j'entendis de grandes clameurs autour de ma cabane. M'étant levé à la hâte, je trouvai ma mère, ma sœur A-Ella et plusieurs autres femmes déjà rassemblées.

Debout et réunies en cercle à une certaine distance, ces femmes semblaient employer tous leurs efforts à retenir au milieu d'elles trois enfants, qui cherchaient à s'échapper.

Je devinai que c'étaient mes fils.

On voulut me les amener, mais les kangurou noirss, saisis d'une peur affreuse à ma vue, se roulaient à terre et refusaient d'avancer.

J'allai à eux et m'étant emparé du plus petit — jeune négrillon de la plus belle eau — je reçus de ce fils dénaturé, — très-gentil, ma foi, et tout à fait mignon! —

une multitude de ruades dans l'abdomen, et dans la figure, un coup de griffe qui faillit m'enlever l'œil droit.

Je m'empressai de le mettre à terre et, en ayant pris un autre de cœur moins farouche, je parvins à force de caresses et de douces paroles à calmer son effroi. Au bout de quelques minutes, il me tirait affreusement les moustaches et nous étions devenus les meilleurs amis du monde. Ce que voyant les autres, tous alors, comme des chevreaux apprivoisés, s'empressèrent de venir se jeter dans mes jambes.

L'annonce de ma résurrection et de mon retour ayant été la veille au soir portée sous les tentes, chaque heure maintenant amenaît de nouveaux natifs; si bien que vers midi, plus de soixante *Don-Darups*, hommes et femmes, venus pour me complimenter et me faire escorte, se trouvaient rangés autour de moi.

Les femmes nues avaient la poitrine voilée de leurs longs cheveux, les hanches cachées sous des ceintures de lianes et de feuillage.

Parmi les hommes, les uns étaient affublés de longues peaux de mê-nû-âhs; d'autres, enroulés d'écorces, avec des bouquets de feuilles aux épaules, à la tête et aux bras, ressemblaient à des arbres vivants; ceux-ci, enfin, le corps gommé et couvert de plumes jaunes, bleues ou roses, avaient l'apparence des autruches et des grands échasssiers. Tout ce monde m'entourait, me touchait, me parlait à la fois.

Un Don-Darup en costume de kangurou mesurait mes épaules; un échassier se tenant sur une jambe comptait les doigts de ma main; un kakopo me découvrait la poitrine; un ému y cherchait la trace de la blessure qui m'avait donné la mort.

Après un léger repas de viandes froides, tous ensemble, aux sons de deux boorlas qui marchaient en tête, nous prîmes en cadence — comme une noce de Bas-Bretons — le chemin du kraos.

Les hommes alors, tout en marchant, se livrèrent à des *Fantasias* incroyables, sautant, faisant mille culbutes, poussant des cris de guerre, simulant des batailles, agitant leurs tomahawks et jetant à des distances prodigieuses leurs lances aux troncs des arbres, sans jamais en manquer un seul.

Mon père, Nirro-Ba, qui était un des *Alikis* (chefs) du village et un des plus anciens de la tribu, vint nous recevoir, la tête ornée d'un large bandeau d'écorce, radié de plumes.

Pendant tout ce jour, ce ne fut que danses et chants, et le lendemain, autant pour me faire fête que pour se procurer les vivres indispensables aux ripailles qui se préparaient, plusieurs grandes chasses aux Kaïpoones furent organisées.

Dans un chapitre précédent, j'ai déjà parlé des chasses individuelles. Disons maintenant quelques mots des chasses publiques, qui se jouent sur une clé différente et qui, dans les épais taillis et les immenses profondeurs des forêts australiennes, se trouvent avoir leurs lois et leurs règles de vénerie, comme les chasses impériales de Compiègne et de Fontainebleau.

Lorsqu'un chef de peuplade, pour rendre hommage à un voisin puissant, célébrer ses fiançailles avec une nouvelle épouse, ou arrêter les ravages commis sur les racines alimentaires de ses domaines par la dent vorace des marsupiaux, désire se procurer la joie d'une grande battue, il ordonne d'abord à tous les guerriers de son clan de se tenir prêts : puis il engage les lances les plus célèbres des tribus environnantes à se joindre à lui.

Au jour du rendez-vous, un peu après le lever de l'aube, quand le Roi-soleil commence à s'égayer dans son palais bleu ; rassemblant autour de sa personne chasseurs et invités, il leur remet en mémoire la « coutume des ancêtres, » c'est-à-dire les usages qui doivent être observés en cette occasion.

Et cette recommandation n'est pas une bagatelle, je vous prie de le croire, la moindre infraction à ces règles vénérables ne pouvant se laver qu'avec du sang.

Ces précautions prises et chacun se trouvant convenablement averti, il se proclame lui-même le Grand-Juge, prend la tête de la colonne et se rend avec tout son monde sur les terrains désignés.

Là, les passées reconnues, l'enceinte formée, les postes et les relais de chasseurs bien établis, un *Ko-lio* (en avant) formidable se fait entendre et la grande attaque commence aussitôt.

La première pièce de gibier doit toujours être abattue par le chef, sous peine d'un coup de lance de sa part dans le mollet de celui qui manquerait à cette politesse (coutume des ancêtres).

Aussi, c'est merveille de voir comment chacun s'efforce de la lui faire passer à portée.

Cette pièce sur l'herbe, les Boyl-yas présents se réunissent aussitôt et une consultation des plus intéressantes s'engage : car ce premier animal tué devient sur l'heure, accordant son sexe, son âge et son espèce, d'un bon ou d'un mauvais augure pour le résultat cynégétique de la journée.

Tout quadrupède atteint par une lance appartient de droit à celui qui l'a touché le premier, peu importe la légèreté de la blessure. Et si un jeune garçon même, jetant son arme au hasard, touche au passage un kangurou, la règle subsiste en sa faveur, l'animal est à lui, serait-il abattu par un autre, à dix kilomètres plus loin.

Le chef sur les terres duquel la chasse s'exécute a également le privilége de pouvoir échanger, selon son bon plaisir, tous les animaux *maigres* tués par lui-même, contre autant d'animaux *gras* tués par ses invités.

Chaque pièce seulement doit être de la même espèce, c'est-à-dire qu'un phoscolome ne peut être échangé que contre un phoscolome, un scham-scham contre un scham-scham.

Dans ces chasses, les cris violents des chasseurs qui ne cessent un seul instant de faire retentir la forêt, sont agréables et pittoresques au possible.

Chacune de ces exclamations a sa signification spéciale, elles annoncent les différentes phases de l'attaque et de la poursuite, comme dans les bois de Versailles la fanfare des cors annonce le lancé, la vue ou le hallali. Mais ce qui donne surtout à ces signaux par la voix une physionomie particulière, c'est qu'au lieu de commencer chaque phrase d'appel ou d'encouragement par une émission douce et brève, comme le font nos piqueurs et nos valets de chiens, dans : — Hallo ! ho, ho ! tayau ! tayal ! tayalo ! etc.

Les premières syllables qu'emploient dans ce cas les chasseurs et rabatteurs australiens sont au contraire rauques et gutturales, comme : — Krau ! Gok-ko ! Qho-ro, et toutes, une fois sorties des lèvres et jetées au vent, se traînent, se filent et se prolongent en modulations étranges l'espace de plusieurs minutes, imitant par des battements de langue et des râles sonores, le gracieux chant de gorge des Tyroliens.

Assis à l'ombre des mimosas qui croissent dans les vallées basses, j'ai souvent ainsi entendu, venant des hautes cimes, des sons, des accords d'une suavité parfaite.

Leur grand éloignement et leur long parcours à travers l'épaisse draperie des feuillées, leur enlevaient leur âpreté première et leur communiquaient une telle douceur qu'ils me paraissaient les soupirs de la brise, un concert donné dans les nuages par les fées musicales de la forêt.

Cette mélodie parlée m'était tout à fait inintelligible, n'avait pour mon esprit aucune signification, n'était pour mon oreille qu'un chapelet de notes confuses, mourantes, échappées à ses harpes éoliennes; mais les natifs qui m'accompagnaient, comprenaient son sens à merveille et y répondaient aussitôt.

Après nous être employés plusieurs jours de suite à mettre en sac des émus, des opossums et des mê-nû-âhs, nous changeâmes de sport et mes amis les Don-Darups m'emmenèrent battre les lacs et les marécages; où, parmi les grands nymphéas, les roseaux à feuilles rayonnantes et les hautes graminées aquatiques, se jouaient à plaisir tout un monde d'oiseaux nageurs.

Parmi ces palmipèdes, les indigènes recherchent surtout et partout le *Pélican*, non pour sa chair qu'ils estiment peu, mais pour sa poche, son bec et ses plumes, qu'ils emploient à différents usages.

Avec la peau jaune de la poche, ils se font des bonnets imperméables pour la saison des orages et des bourses secrètes dans lesquelles ils enferment leurs *Toïls* et leurs *Murs-ra-maïs*. Ils la découpent également en fines lanières qu'ils tordent en cordes, et qui, appliquées sur la carapace des tortues, constituent des guitares.

Le plumage des pélicans, d'un blanc nacré nuancé de rose clair, sert aux coquettes de la forêt pour se composer d'élégantes parures, et avec son long bec, les ménagères puisent l'eau des sources et emplissent leurs seaux de bambou.

Durant près de huit jours, ce ne furent que réjouissances, courses, luttes et jeux d'adresse, entre les jeunes gens de la tribu.

Et le soir, quand la lune montrait sa faucille blanche au-dessus des grands pins, hommes et femmes se réunissaient dans les clairières, où les chants et les danses les retenaient une partie de la nuit.

Pendant toute cette semaine, la tendresse de ma mère *Don-Darup* ne se ralentit pas d'un instant, et ses attentions délicates ne perdirent rien de leur vigilance.

C'était toujours elle, la première, que mes yeux voyaient, et chaque matin, elle m'apportait, soigneusement enveloppés dans des feuilles fraîches, quelques spécimens des friandises du Buisson, comme racines sucrées, insectes comestibles, larves de capricorne ou de dragons volants, qu'elle allait elle-même, à la lueur des dernières étoiles, cueillir dans les mousses, sous les vieilles écorces, dans la moelle odorante des sagous abattus.

Les enfants du kraos, mes fils en tête, me suivaient maintenant comme une troupe de jeunes faons, j'en avais toujours deux ou trois dans les jambes, un quatrième sur l'épaule, et « this little knee people, » *ce petit peuple à hauteur du genou*, m'avait à cette heure accordé toute sa confiance.

Il me fallait cependant quitter tout ce monde, que je commençais véritablement à prendre au sérieux. Le jour que j'avais fixé pour mon départ était proche et rien ne pouvait maintenant m'empêcher d'aller rejoindre mes amis, poursuivi surtout comme je l'étais depuis quelques semaines par la crainte d'avoir déjà trop tardé.

Les communications étaient rares, à cette époque, dans les provinces de Perth et de Victoria. La forêt, désert immense, veuve de tout bureau de poste et ne possédant aucun lieu fixe de renseignements, n'offrait aux chercheurs d'or nul point central de réunion, nul moyen de se passer les nouvelles et de se faire savoir les uns aux autres où l'on pourrait se rencontrer.

Séparés seulement pendant quelques jours, il y avait gros à parier que l'on ne se reverrait plus.

Qui pouvait dire, en effet, le caprice seul étant assis

Chasse au marais.

au gouvernail, de quel côté tournerait le navire, dans quelles ondes joyeuses de l'Est ou de l'Ouest, du Nord ou du Sud, s'engagerait sa proue ?

Je connaissais les allures vagabondes et indépendantes de mes chers camarades, leur haine pour les multitudes, leur amour pour les chemins non frayés, et je savais qu'en les laissant quitter sans moi la *Station des Cinq-Sources*, je m'exposais peut-être à les perdre à jamais.

Tourmenté par cette incertitude, mais bien résolu à partir, il me répugnait néanmoins d'exécuter ma retraite d'une façon brutale et furtive. Mes nouvelles amitiés méritaient plus de ménagements, je voulais disparaître, tout en laissant derrière moi l'espoir d'un retour, je voulais quitter les *Don-Darups* en leur disant au *Revoir* et non Adieu.

La chose n'était pas facile, le cœur de ma mère était sur le qui-vive, un pressentiment semblait l'avertir de ce qui se préparait.

Je crus pourtant avoir trouvé un bon prétexte pour m'esquiver sans éclat.

Les races primitives, les races baignées dans le soleil aiment, comme chacun sait, les étoffes éclatantes, les objets qui brillent, les aciers polis, les grains de verre, les rubans jaunes ou couleur de feu.

En partant pour mon expédition chez les *Don-Darups*, j'avais à tout hasard glissé dans mon havre-sac un double collier de verroteries et presque toute une pièce (douze aunes à peu près) de ruban rouge. Reste de la petite pacotille que j'avais emportée de chez Mac Kloven, huit mois auparavant, pour faire ma cour aux *Nagarnooks*.

Dès le premier soir, j'avais donné à ma mère *Nirro-ba* le grand collier, dont les deux rangs de perles blanches étaient pour ses yeux un éternel sujet d'admiration. Mon père avait reçu un couteau catalan, à manche de cuivre, à lame droite et aiguë, que j'avais acheté dix shillings (12 fr. 50) à mon passage à Melbourne. Cette arme qui faisait son orgueil et qu'il caressait sans cesse de l'œil et de la main, était solidement amarrée par son anneau à sa ceinture et lui battait les fesses, comme la clé d'or d'un chambellan.

A ma sœur A-Ella, j'avais offert mon propre miroir, petite glace commune, ronde et plate, à couvercle de métal anglais, qui, frottée par elle nuit et jour, brillait comme de l'argent.

Cette glace, semblable à celles dont se servent en campagne les marins et les militaires et dont la valeur ne dépassait pas 2 fr. 50 c., était pour elle une merveille incomparable.

Pendue à son cou comme un médaillon, à l'aide d'une fine cordelette de poils de chauve-souris, elle n'eut certes pas donné ce petit miroir pour sauver la vie de son plus bel amoureux.

A-Ella n'ouvrait sa glace et ne permettait aux autres jeunes filles, ses plus chères amies, d'y jeter la vue, que rarement.

Douée de fortes tendances commerciales, elle en faisait un véritable trafic.

Personne ne pouvait s'y montrer les dents ou s'y regarder le coin de l'œil, sans payer un droit quelconque. C'étaient une plume d'aigle, une boule d'ocre rouge, une écharpe d'écorce, un wahna scuplté.

La curiosité coûtait cher.

Quant aux hommes, elle ne leur faisait pas l'honneur du cristal. Il ne leur était permis de s'y regarder que sur le couvercle, ce qui les rendait hideux et faisait rire les jolies filles.

Ne croyez pas cependant que les Australiennes ignorent le miroir.

La coquetterie, qui est une charmante fleur — quand elle ne pousse pas des racines trop exigeantes —

grandit si naturellement dans le cœur de la femme, que, depuis l'opulente glace de Venise au cadre niellé, jusqu'à l'eau sombre et stagnante des marais perdus, tout lui est bon pour voir son image.

Les natives de la Nouvelle-Hollande possèdent donc des miroirs, dans lesquels elles se parent la tête à l'heure où sonnent les danses, quand elles se fleurissent le front de l'étoile d'or des *Banksies*, ou qu'elles se pomponnent les tresses avec les roses amarante des *Kobuls*.

Ces miroirs indigènes, qui sont des plus simples, se composent d'un large tronçon de bambou coupé bas, près du nœud, creusé en forme de petit baquet et au fond duquel — sous le liquide — est fixée la feuille d'un certain Lotus [1].

Quand cette feuille épaisse, d'un noir brillant et métallique, est placée sous l'eau, elle renvoie la lumière d'une façon vive et abondante, de sorte que toute image qui lui est présentée est reproduite à l'instant même aussi distinctement que par une surface de métal poli.

Les couleurs s'y distinguent et les différentes émotions de la physionomie humaine s'y trouvent même assez fidèlement rendues.

Mais ces miroirs de patriarches qui ont cependant suffi jusqu'à ce jour aux besoins des femmes du Buisson, n'approchaient en rien pour la commodité, le brillant et la véracité des teintes de la glace d'A-Ella.

Aussi la considérait-on comme l'heureuse parmi les heureuses, et la jalousie mordait au cœur les autres jeunes filles, à la vue de cette plaque brillante, qui étincelait sur sa poitrine comme un soleil à son midi.

Outre ce miroir portatif, A-Ella avait aussi reçu une bonne partie de mon ruban. Le reste avait été dissé-

[1] Le *Yo-kama* ou lotus sombre, dont la tige s'élève à deux mètres au-dessus des eaux et dont les feuilles mesurent de 25 à 30 pouces de circonférence.

miné dans la tribu, deçà, delà, mis au front, au cou, aux poignets, aux chevilles des plus belles.

La malheureuse pièce rouge était finie depuis longtemps, il ne m'en restait plus même assez pour mettre au cou d'un colibri, que l'on m'en demandait encore et toujours.

L'idée me vint de mettre à profit cette passion générale du ruban pour m'éloigner.

Un soir, dans une réunion solennelle, j'annonçai que j'allais m'absenter pour quelques jours et retourner au pays merveilleux où croissaient les perles blanches, les couteaux à manche jaune, les miroirs et les rubans éclatants, pour en revenir bientôt les mains pleines.

Mais aux premières paroles, ma mère *Nirro-Ba* jeta les hauts cris, se refusant à ce voyage. D'autre part, huit à dix femmes présentes — toujours audacieuse, la femme, quand il s'agit de courir à l'inconnu! — s'étant offertes pour m'accompagner, les maris en masse s'y opposèrent.

Ce fut un tumulte épouvantable.

Deux jours après cependant, ayant appris d'une manière certaine que mes cinq épouses arrivaient à marches forcées sur le kraos, je résolus cette fois, coûte que coûte, de ne pas les attendre, et ayant organisé pour le lendemain même une chasse au casoar, sous le galant prétexte d'aller au-devant d'elles, je saisis le moment où le grand échassier, battant des ailes pour activer sa fuite, plongeait éperdu dans un ravin — tous les chasseurs noirs à ses trousses — pour mettre mon projet à exécution.

Faisant signe à Koawur de me suivre, j'ordonnai à Wollogong d'aller sans se presser annoncer mon départ au village : et nous glissant aussitôt dans l'épais fourré — Koawur et moi — nous prîmes à grands pas la direction du Sud, qui devait nous ramener au pays des Nagarnooks.

Chose étrange, pendant les quatre journées de forêt qui suivirent, j'eus pour compagne de route assidue la *Tristesse.*

Je regrettais réellement d'avoir été obligé de quitter mon excellente mère et ma blonde sœur A-Ella.

Le cinquième jour au matin, Wollogong — dont les jambes infatigables lassaient les kangurous — nous rejoignit sur les bors du lac *Moo-yoo-lo*, et la description qu'il me donna des cris et du désespoir de la vieille Don-Darup, m'empêcha de fermer les paupières pendant deux nuits consécutives.

Maintenant que le mot *Fin* est prêt à tomber de ma plume, qu'ajouterai-je?

Je quittai les Nagarnooks, comme j'avais quitté les Don-Darups, avec regret.

Escorté pendant tout un jour par une bonne partie de la tribu, les plus hardis ne me quittèrent que lorsque, touchant presque aux clôtures de Mac Kloven, ils entendirent les abois furieux et les cris d'alarme des grands chiens anglais.

Au moment où je franchissais le seuil de la *Station des Cinq-Sources*, la longue barbe inculte que je portais au menton, mes cheveux qui se mêlaient à mes moustaches, mon teint couleur olive, mes habits dévastés, déchirés par les épines, brûlés par les feux de bivacs, tachés par la vase des marécages et le sang des animaux, raccommodés en maints endroits d'une façon grossière, avec le fil des femmes indigènes (fait de tendons de taïbis), me donnaient véritablement toute l'apparence d'un coupeur de route, d'un sauvage déguisé.

Aussi, le premier Anglais qui m'aperçut marchant à lui, appuyé sur un wahna d'ébène à la manière des natives et coiffé de mon chapeau de bambou, qui n'avait plus qu'une aile, se prit-il à crier aux armes et à courir à son fusil.

Les chiens, dans les cours, tendaient leurs chaînes à les rompre et hurlaient comme si j'avais été un loup.

Entendant tout ce tapage, Mac Kloven lui-même vint voir ce qui se passait.

Je le reconnus aussitôt à sa barbe noire, épaisse; à son œil clair et dur.

J'allai à lui et me nommai.

Son froid visage ne changea pas. D'un geste il calma tous les bruits qui marchaient à ma suite et, d'une voix assez gracieuse, m'invita à le suivre dans l'intérieur de son habitation.

La sensation de bien-être que j'éprouvai alors, lorsque, après quelques paroles de politesse échangées, je me vis assis à une table, sur une chaise, ayant devant moi des verres brillants, une bouteille de porto, un flacon de vieux rhum, des fruits secs et une caisse de carton doré pleine de biscuits aux amandes, ne saurait se décrire.

Moi, qui depuis neuf mois ne buvais que de l'eau dans des coquilles, je vous laisse à penser si je fis honneur à cet impromptu voluptueux?

Je me croyais assis dans l'Olympe.

Les cigares allumés, les coupes de cristal remplies et vidées à plusieurs reprises, Mac Kloven m'apprit que mes amis n'avaient quitté que depuis deux mois seulement la station des *Cinq-Sources*, où ils s'étaient arrêtés et reposés huit jours, en revenant des plaines exploitées de Mongagap.

Puis, à la suite de plusieurs questions sur les peuplades indigènes que je venais de quitter, et quelques remercîments pour le service que j'avais rendu aux squatters de la province, en faisant cesser les hostilités; Mac Kloven se leva, passa dans une chambre voisine, ouvrit avec bruit un coffre-fort et en retira deux paquets scellés, portant mon nom, qu'il me présenta.

Dans l'un se trouvait une lettre de Mac, l'autre renfermait dix livres pesant de poudre d'or.

Dans sa lettre, Mac m'apprenait que leurs recherches aurifères tout autour du *Funny-Mount* avaient été des plus fructueuses et que la somme totale récoltée par eux — Irlandais et Mexicains compris — atteignait le chiffre rose et rond de huit mille livres sterling (200,000 francs).

Un post-scriptum ajoutait que, lorsqu'il me plairait de revenir en pays civilisé et de me rendre à Melbourne, j'eusse à passer chez Mrs Wargraff and C^os^, banquiers de Mac Kloven, qui me remettraient de leurs nouvelles et de nouveaux fonds.

De plus en plus émerveillé de l'excellente tournure que prenait chaque chose, je donnai mon reçu à Mac Kloven, le laissai continuer de boire et m'empressai de me rendre à ses magasins, où je m'habillai des pieds à la tête de basin bleu à raies blanches et me chaussai de bottes jaunes à talons rouges, — bottes de mandarin.

Je me fis également tailler les cheveux, friser la moustache, me mis au cou un ruban couleur azur et, ainsi costumé en planteur de la Jamaïque, — jamais mère *Nirro-Ba* ne m'eut reconnu, — je m'en allai, la tête un peu lourde, faire un somme au fond du parc.

Deux jours après, grâce aux dispositions bienveillantes de Mac Kloven, qui me donna un guide sûr et me fit accompagner à cheval par trois de ses gens, je quittai la station des *Cinq-Sources*, pour Guildford.

Le mois suivant j'étais à Melbourne.

Ceux que je cherchais n'y étaient déjà plus.

M. Wargraff, le banquier, que j'allai voir aussitôt, me remit heureusement une lettre, reçue la veille même.

Dans cette missive, toujours de Mac — le seul de la société qui eut conservé quelques notions d'écriture — mes amis m'annonçaient qu'ils quittaient *Sandy-Creek*, où ils étaient depuis un mois, pour s'en aller à *Torran-*

Gower, mines nouvelles dont on disait beaucoup de bien.

Cette lettre me réjouit fort, car comme Melbourne et tous les riches *Placers* de l'Australie sont en communication constante les uns avec les autres, j'avais la presque certitude de pouvoir me rendre à *Torran* dans un bref délai.

Je me mis donc immédiatement en quête d'une occasion et dès le lendemain — favorisé par une chance heureuse — je rencontrai à la table d'hôte d'un grand hôtel, un jeune gentleman anglais de haute mine, de tenue parfaite, l'œil fier, la parole brève — cou raide et riant peu.

Il était fort bien ce jeune homme, seulement, toute sa figure, de la racine des cheveux à la pointe du menton, était du plus beau jaune, avait le reflet d'un bassin de cuivre récemment fourbi.

Moi, j'étais couleur olive. Nous nous prîmes aussitôt d'une grande sympathie.

On se lie facilement à Melbourne, les heures sont si courtes, la vie passe si rapide. On est là comme sur un champ de bataille.

Il ordonna une bouteille de véritable *Chiraz*, je fis frapper du champagne, et, au troisième flacon, nous étions intimes.

Comme après lui avoir communiqué en partie le dernier chapitre de mon histoire, je lui exprimais mon désir de me rendre au plus tôt à *Torran-Gower :*

— Serait-ce *Torran*, dans le *Maryborough?* me demanda-il.

— Précisément.

— Étrange !

— Que voulez-vous dire?

— Je vais moi-même à *Torran.*

— Quand?

— Dans deux jours.

— Puis-je vous accompager?

— Parfaitement.

— Chose convenue, alors?

— Marché signé.

— Bravo ! et quel est votre mode de transport?

— Un *dray* solide, chariot doublé de fer, traîné par trois chevaux.

— Qui conduit?

— Moi-même.

— La route vous est connue alors?

— Route, sources et lieux de repos. La forêt m'est familière. Ce voyage à *Torran* sera mon quatrième depuis deux mois.

Comme je le regardais tâchant de deviner ce qu'il pouvait aller faire si souvent à *Torran* :

— Ah ! ah ! ces quatre voyages vous intriguent?

— Non, je vous assure. Difficile de m'intriguer, aujourd'hui.

— Ecoutez, sauf ma voiture, mes chevaux et un nègre pour les soigner qui sont à moi, je ne possède rien au monde. Je dépense cependant de vingt-cinq à trente mille francs par an. Comment croyez-vous que je les gagne?

La question était délicate, j'hésitais à répondre...

— Ne cherchez pas, me dit-il, vous ne trouveriez jamais.... je suis charretier.

— Charretier?

— Oui, *a Common-drayman, a Waggoner* [1].

Voyant ce jeune dandy — rose mousseuse à la boutonnière, rubis au doigt et à la cravate — se balancer sur sa chaise, les pieds en l'air à la mode américaine et battre sa botte de son stick à tête de turquoise,

[1] Les draymen et waggoners, à la Nouvelle-Hollande, sont ces hardis voituriers qui, seuls le plus souvent, transportent de Melbourne aux principaux *Champs d'or* — à travers la forêt inconnue et les plaines sans routes — marchandises et provisions.

comme le plus indolent des viveurs — je ne pouvais croire ce qu'il me disait.

— Charretier! répétai-je machinalement.

— Ni plus ni moins, reprenait l'Anglais, aujourd'hui papillon, demain chenille.

Alors, il m'apprit qu'officier de Cipayes à Madras et s'y sentant mourir, atteint au foie d'une de ces hépatites aiguës, à l'aide desquelles l'Inde se défend des étrangers ; il avait vendu sa commission, quitté le Bengale et était venu à Melbourne, où l'exquise pureté de la température, le constant parcours des bois et les senteurs vivifiantes des pins et des eucalyptes, avaient mis en fuite ses jaunisses et le faisaient jouir, pour le présent, d'une santé parfaite et d'un appétit de vampire.

Deux jours après, comme il l'avait annoncé, John-Arthur Malone, un gros fouet de cuir à la main, de grandes bottes de cuir aux jambes, un chapeau de cuir sur les oreilles et trois gros chiens noirs sur les talons, arrêtait son équipage « Collins-Street, numéro 42 » et ordonnait à son nègre de charger mon bagage.

Cette besogne, peu difficile, se trouvant terminée en dix secondes, John-Arthur prit la tête de ses chevaux et se mit à traverser au pas les rues toujours encombrées de Melbourne, jurant comme un dragon de Villars à chaque obstacle qu'il rencontrait, et faisant mordre et dissiper par ses chiens tout rassemblement d'hommes ou de bêtes, qui barrait la route et entravait la marche de son chariot.

Son chargement, qui était considérable, consistait en armes européennes, vins, spiritueux et comestibles.

La rémunération que John-Arthur retirait de chacun de ses voyages, jointe aux laines, poudres d'or, tapis d'écorce, lances et ustensiles indigènes qu'il achetait en route pour son propre compte, et qu'il revendait à Melbourne dix fois ce qu'il les avait payés, lui donnait un gain net de cent à cent-vingt livres sterling par mois (2,500 à 3,000 fr.).

Ce Malone, qui, comme tout véritable *Waggoner* australien, ne se gênait guère pour emprunter aux tonneaux des autres, ses grogs du soir et son punch du matin, était réellement un énergique, un attrayant et entreprenant compagnon.

Au milieu de la multitude des mineurs rassemblés à *Torran*, éparpillés dans ses plaines et cachés dans des ravins, il me fut difficile de retrouver mes chers camarades, Ben, Smith, Mac et O'Brian.

A force de démarches cependant, de recherches, d'enquêtes, de courses dans tous les sens, je finis enfin par les découvrir, fumant leur pipe, assis en rond autour de leur *Claim*, et paraissant livrés à tous les gestes, à toutes les émotions d'une discussion sérieuse.

Il était temps que j'arrivasse, car dans ce moment même, après une savante analyse des terrains, s'étant aperçus que les couches aurifères de *Torran* n'avaient plus déjà que des glanes à leur offrir, ils avaient décidé — doués d'appétits qui voulaient la moisson entière — à ne rien tenter en cet endroit, à plier les tentes et à pousser en avant.

C'est pourquoi, dès le lendemain, nous nous mettions à suivre une forte colonne de *Diggers*, qui, le fusil au dos et le chant de l'espérance aux lèvres, se dirigeaient à pas pressés vers un point de la forêt où venaient de se découvrir de nouveaux *Champs d'or*, balançant en richesses, disaient mille voix confuses, les mieux dotés de l'Australie.

Après une marche rapide de six jours, nous foulions enfin l'opulente *Terre de Bendigo*, où de nouvelles luttes et de nouvelles fatigues, de nouveaux triomphes et de nouveaux revers mûrissaient pour nous.

J'oubliais de dire au lecteur ce qu'étaient devenus nos associés.

Les Irlandais ayant reçu comme leur part de bénéfice dans l'exploitation du *Funny-Mount*, la somme de 2,400 livres sterling (60,000 fr.) , n'avaient pu résister au désir de revoir la chère Irlande. Aussitôt arrivés à Melbourne, ils avaient pris passage sur un des superbes navires de la compagnie des *Blacks-Bowls*, et leur or bien empaqueté dans des mouchoirs et leur costume dans un grand délabrement, pour tuer le soupçon et ne point éveiller de dangereuses convoitises, ils s'en étaient retournés au pays.

La part des Mexicains avait été de 2,000 livres (50,000 fr.). Cet argent placé à la Banque, ils s'apprêtaient à repartir pour une nouvelle campagne aurifère, quand deux jours avant le départ, se trouvant dans un des *Hells* principaux de Brook-Street (*Hell*, enfer, maison de jeu), la chance leur avait été si aveuglément favorable, qu'entrés dans la maison avec une vingtaine de livres, ils en sortaient — après six heures d'une lutte acharnée — avec un gain de cinq mille livres (125,000 fr.).

Cette réussite foudroyante et inespérée avait changé tous leurs projets. Ils avaient dès lors renoncé au maniement du pic, au balancement du *cradle* et, satisfaits de l'embonpoint de leur fortune, ils s'étaient décidés, eux aussi, à reprendre la mer et à retourner à Tampico.

FIN

TABLE DES MATIÈRES

FIN DE LA TABLE.

COULOMMIERS. — Typog. A. MOUSSIN

www.ingramcontent.com/pod-product-compliance
Ingram Content Group UK Ltd.
Pitfield, Milton Keynes, MK11 3LW, UK
UKHW021903260726
13966UKWH00006B/225

9 782012 879171